COMPUTER AIDED MANUFACTURING

컴퓨터응용가공
CNC 밀링 실무

김화정 저

국가기술자격시험 및 산업현장 실무자의 학습서

예문사

PREFACE

현대 산업사회는 제품의 다양화와 고급화로 부품은 더욱 복잡해지고 고정밀도를 요구하고 있다. 이와 같은 요구를 충족시키기 위해 CNC공작기계도 갈수록 복합화·고기능화되고 있다. 이와 같이 복합화·고기능화된 CNC 공작기계를 원활히 운용하려면 수동 프로그램 작성과 직접 운전할 수 있는 기본 지식을 가지고 있어야 한다.

본 교재는 CNC 밀링을 처음 공부하기에 적합하도록 CNC 밀링의 기초 이론을 바탕으로 수기 프로그램 작성과 CAM 소프트웨어를 활용하여 NC 데이터의 코드를 생성하고, CNC 밀링 조작 및 운전할 수 있도록 이론과 실기를 통합하여 국가기술자격시험 학습서 및 산업현장 실무자의 학습서로 활용되도록 다음 사항에 역점을 두고 집필하였다.

1. 본 교재는 많이 보급되어 있는 Fanuc-Series와 Sentrol 기종을 기본으로 단계별 학습이 가능하게 편집하였다.

2. 본 교재의 내용 구성은 프로그램과 가공방법 위주로 단계별로 작성되었으며 각 단원별 관련 지식과 보조과제의 수록으로 본 단원을 이해하는 데 도움이 되도록 노력하였다.

3. 본 교재는 프로그램의 이해를 돕도록 가공 단계별로 도면과 프로그램을 수록하였으며, CAM 소프트웨어를 활용하여 NC 데이터의 코드를 생성하는 방법을 제시하였다.

4. CNC 밀링의 공구 세팅에서 가공까지를 Fanuc-Series와 Sentrol 기종으로 각 기계의 공작물 세팅에서 가공까지의 순서를 체계적으로 정리하였다.

5. 대학교재, 산업현장 실무자의 학습서로 국가기술자격 시험 준비에 도움이 되도록 필기와 실기 예상 과제, 수검자 유의사항을 수록함으로써 자격검정을 준비하는 수험생에게는 좋은 교재가 될 것이다.

본 교재는 대학 및 산업현장에서 CNC 밀링 프로그램과 가공기술의 기초능력을 배양하는 데 중점을 두기 위해 노력하였다. 본 교재의 내용을 충분히 학습하여 컴퓨터응용밀링기능사와 컴퓨터응용가공산업기사 국가기술자격을 취득하여 유능한 전문기술인으로 성장할 수 있기를 기대한다.

끝으로 이 책의 출판을 허락해 주신 예문사의 정용수 사장님과 수고해 주신 직원 여러분께 감사의 말씀을 드린다.

2020년 3월
김화정

CONTENTS

CHAPTER 03   머시닝센터 가공설정 및 자동운전

머시닝센터 프로그램 작성 및 검증

CHAPTER 05 CAM NC 데이터의 코드 생성

CHAPTER 06 장비조작 및 운전

국가기술자격 출제기준 및 실전도면

CNC 공작기계의 개요

| ## CNC의 개요

---

❶ CNC의 정의

① NC 프로그램에 의해 자동으로 제품을 가공하는 공작기계
② NC란 Numerical Control의 약자로 공작물에 대한 공구의 위치를 그것에 대응하는 기호와 수치 정보로 지령하는 제어
③ CNC란 Computer Numerical Control의 약자로 컴퓨터를 내장한 NC

❷ CNC 공작기계의 개요

1. 필요성

① 제품의 라이프 사이클 단축
② 제품의 고급화로 부품의 고정밀화
③ 복잡한 형상으로 이루어진 다품종 소량생산 요구
④ 다양한 제품을 균일하게 생산할 수 있는 생산설비 요구

2. 정보 흐름

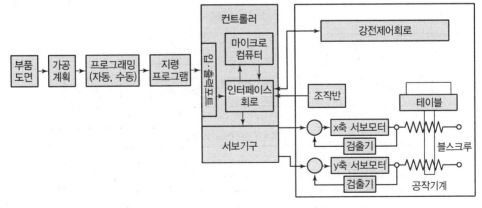

[그림 1-1] CNC 공작기계의 정보 흐름

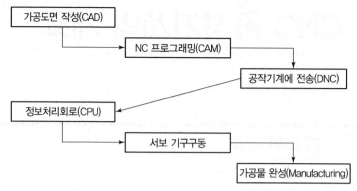

[그림 1-2] CNC 공작기계의 정보처리과정

3. CNC의 필요성

① 제품의 균일성을 향상시킬 수 있다.
② 기계 가동률과 생산능률을 높일 수 있다.
③ 제조원가 및 인건비를 절감할 수 있다.
④ 특수공구 제작의 불필요 등 공구 관리비를 절감할 수 있다.
⑤ 경영관리의 유연성을 높일 수 있다.
⑥ 리드타임의 단축으로 제품을 적기에 생산 공급할 수 있다.
⑦ 작업자의 피로감을 줄일 수 있다.
⑧ 제품의 난이도가 증가하여도 가공성을 향상시킬 수 있다.

3 CNC 공작기계의 구성

(1) 하드웨어(Hardware) : CNC 공작기계 본체, 제어장치, 주변장치 등
(2) 소프트웨어(Software) : CNC 공작기계를 운전하기 위한 프로그램 작성에 관한 전반적인
사항

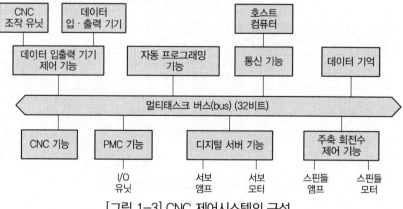

[그림 1-3] CNC 제어시스템의 구성

(3) CNC 제어시스템의 구성과 기능

① CNC 기능 : 프로그램을 마이크로 프로세서에서 연결하여 각종 제어축의 이동, 스핀들의 회전수, 보조 기능의 동작순서를 제어하는 기능

② PMC 기능 : CNC의 신호를 기계의 제원에 맞도록 변환하는 기능

③ 디지털 서보 기능 : 서보 모터를 제어하기 위한 기능

④ 주축 회전수 제어 기능 : 스핀들 모터를 제어하기 위한 기능

⑤ 데이터 입·출력 기기 제어 기능 : CNC 조작 유닛 및 RS-232C, RS-422 인터페이스를 가진 데이터의 입·출력 기기를 제어하는 기능

⑥ 자동 프로그래밍 기능 : CNC와 대화를 함으로써 파트 프로그램 작성 및 수정을 용이하게 할 수 있는 기능

⑦ 통신 기능 : CNC 장치와 상위 컴퓨터 사이에 통신을 하는 기능

⑧ 데이터의 기억
  • 외부기억장치 : 천공테이퍼(EIA 코드, ISO 코드)
    – EIA 코드 : 천공되는 가로 방향의 구멍 수가 홀수, CNC 공작기계 사용
    – ISO 코드 : 천공되는 가로 방향의 구멍 수가 짝수, 컴퓨터와 통신 때 사용
    ㈜ 패리티 체크 : 천공된 구멍 수가 홀수, 짝수를 검사하는 것
    1바이트 = 천공테이프 2.54mm)
  • 내부기억장치
    – 램(RAM : Random Acess Memory)기계를 Off해도 지워지지 않음
    – 롬(ROM : Read Only Memory)기계제작회사에서 프로그램 저장

❹ 자동화 설비 및 발전 방향

1. NC 장치의 발전과정

NC 장치의 발전과정을 도식화하면 [그림 1-4]와 같다.

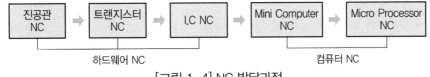

[그림 1-4] NC 발달과정

2. NC의 발전과정

(1) 제1단계 : NC(Numerical Control) 수치제어
공작기계 1대를 NC 1대로 단순제어하는 단계(NC)

(2) 제2단계 : CNC(Computer Numerical Control) 컴퓨터 수치제어
공작기계 1대를 NC 1대로 제어하는 복합기능수행단계(CNC)

(3) 제3단계 : DNC(Direct Numerical Control) 군관리시스템

여러 대의 공작기계를 한 대의 컴퓨터에 연결하여 전체 시스템을 관리하는 것으로 '군관리시스템'이라고도 한다.

① 직접수치제어 분배수치제어(Distributed Numerical Control) : 컴퓨터 1대로 여러 대의 CNC 공작기계를 제어

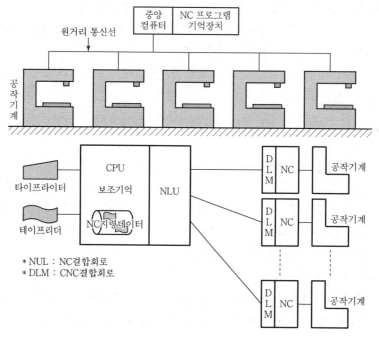

[그림 1-5] DNC 시스템의 구조

② DNC와 CNC의 차이점 : DNC는 한 대의 컴퓨터가 여러 대의 공작기계를 제어함에 비해 CNC는 공작기계마다 컴퓨터가 장착되어 있다. 따라서 CNC는 초기 비용이 많이 들지만 안정적이고, DNC는 초기 비용이 적게 들지만 메인 컴퓨터의 고장 시 전체 공정이 멈추는 위험성을 내포하고 있다.

③ DNC 시스템의 장점
  • NC 공작기계의 작업성 및 생산성 향상
  • NC 공작기계의 조합인 머신셀(Machine Cell)을 구성, 운영, 제어할 수 있다.
  • NC Tape를 사용하지 않고, 컴퓨터에서 많은 지령 데이터를 각 기계에 보내어 운전 가능

(4) 제4단계 : FMS(Flexible Manufacturing System) 컴퓨터를 이용한 공장 전체를 자동화한 시스템(유연생산 시스템), 다품종 소량생산

  • 여러 대의 공작기계와 자동창고, 무인반송시스템에 의한 무인생산단계(FMS)
  • 공작물의 가공뿐만 아니라 반송, 소재관리, 시스템 제어 등을 자동화한 것
    ☞ 유연생산시스템, 다품종 소량생산에 적합한 시스템으로 생산하는 제품이 변경되어도 유연하게 생산설비를 변경할 수 있는 시스템

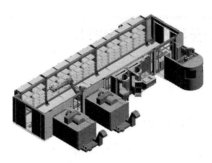

[그림 1-6] 유연가공셀의 구조(FMC)

[그림 1-7] 유연 생산시스템의 구조(FMS)

① FMC(Flexible Manufacturing Cell) : 유연가공셀

NC 공작기계에 공작물의 자동장착 및 이탈 기능, 그리고 부품이송 기능을 첨가하여 하나의 가공 셀을 만든 것으로 하나의 셀에서 한 종류의 작업 완성이 가능하다. 따라서 생산효율을 높일 수 있다. **예** CNC 선반 + 머시닝센터 + 로봇(Robot)의 결합

② FA(Factory Automation) : 한 공장을 자동화하고, 생산성을 향상시키기 위하여 생산관리, 공정제어, 가공 FMS, 자동조립 FMS, 성능검사 FMS 등을 통합한 것이다.

(5) 제5단계 : CIMS(Computer-Integrated Manufacturing System), FMS를 포함한 공장 전체의 무인화단계, 컴퓨터 통합 가공

① 효율적인 CIMS는 전체 생산조직이 공유하는 단일의 데이터베이스를 필요로 하며, 제품, 설계, 기계, 공정, 재료, 생산, 재정, 구입, 판매, 마케팅, 재고 등에 대한 최근의 자세하고 정확한 자료로 구성되어야 한다.

② 컴퓨터통합생산시스템 : FMS＋생산관리＋품질관리＋자재관리＋영업＋구매＋기획 ＋판매 등의 정보를 컴퓨터로 통합한 시스템

1 제어방식

1. 위치결정제어(Positioning Control)

위치결정 NC는 공구의 최종 위치만을 찾아 제어하므로 정보 처리가 매우 간단하다. 이동 중에는 공구가 가공물에 접촉하지 않기 때문에 PTP(Point To Point Control) 제어라고도 하며, 드릴링이나 스폿(Spot) 용접기 등에 사용된다.

[그림 1-8] 위치결정제어

2. 직선절삭제어(Straight Cutting Control)

이동 중 직선 절삭하는 동안에 축 방향으로 가공할 수 있는 제어로써 위치결정제어보다 다소 차원은 높으나, 직선절삭(X, Y, Z축에 평행) 이외에는 할 수 없고 주축속도, 공구선택, 공구 보정 등의 보조 기능이 필요하다.

[그림 1-9] 직선절삭제어

3. 윤곽제어(Contouring Control)

복잡한 형상을 연속적으로 윤곽 제어할 수 있는 가장 복잡한 시스템으로 점과 점의 위치결정과 직선절삭작업을 할 수 있고, 여러 축의 움직임을 동시에 제어할 수 있으며 2차원 또는 3차원 이상의 제어에 사용된다(곡선형의 복잡한 S자형 경로나 크랭크형 경로 등을 제어하는 방식).

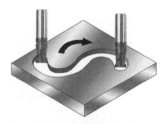

[그림 1-10] 윤곽제어

2 서보기구(Servo System)

1. 서보기구의 개념

① 구동모터의 회전에 따라 기계 본체의 테이블이나 주축 헤드가 동작하는 기구
② 서보기구에 요구되는 성능은 '동작의 안정성과 응답성'이다.

[그림 1-11] 서보모터(구동모터)

2. 서보기구의 종류

개방회로방식, 반폐쇄회로방식, 폐쇄회로방식, 복합회로방식이 있다.

(1) 개방회로방식(Open Loop System)

① 피드백(Feedback) 장치 없이 스태핑 모터를 사용한 방식이다.

② 구성이 간단하고, 고장이 없지만 정밀도가 낮은 단점을 가지고 있다.

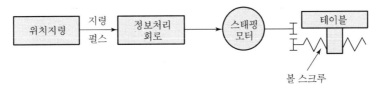

[그림 1-12] 개방회로방식

(2) 반폐쇄회로방식(Semi-Closed Loop System)

① AC 서보모터에 내장된 엔코더에서 위치정보를 피드백하고, 펄스 제너레이터에서 전류를 피드백하여 속도를 제어하는 방식이다.

② 대부분의 NC 공작기계에 사용된다.

③ 위치오차의 요인은 볼 스크류의 피치오차(Pitch Error)와 백래시(Backlash)에 있다.

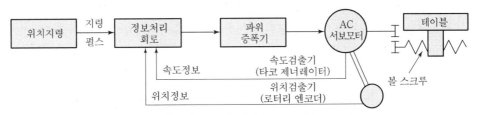

[그림 1-13] 반폐쇄회로방식

(3) 폐쇄회로방식(Closed Loop System)

엔코더에서 나오는 펄스열의 주파수로부터 속도를 제어하고, 테이블에 위치검출 스케일을 부착하여 위치정보를 피드백시키는 방식

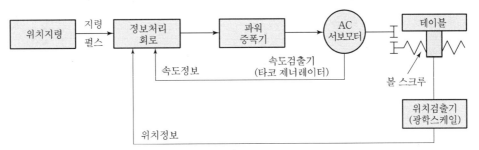

[그림 1-14] 폐쇄회로방식

(4) 복합회로방식(Hybrid Servo System)

① 반폐쇄회로방식과 폐쇄회로방식을 결합하여 고정밀도로 제어하는 방식

② 테이블에 직선형 스케일(Linear Scale)을 부착하고, 엔코더와 함께 사용함으로써 상호 보완이 가능하다.

③ 대형공작기계에 많이 사용된다.

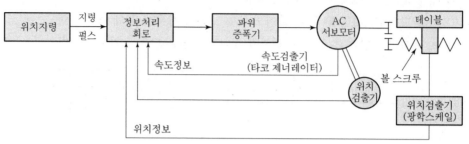

[그림 1-15] 복합회로방식

❸ 이송기구

① 리니어 모터 : 고속 이송용 이송기구

② 볼 스크류(Ball Screw) : 백래시(흔들림)가 Zero인 둥근 나사 형태

회전운동을 직선운동으로 바꿀 때 사용된다. 그 구성은 수나사와 암나사 사이에 강구(Steel Ball)를 넣어 구를 수 있게 한 것으로 강구가 수나사와 암나사 사이를 2회 반에서 3회 반 정도 구르다가 튜브 속을 통해 시작점으로 되돌아오는 것을 반복한다.

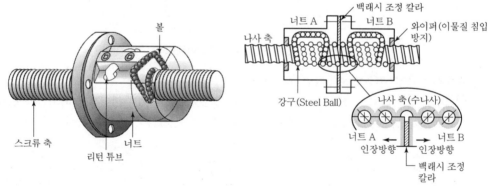

[그림 1-16] 볼 스크류 구조

1 머시닝센터의 종류와 구조

1. 머시닝센터의 종류

머시닝센터는 CNC 밀링 머신에 ATC를 부착한 기계를 말한다. 주로 부품의 평면, 원호, 홈, 드릴링, 보링, 태핑 및 캠과 같은 입체 절삭, 복합 곡면으로 구성된 면 등의 다양한 작업을 할 수 있다. 일반적으로 수직형과 수평형이 있으며 최근 대형 머시닝센터에는 수평형이 많이 사용되고 있다.

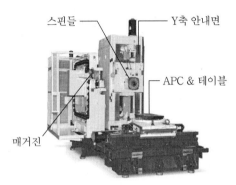

[그림 1-17] 수평형 머시닝센터

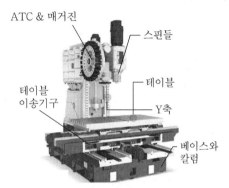

[그림 1-18] 수직형 머시닝센터

2. 머시닝센터의 구조

주요 구성요소는 주축대, 베이스와 컬럼, 테이블 및 이송 기구, 조작반, 제어장치 및 서보기구, 전기회로장치, ATC(Automatic Tool Changer) 및 APC(Automatic Pallet Changer)로 구성되어 있다.

(1) 주축대

공구를 고정하고 회전력을 주는 부분으로 일반적으로 공압을 이용하여 공구를 고정한다.

(2) 베이스와 칼럼

주축대와 테이블을 지지하는 새들이 부착되어 있는 부분을 말한다.

(3) 테이블 및 이송기구

T홈이 가공되어 있어 바이스 및 각종 고정구를 이용하여 가공물을 고정하기 용이한 구조로 되어 있는 테이블과 서보기구의 구동에 의하여 테이블을 이송하는 이송기구가 있으며, 이송기구는 일반적으로 볼 스크루를 사용한다.

[그림 1-19] 베이스 및 이송기구의 구조

(4) 조작반

기계를 움직이며 프로그램을 입력 및 편집할 수 있는 각종 키로 구성되어 있다.

(5) 제어장치 및 서보기구

조작반이나 기타 입력장치에서 입력된 정보를 처리하는 제어장치와 서보기구 및 스핀들 전동기, 기타 주변 장치를 제어하는 컨트롤 장치로 구성되어 있다.

(6) 전기회로장치

대부분 기계의 뒷면이나 측면에 부착되어 있으며 전기회로 및 강전반으로 구성되어 있다.

(7) 자동 공구 교환장치

자동 공구 교환장치(ATC : Automatic Tool Changer)는 가공 공정이 많은 부품을 가공할 때 매거진(Magazine)에 저장된 공구를 프로그램에 의해 선택하여 사용한다. 자동 공구 교환장치의 공구교환방법으로는 시퀀스(Sequence)방식과 랜덤(Random)방식이 있다. 시퀀스방식은 공구 번호와 매거진 번호가 일치하는 방식이다. 최근에 생산 현장에서 많이 사용하는 랜덤방식은 매거진 번호와 공구 번호가 일치하지 않고 기계에 기억된 공구 번호를 찾아 공구를 교환하는 방식으로 공구 교환 시간을 단축하기 위한 방식이다.

자동 공구 교환장치(ATC)는 공구를 교환하는 ATC 암과 많은 공구가 격납되어 있는 공구 매거진으로 구성되어 있다. 매거진의 공구를 호출하는 방법에는 순차방식과 랜덤방식이 있다.

순차방식은 매거진의 포트 번호와 공구 번호가 일치하는 방식이며, 랜덤방식은 지정한 공구 번호와 교환된 공구 번호를 기억할 수 있도록 하여 매거진의 공구와 스핀들의 공구를 동시에 맞교환하므로 매거진 포트 번호에 있는 공구와 사용자가 지정한 공구 번호가 다를 수 있다.

머시닝센터에 주로 사용되는 매거진의 형식은 드럼형과 체인형이 있으며 작업의 효율을 높이기 위하여 예비 매거진을 부착하여 사용하기도 한다.

가공물의 고정 시간을 줄여 생산성을 높이기 위하여 자동 팰릿 교환장치(APC)를 부착하기도 한다.

[그림 1-20] 자동 공구 교환장치

[그림 1-21] 자동 팰릿 교환장치

(a) 시퀀스방식

(b) 랜덤방식

[그림 1-22] 시퀀스방식과 랜덤방식의 자동 공구 교환장치

2 좌표계 및 가공조건 설정

1. 좌표계

(1) 좌표계의 종류
① 좌표축을 제어 축이라 한다.
② 기호는 ISO 및 KS규격으로 CNC 공작기계의 좌표축과 기호를 오른손 좌표계로 지정해 놓았다.

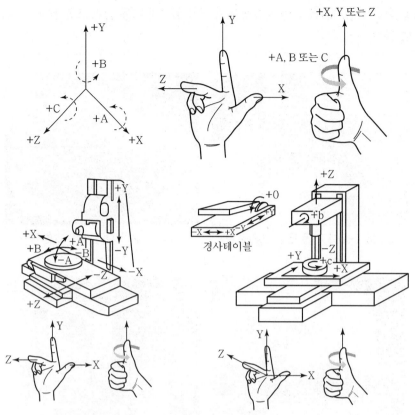

[그림 1-23] 밀링 머신의 좌표계와 좌표축(공구 이동방향 기준)

(2) CNC 공작기계에 사용되는 좌표축

일반적으로 좌표축은 기준 축으로 X, Y, Z축을 사용하고 보조 축으로 〈표 1-1〉과 같은
축을 사용하며, X, Y, Z축 주위에 대한 회전운동은 각각 A, B, C의 세 회전축을 사용한다.
머시닝센터는 X, Y, Z축을 기본으로 필요에 따라 부가 축을 추가하여 사용하고 있으며,
이와 같은 여러 개의 축은 각각 또는 동시에 제어할 수도 있다.

〈표 1-1〉 CNC 공작기계에 사용되는 좌표축

기준 축	부가 축(1차)	부가 축(2차)	회전 축	벡터성분
X축	U축	P축	A축	I
Y축	V축	Q축	B축	J
Z축	W축	R축	C축	K

(3) 좌표계

CNC 기계에 사용되는 좌표치의 기준으로 사용되는 좌표계에는 기계 좌표계, 공작물 좌표
계, 구역 좌표계의 3종류가 있다. 또한 화면에 공구가 이동된 거리를 나타내는 좌표에는

기계좌표, 절대좌표, 상대좌표, 잔여좌표의 4종류가 있으나 경우에 따라서 잔여 좌표계가 없는 경우도 있다.

① 기계 좌표계(Machine Coordinate System)

기계 제작사가 일정한 위치에 정한 기계의 기준점, 즉 기계 원점을 기준으로 하는 좌표계를 기계 좌표계라고 한다. 이 기준점은 기계가 일정한 위치로 복귀하는 기준점이며, 공작물 좌표계 및 각종 파라미터 설정값의 기준이 될 뿐만 아니라 모든 연산의 기준이 되는 점이다.

전원 공급 후 수동 원점복귀를 하면 기계 좌표계가 확립되며 전원을 끄지 않는 한 변하지 않는다. 단, 절대 위치 검출기가 내장된 기계의 경우는 필요 없다. 이 점은 공구와 공작물이 가장 멀리 떨어지는 위치, 즉 테이블의 이동 중심에 기준점을 설정하기도 한다.

- 파라미터에 설정된 기계원점을 기준으로 하는 좌표계이다.
- 장비를 처음 켰을 때 자기 위치를 인식하지 못하기 때문에 수동으로 기계원점으로 복귀하여 CNC가 위치를 파악하도록 한다.

② 공작물 좌표계(Work Coordinate System)

공작물의 가공을 위하여 설정하는 좌표계를 공작물 좌표계라고 한다. 프로그램을 할 때에는 도면상의 한 점을 원점으로 정하여 프로그램을 하는데, 이 점을 프로그램 원점이라고 하며, 공작물이 도면과 같이 가공되도록 이 프로그램 원점과 공작물의 한 점을 일치시키는 것을 공작물 좌표계 설정이라고 한다.

- 사용자가 세팅한 프로그램 원점을 기준으로 하는 좌표계이다.
- 쉽게 프로그래밍하기 위해 Work상에 편리한 점을 설정하여 프로그램 원점으로 사용한다.
- G92와 G54~G59를 이용하여 작업물 좌표계를 선택하여 가공을 수행한다.

③ 구역 좌표계(Local Coordinate System)

공작물 좌표계로 프로그램되어 있을 때, 특정 영역의 프로그램을 쉽게 하기 위하여 특정 영역에만 적용되는 좌표계를 만들 수 있는데, 이것을 구역 좌표계라고 한다.

- 필요에 의해 프로그램 원점을 이동하고 싶을 때 사용한다. 지령 이후 모든 좌표는 로컬좌표계를 기준으로 움직인다.
- 로컬좌표계 지령으로 Work좌표계나 기계좌표계는 바뀌지 않는다.

2. CNC 가공의 조건 설정

(1) 절삭속도 V[m/min]

절삭속도 V는 공구와 공작물 사이의 최대 상대속도를 말한다. 절삭속도는 공구수명에 중대한 영향을 끼치며, 가공면의 거칠기, 절삭률 등에도 밀접한 관계가 있다. 절삭현상에서 기본적인 변수로 단위는 m/min을 사용한다.

$$V = \frac{\pi D N}{1,000} \mathrm{m/min}$$

여기서, D : 공구의 직경[mm], N : 주축의 회전속도[rpm]

(2) 회전속도(Rough Cutting) N[rpm]

$$N = \frac{1,000\,V}{\pi D} \mathrm{rpm}$$

여기서, V : 절삭속도[m/min], D : 공구의 직경[mm]

(3) 이송속도 F[mm/min, mm/rev]

이송속도 F는 절삭 중 공구와 공작물 사이의 상대운동 크기를 말하며, 분당 이송속도 (G98)나 회전당 이송속도(G99)로 표시한다. 분당 이송속도(F)는 1분당 축 이송속도를 의미하며 단위는 [mm/min]이고, G98 F200과 같은 형태로 이송속도를 지령한다. 회전 당 이송속도(f)는 잇날 한 개당 이송량에 의해 결정되며 스핀들 1회전당의 축 이송속도를 의미한다. 회전당 이송속도의 단위는 [mm/rev]이고, G99 F0.2와 같은 형태로 이송속도 를 지령한다.

이송속도 $F = f \times Z \times N$

여기서, F : 이송속도[mm/min], f : 날당 이송량[mm/tooth]
Z : 날 수, N : 회전수[rpm]

테이블 이송속도$[F]$ = 회전당 이송속도 × 회전속도$[N]$
= 날당 이송$[f]$ × 날수$[Z]$ × 회전속도$[N]$

만약 절삭 조건 표에서 이송속도가 매회전당 이송거리 [mm/rev] 로 주어질 경우에는 이 를 다음과 같이 분당 이송거리[mm/min]로 환산하여야 한다.

① 드릴, 리머 카운터 싱킹의 경우

$F[\mathrm{mm/min}] = N[\mathrm{rpm}] \times f[\mathrm{mm/rev}]$

② 밀링 커터의 경우

$F[\mathrm{mm/min}] = N[\mathrm{rpm}] \times$ 커터의 날수[teeth/rev] $\times f[\mathrm{mm/teeth}]$

③ 태핑 및 나사절삭의 경우

$F[\mathrm{mm/min}] = N[\mathrm{rpm}] \times$ 나사의 피치

(4) 절삭률 Q[cm³/min]

　① 드릴의 경우

　　$Q =$ 드릴의 면적 × 회전수 × 이송속도

　　직경이 d인 드릴의 면적은 $\pi d^2/4[\text{mm}^2]$이므로

$$Q(\text{cm}^3) = \left(\frac{\text{드릴면적}}{100}\right) \times (N\,\text{rpm}) \times \left(\frac{\text{F\,mm/rev}}{10}\right) = \frac{\text{드릴면적} \times \text{F\,(mm/min)}}{1,000}$$

　② 밀링 커터의 경우

　　$Q =$ 커터의 너비 × 절삭깊이 × 커터날당 이송속도 × 커터날의 수

(5) 실가공시간 T[sec]

　길이 계산에서 주의할 내용은 가공 시작할 때와 끝부분의 여유를 가공길이에 포함하고 계산해야 한다는 것이다.

$$\text{절삭시간}\ T = \frac{L}{F} \times 60$$

여기서, T : 절삭시간[sec], L : 절삭 가공길이[mm], F : 분당 이송속도[mm/min]

(6) 소요 동력

$$HP = \frac{W}{0.75}, \quad W = \frac{Q \times K_s}{60 \times 102 \times \eta}, \quad Q = \frac{L \times F \times d}{1,000}$$

여기서, HP : 소요 마력, W : 소요 와트, Q : 칩의 체적[cm³], L : 절삭 폭[mm]
F : 이송속도[mm/min], d : 절삭 깊이[mm], η : 기계 효율[0.5~0.75]
K_s : 비절삭 저항[kg/mm²]

이와 같은 절삭 조건은 가공 도면을 검토하여 NC 프로그램을 작성하기 전 가공계획단계에서 각 공정별로 공작물의 재질과 형상에 따라 절삭 공구를 선정한다. 그리고 그에 따른 각각의 절삭 조건을 절삭 조건 표를 참고하여 먼저 공구 세팅 시트를 작성하고 난 다음, 프로그램을 작성한다.

❸ 절삭공구의 종류와 표기법

1. 공구 카탈로그의 활용

공구회사에서 제공하는 공구 카탈로그를 참고하여 공구 홀더 및 인서트 팁 등의 규격을 확인하고 공구를 구입하여 사용해야 한다.

가공방법에 따라 필요한 공구를 선택하고, 공구별 절삭 조건을 확인하여 프로그램 작성 시 공구회사에서 제시한 절삭 조건에 맞게 프로그램을 작성하고 가공 경험을 통해 최상의 절삭 조건을 찾아가면서 가공을 한다.

2. 절삭공구의 선정

절삭공구가 갖추어야 할 조건은 고온 경도, 내마모성과 인성이다. 절삭공구의 선정은 규격화되어 공구관리가 용이하고 마모 및 파손으로 인하여 공구를 교환할 때에 소요시간을 줄일 수 있는 스로 어웨이(Throw Away) 타입의 공구가 유리하다.

3. 공구 재종

절삭공구로 사용되는 재료에는 탄소 공구강, 고속도강, 주조 경질합금, 초경합금, 세라믹, CBN, 서멧, 다이아몬드 등이 있다.

4. 머시닝센터 절삭공구

(1) 밀링 커터

가공물의 재질과 작업의 유형에 적합한 커터의 지름, 경사각, 리드각 등을 고려하여 선택하여야 한다. 일반적으로 소형 기계의 경우 지름이 작은 커터로 가공물의 폭을 여러 차례 가공하는 것이 좋다. 너무 큰 대형 커터를 사용하면 떨림의 원인이 되며, 동력이 부족하여 절입 조건을 경제적으로 할 수 없다.

[그림 1-24] 밀링 커터의 종류

(2) 페이스 커터(Face Cutter)

커터의 지름은 공작물 폭의 1.6~2배로 선정하는 것이 좋다. 커터의 돌출량은 1/3~1/4 정도가 적당하다.

(3) 엔드 밀(End Mill)

엔드 밀을 선택할 때에는 피삭재의 형상, 가공 능률, 가공 정도 등에 적합한 재질, 지름, 날수, 날 길이, 비틀림각 등의 중요한 요소를 고려하여야 한다. 날 수는 엔드 밀의 성능을 좌우하는 중요한 요인이며, 2날은 칩 포켓이 커서 칩 배출은 양호하나 공구의 단면적이 좁아 강성이 저하되어 주로 홈 절삭에 사용한다. 4날은 칩 포켓이 작아 칩 배출능력은 적으나 공구의 단면적이 넓어 강성이 보강되므로 주로 측면 절삭 및 다듬질 절삭에 사용한다. 경제적이며 효율적인 엔드 밀 가공을 위해서는 공작물의 재질과 형상, 가공 능률, 가공 정밀도 등을 고려하여 적당한 엔드 밀을 선택하여 사용해야 한다. 따라서 엔드 밀의 지름, 날수, 날 길이, 비틀림 각, 재질 등이 중요한 요소이다.

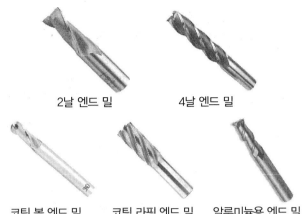

2날 엔드 밀   4날 엔드 밀

코팅 볼 엔드 밀   코팅 라핑 엔드 밀   알루미늄용 엔드 밀

[그림 1-25] 엔드 밀의 종류

5. 절삭공구 툴링

툴링(Tooling)은 공작 기계로 공작물을 가공하기 위해서 가공 공정에 따라 절삭공구와 홀더를 선정하는 것을 말한다. 머시닝센터의 공구 홀더는 자동공구 교환을 위한 그립 홈, 홀더 고정을 위한 풀 스터드, 키이 홈 등을 필요로 한다. 머시닝센터에서 공구 홀더(Holder)의 섕크(Shank)는 주로 BT 섕크를 채택하여 쓰고 있으나, 고속 주축용으로는 HSK 섕크가 사용되고 있다.

① BT 섕크의 테이퍼 규격은 7/24 내셔널 테이퍼로서 고속 회전 시 원심력으로 주축 선단이 벌어져 공구가 안으로 밀려들어 가는 현상이나 진동이 발생할 우려가 있다.
〈표 1-2〉는 BT 섕크의 규격이다.

② HSK 섕크는 테이퍼 면과 주축 면에 따라 탄성이 변형되고 섕크의 플랜지 표면과 주축 선단이 동시에 밀착하는 2면 구속방식의 중공 섕크이다. 고속 회전 시 원심력에 의한 악영향도 덜 받고 떨림 및 축 정도가 높다. 주로 소형의 고속 가공 기계에 사용된다.

〈표 1-2〉 BT 섕크의 규격

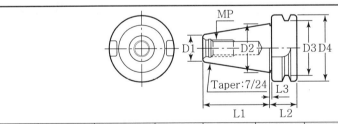

섕크 번호	D1	D2	D3	D4	L1	L2	L3	MP
BT30	∅17.63	∅31.75	∅38	∅46	48.4	22	2	M12×1.75
BT35	∅21.6	∅38.1	∅43	∅53	56.5	22	2	M12×1.75
BT40	∅25.3	∅44.45	∅53	∅63	65.4	27	2	M16×2
BT45	∅33.1	∅57.15	∅73	∅85	82.8	33	3	M20×2.5
BT50	∅40.1	∅69.85	∅85	∅100	101.8	38	3	M24×3

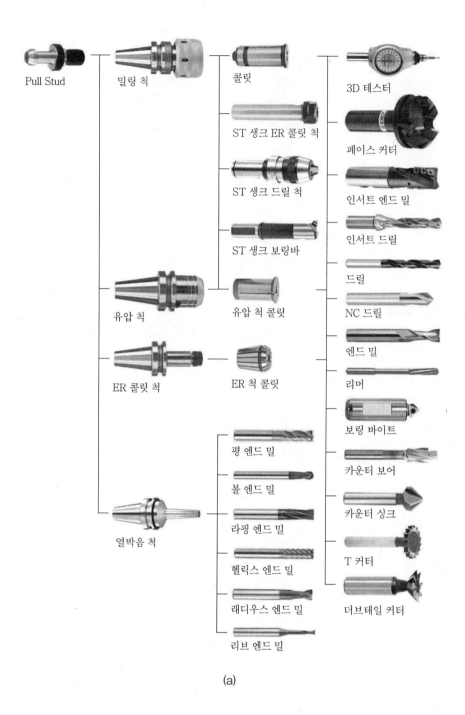

Pull Stud

밀링 척

콜릿

3D 테스터

ST 생크 ER 콜릿 척

페이스 커터

ST 생크 드릴 척

인서트 엔드 밀

ST 생크 보링바

인서트 드릴

유압 척

유압 척 콜릿

드릴

NC 드릴

ER 콜릿 척

ER 척 콜릿

엔드 밀

리머

보링 바이트

평 엔드 밀

카운터 보어

볼 엔드 밀

카운터 싱크

라핑 엔드 밀

T 커터

헬릭스 엔드 밀

래디우스 엔드 밀

더브테일 커터

열박음 척

리브 엔드 밀

(a)

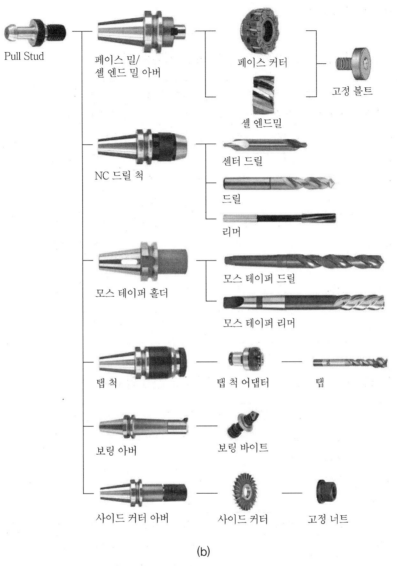

Pull Stud

페이스 밀/
셸 엔드 밀 아버

페이스 커터

고정 볼트

셸 엔드밀

NC 드릴 척

센터 드릴

드릴

리머

모스 테이퍼 홀더

모스 테이퍼 드릴

모스 테이퍼 리머

탭 척

탭 척 어댑터

탭

보링 아버

보링 바이트

사이드 커터 아버

사이드 커터

고정 너트

(b)

[그림 1-26] BT 생크의 툴 홀더와 절삭공구의 툴링

4 공구 제작회사의 절삭 조건표

공구 제작회사의 절삭 조건표에 의해 회전수와 이송속도를 프로그램에 적용하고, 절삭 시 떨림이 있을 경우 회전수와 이송속도를 같은 비율로 내려서 사용한다. 공구 제작회사의 절삭 조건표의 예는 다음과 같다.

1. 초경 2날 코팅 평 엔드 밀의 홈 가공 절삭 조건표의 예

지름	탄소강		내열강		스테인리스강		고경도강	
	RPM	FEED	RPM	FEED	RPM	FEED	RPM	FEED
2	11,560	190	7,560	120	6,300	90	5,040	35
3	8,920	210	5,560	140	4,620	120	3,360	40
4	7,560	300	4,620	180	3,880	150	2,940	50
5	6,300	320	3,780	190	3,160	160	2,320	55
6	5,560	350	3,360	220	2,840	180	2,000	75
8	4,200	380	2,520	200	2,100	180	1,680	60
10	3,260	330	2,000	160	1,680	160	1,360	55
12	2,740	280	1,680	130	1,360	130	1,160	40
16	2,200	220	1,360	110	1,060	110	900	30
20	1,680	170	1,060	80	840	80	680	20

2. 초경 4날 코팅 평 엔드 밀의 측면 가공 절삭 조건표의 예

지름	탄소강		내열강		스테인리스강		고경도강	
	RPM	FEED	RPM	FEED	RPM	FEED	RPM	FEED
2	11,560	280	7,560	170	6,300	140	5,040	50
3	8,920	320	5,560	200	4,620	170	3,360	60
4	7,560	570	4,620	350	3,880	280	2,940	60
5	6,300	600	3,780	360	3,160	300	2,320	70
6	5,560	660	3,360	410	2,840	330	2,000	80
8	4,200	710	2,520	380	2,100	350	1,680	110
10	3,260	610	2,000	300	1,680	300	1,360	90
12	2,740	520	1,680	250	1,360	240	1,160	80
16	2,200	410	1,360	200	1,100	200	900	60
20	1,680	320	1,060	160	840	150	680	40

3. HSS(Co-8%) 드릴의 절삭 조건표의 예

지름	알루미늄		탄소강		스테인리스강		합금강	
	RPM	FEED	RPM	FEED	RPM	FEED	RPM	FEED
2	7,040	0.14	2,460	0.06	940	0.06	2,110	0.06
3	5,280	0.15	1,850	0.07	700	0.07	1,580	0.07
4	3,520	0.19	1,170	0.08	460	0.08	1,030	0.08
5	2,640	0.22	880	0.11	350	0.11	790	0.11
6	2,110	0.25	700	0.12	290	0.12	630	0.12
8	1,760	0.28	590	0.14	240	0.14	530	0.14
10	1,540	0.32	530	0.17	210	0.17	460	0.17
12	1,320	0.33	460	0.20	180	0.20	400	0.20
16	1,190	0.40	410	0.22	150	0.22	350	0.22
20	1,060	0.45	350	0.24	140	0.24	320	0.24

4. 엔드 밀 절삭 조건표

가공물 재료 및 조건 공구 재종 및 작업 종류			강		주철		알루미늄	
			절삭속도 [m/min]	이송속도 [mm/rev]	절삭속도 [m/min]	이송속도 [mm/rev]	절삭속도 [m/min]	이송속도 [mm/rev]
엔드 밀	HSS	막깎기	25~29	0.1~0.25	25~29	0.1~0.25	30~60	0.1~0.3
		다듬질	25~29	0.08~0.12	25~29	0.08~0.15	30~60	0.1~0.12
	초경 합금	막깎기	30~50	0.1~0.25	42~46	0.1~0.25	50~80	0.15~0.3
		다듬질	45~50	0.08~0.12	45~50	0.08~0.15	50~80	0.1~0.12

5. 드릴, 태핑의 절삭 조건표

공구 및 작업 종류			강		주철		알루미늄	
공구	드릴 지름	재종	절삭속도 [m/min]	이송속도 [mm/rev]	절삭속도 [m/min]	이송속도 [mm/rev]	절삭속도 [m/min]	이송속도 [mm/rev]
드릴	5~10	HSS	25	0.1~0.25	22	0.2	30~45	0.1~0.2
		초경	50	0.15~0.25	42	0.2	50~80	0.25
	10~20	HSS	25	0.25	25	0.25	50	0.25
		초경	50	0.25	50	0.25	80~100	0.25
	20~50	HSS	25	0.3	25	0.3	50	0.25
		초경	50	0.3	50	0.3	80~100	0.3
태핑	일반 탭		8~12		8~12			
	테이퍼 탭		5~8		5~8			

6. 2날 엔드 밀(홈 가공)

*∅0.3~0.5[mm] : 0.25D ∅0.8~∅2[mm] : 0.5D ∅3~∅12[mm] : 1D

피삭재	탄소강 인장강도 75kgf/mm² 이하 S55C		합금강 SKD SKS		조질강(調質鋼) (HRC 30~40) SKD, SKT		주철 FC FCD		비철금속 알루미늄합금 동합금	
호칭지름 [mm]	회전수 [rpm]	이송속도 [mm/min]	회전수 [rpm]	이송속도 [mm/min]	회전수 [rpm]	이송속도 [mm/min]	회전수 [rpm]	이송속도 [mm/min]	회전수 [rpm]	이송속도 [mm/min]
0.3	30,000	35	21,200	13	21,200	13	33,500	100	100,000	80
0.5	18,000	35	12,500	13	12,500	13	20,000	100	63,000	90
0.8	11,000	50	8,000	20	8,000	20	12,500	100	40,000	95
1	9,000	50	6,300	28	6,300	20	10,000	100	31,500	95
1.5	6,000	60	4,250	30	4,250	20	6,700	100	21,200	95
2	4,500	60	3,150	33	3,150	20	5,000	100	16,000	95
3	3,750	85	2,650	45	2,120	20	3,750	106	12,500	112
4	2,800	90	2,000	50	1,600	20	2,800	125	9,500	112
5	2,240	90	1,600	56	1,250	20	2,240	140	7,500	112
6	1,900	90	1,320	56	1,060	20	1,900	150	6,300	112
8	1,400	90	1,000	56	800	20	1,400	180	4,750	112
10	1,120	90	800	56	630	20	1,120	190	4,000	112
12	950	90	670	56	530	20	950	200	3,150	112

7. 4날 엔드 밀(측면 가공)

* 축방향 절삭깊이 : 0.1D, 지름방향 절삭깊이 : 1.5D

피삭재	탄소강 인장강도 75kgf/mm² 이하 S55C		합금강 SKD SKS		조질강(調質鋼) (HRC 30~40) SKD, SKT		주철 FC FCD		비철금속 알루미늄합금 동합금	
호칭지름 [mm]	회전수 [rpm]	이송속도 [mm/min]	회전수 [rpm]	이송속도 [mm/min]	회전수 [rpm]	이송속도 [mm/min]	회전수 [rpm]	이송속도 [mm/min]	회전수 [rpm]	이송속도 [mm/min]
3	3,750	240	2,650	140	2,120	60	4,250	315	12,500	560
4	2,800	250	2,000	150	1,600	60	3,150	375	9,500	560
5	2,240	265	1,600	160	1,250	60	2,500	425	7,500	600
6	1,900	280	1,320	160	1,060	60	2,120	475	6,300	630
8	1,400	280	1,000	160	800	60	1,600	710	4,750	670
10	1,120	280	800	160	630	60	1,320	630	4,000	670
12	950	280	670	160	530	60	1,120	600	3,150	670

주 : • 절삭유는 강절삭에는 유성을 사용하고 주철, 비철 금속은 건식 절삭, 또는 수용성을 사용한다.
- 기계, 척은 정밀도가 높은 것을 사용한다.
- 회전수를 변경할 때는 한 날당의 이송량이 위의 표를 넘지 않는 범위에서 이송속도도 변경한다.
- 진동 소리가 발생할 때는 회전수, 이송속도를 함께 내려서 정상적인 절삭 소리의 영역에서 사용한다.

머시닝센터 프로그램 구조

SECTION 01 | 프로그램의 기본

---

1 좌표치의 지령방법

공구의 이동량을 지령하는 방법에는 절대(Absolute)지령과 증분(Incremental)지령의 2가지
방법이 있다.

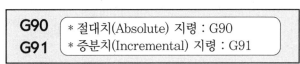

G90 * 절대치(Absolute) 지령 : G90
G91 * 증분치(Incremental) 지령 : G91

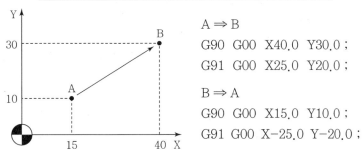

A ⇒ B
G90 G00 X40.0 Y30.0 ;
G91 G00 X25.0 Y20.0 ;

B ⇒ A
G90 G00 X15.0 Y10.0 ;
G91 G00 X-25.0 Y-20.0 ;

[그림 2-1] 절대치와 증분치 지령방법

1. 절대지령(G90)

프로그램 원점을 기준으로 직교 좌표계의 좌푯값을 입력하는 방식으로 G90과 함께 X, Y, Z
끝점의 위치를 지령한다.

지령방식 : G00 G90 X100.0 Y100.0 ;

2. 증분지령(G91)

현재의 공구위치를 기준으로 끝점까지의 X, Y, Z의 증분값을 입력하는 방식으로 G91과 함께
X, Y, Z의 증분값을 지령한다.

지령방식 : G00 G91 X100.0 Y100.0 ;

3. 극좌표지령(G16)

끝점의 좌표치를 반경과 각도의 극좌표로 입력할 수 있다. 각도는 극좌표지령을 하는 평면 제 1측의 +방향으로부터 반시계방향이 정(+), 시계방향이 부(−)가 된다. 반경과 각도는 절대지령, 증분지령 어떤 방법으로도 지령할 수 있다.

4. 선반, 밀링계의 절대 · 증분지령방법

① 선반계의 Program은 절대, 증분, 절대 · 증분 혼합방식(한 블록에 절대지령과 증분지령을 동시에 지령할 수 있다)으로 지령한다.

> 예 G00 X100.0 Z100.0 ; ―――― 절대지령
> G00 U100.0 W100.0 ; ―――― 증분지령(상대지령)
> G00 X100.0 W100.0 ; ―――― 절대 · 증분 혼합지령

② 밀링계의 Program은 절대(G90), 증분(G91)을 G-Code로 선택하는 방식으로 선반계의 프로그램방식과 차이가 있다.

> 예 G90 G00 X100.0 Y100.0 Z100.0 ; ―――― 절대지령
> G91 G00 X100.0 Y100.0 Z100.0 ; ―――― 증분지령(상대지령)

❷ 이송 기능(F)

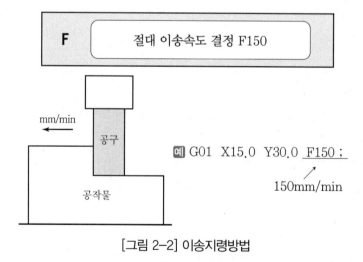

[그림 2-2] 이송지령방법

❸ 주축 기능(S)

S	* 주축의 회전수 지령 예 G00 X__. Y__. S1000M03 ;

❹ 공구 기능(T)

T	* 공구 선택 및 교환 T01 ; ⇐ 1번 공구 선택 M06 ; ⇐ 공구 교환

SECTION 02 | 프로그램의 정의 및 구성

❶ 주소(Address)

알파벳 A–Z 중 한 개로 표시하며 대문자를 사용한다.

〈표 2-1〉 각종 주소의 기능

기능	Address			사용 예	의미
프로그램 번호	O			O1111	알파벳 O와 4자리 숫자로 구성
전개 번호	N			N10	전개번호는 생략 가능
준비 기능	G			G00,G01	급속이송, 직선절삭, 원호절삭 등을 지령
좌표어	X	Y	Z	X100.0	각 축의 이동위치를 절대지령방식으로 지령
	U	V	W	U30.0	각 축의 이동위치를 증분지령방식으로 지령
	A	B	C		부가축의 이동 명령
	I	J	K	I10.0	면치량 및 원호 중심의 각축 증분 값 지령
	R			R10.0	원호 절삭 시 원호 반경 값 지령
이송 기능	F, E			F0.2	이송속도 및 나사리드 지령
주축 기능	S			S1000	주축속도(회전수) 지령
공구 기능	T			T01	공구번호 및 공구보정번호 지령
보조 기능	M			M03	각종 서보(Servo)의 ON/OFF 제어 기능
휴지 기능	P, U, X			U1.0	휴지시간(Dwell) 지령
프로그램 번호 지정	P			M98P1000	보조 프로그램 호출번호 지정(1000번 프로그램 호출)
전개번호 지정	P, Q			P10, Q20	복합반복 사이클에서 호출, 종료 전개번호 지정
반복횟수 지정	L			L2	보조 프로그램 반복횟수 지령
매개 변수	D, I, K				주기에서의 파라미터(절입량, 횟수 등)

❷ 수치(Data)

수치는 주소의 기능에 따라 2자리, 4자리의 수치를 사용하였으나, 근래에는 확장되는 추세이다. 수치값의 처음에 나오는 0과 소수점 다음의 마지막에 나오는 0은 생략할 수 있다.
좌표치를 나타내는 주소에 사용되는 수치는 최소 지령단위에 따라 0.001mm까지 표시할 수 있다.

> 예 G00, G01, G02 또는 G0, G1, G2 … 2자리 수(수치값 처음에 나오는 0 생략 가능)
> X20.015 Z200.005 : 소수점 이하 3자리 수
> X200000＝X200.000＝X200. : 소수점 다음의 마지막에 나오는 0은 생략 가능

[소수점의 사용]
소수점은 거리와 시간, 속도의 단위를 갖는 것에 사용되는 주소(X, Y, Z, A, B, C, I, J, K, R, F)의 데이터에만 가능하다.

    X10.0=10mm

    X100=0.1mm(최소지령단위가 0.001mm이므로 소수점이 없으면 뒤쪽에서 3번째에 소수점이 있는 것으로 간주한다)

    X10.05=10.05mm

    S2000.=알람 발생(소수점 입력 에러) : 길이를 나타내는 수치가 아님

❸ 블록(Block)의 구성

몇 개의 단어가 모여 구성된 한 개의 명령 단위를 블록이라고 하고, 각각의 블록은 블록 끝 (EOB : End of Block)으로 구분하며, 제작회사에 따라 " ; " 또는 "#"과 같은 부호로 표시한다. 한 블록에 사용되는 단어의 수에는 제한이 없다.

기계는 블록의 순서대로 움직이므로 프로그램을 작성할 때에는 가공 순서에 따라 블록을 구성하여야 한다.

일반적인 블록의 구성은 〈표 2-2〉와 같다.

〈표 2-2〉 일반적인 블록의 구성

N	G	X	Y	Z	F	S	T	M	;
전개번호	준비 기능	좌표어		이송 기능	주축 기능	공구 기능	보조 기능		블록 끝

❹ 단어(Word)

NC 프로그램의 기본 단위이며 주소(Address)와 수치(Data)로 구성된다. 주소는 알파벳 (A~Z) 중 1개를 사용하고, 주소 다음에 수치를 지령한다.

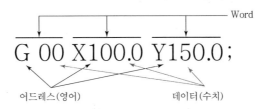

$$\text{G\ 00\ X100.0\ Y150.0;}$$

어드레스(영어)   데이터(수치)

단어는 NC 프로그램의 기본 단위이며, 주소와 수치로 구성된다. 주소는 알파벳(A~Z) 중 1개를 사용하고, 주소 다음에 수치를 사용한다.

예 X 200.0
    주소 + 수치 ⇒ 단어

5 전개번호(N : Sequence Number)

블록의 순서를 지정하는 것으로 주소 "N" 다음에 네 자리 숫자(1~9999)로 번호를 표시한다. 전개번호는 점차 증가하는 수치를 사용하고 있으나 N01, N02, N03, … 의 순서로 하는 것보다는 N10, N20, N30, … 과 같이 일정한 간격을 두고 번호를 붙이면 프로그램을 작성하다가 필요에 따라 다른 한 블록을 삽입할 수 있어서 편리하다.

전개번호는 블록을 탐색할 때 주로 이용되는데, 생략할 수도 있지만 복합 반복 사이클 (G70~G76)을 사용할 때는 반드시 사용해야 한다.

> **예** N10 G50 X150.0 Z200.0 S1500 T0100 ;
> N20 G96 S120 M03 ;
> N30 G00 X62.0 Z0.0 T0101 M08 ;
> N40 G01 X-1.0 F0.1 ;

6 프로그램 번호(O)

CNC 기계의 제어장치는 여러 개의 프로그램을 CNC 메모리에 저장할 수 있다. 이와 같이 저장된 프로그램을 구별하기 위하여, 서로 다른 프로그램 번호를 붙이는데, 프로그램 번호는 주소 영문자 O 다음에 4자리의 숫자, 즉 0001~9999까지를 임의로 정하여 사용하였으나, 근래에는 8자리(~99999999)까지 확장된 시스템도 있다.

> **예** O □□□□
> • O : 주소
> • □□□□ : 프로그램 번호

7 준비 기능(G : Preparation Function)

준비 기능은 제어장치의 기능을 동작하기 위한 준비를 하는 기능으로, 영문자 G와 두 자리의 숫자로 구성되어 있다.

〈표 2-3〉 준비기능의 구분

구분	의미	구별
1회 유효 G-코드 (One Shot G-Code)	지령된 블록에서만 유효한 기능	○○ 그룹
연속 유효 G-코드 (Modal G-Code)	동일 그룹의 다른 G코드가 지령될 때까지 유효한 기능	○○ 그룹 외

〈표 2-4〉 머시닝센터 G-코드 일람표

G코드	그룹	기능	G코드	그룹	기능
G00		급속 위치결정(급속 이송)	G65	00	Macro 호출
G01	01	직선보간(직선가공)	G68	16	좌표회전
G02		원호보간 C.W(시계방향 원호가공)	G69		좌표회전 취소
G03		원호보간 C.C.W(반시계방향 원호가공)	G73		고속 심공드릴 사이클
G04	00	Dwell	G74		왼나사 탭 사이클
G10		Data 설정	G76		정밀보링 사이클
G20	06	Inch Data 입력	G80		고정사이클 취소
G21		Metric Data 입력	G81		드릴 사이클
G22	09	금지영역 설정 ON	G82		카운터 보링 사이클
G23		금지영역 설정 OFF	G83	09	심공드릴 사이클
G25	08	주축속도 변동 검출 OFF	G84		탭 사이클
G26		주축속도 변동 검출 ON	G85		보링 사이클
G27		원점복귀 Check	G86		보링 사이클
G28	00	자동원점 복귀(제1원점 복귀)	G87		백보링 사이클
G30		제2원점 복귀	G88		보링 사이클
G33	01	나사절삭	G89		보링 사이클
G37	00	자동공구 보정(Z)	G90	03	절대지령
G40		인선 R보정 취소	G91		증분지령
G41	07	인선 R보정 좌측	G92	00	공작물좌표계 설정
G42		인선 R보정 우측	G94	05	분당 이송(mm/min)
G43		공구 길이 보정(+)	G95		회전당 이송(mm/rev)
G44	08	공구 길이 보정(−)	G96	13	주축 속도 일정제어
G49		공구 길이 보정 취소	G97		주축 회전수 일정제어
G54 ~ G59	14	공작물 좌표계 1~6번 선택	G98		고정사이클 초기점 복귀
			G99		고정사이클 R점 복귀

8 보조 기능(M : Miscellaneous Function)

보조 기능은 스핀들 모터를 비롯한 기계의 각종 기능을 수행하는 데 필요한 보조장치(각종 스위치)의 ON/OFF를 수행하는 기능으로, 영문자 M과 2자리의 숫자를 사용한다. 보조 기능은 종전에는 한 블록에 하나만 사용할 수 있었으나, 최근의 제어장치에는 복수의 사용이 가능하다. 종전의 경우 만일 한 블록에 하나 이상 사용하면 뒤에 지령한 블록만 유효하였다.

〈표 2-5〉 머시닝센터 M-코드 일람표

기능	내용	기능	내용
M00	Program Stop 프로그램의 일시정지 기능이며 앞에서 지령된 모든 조건들은 유효하며, 자동개시를 누르면 자동운전이 재개된다.	M98	Sub Program 호출 • FANUC 0T 시스템의 호출방법 M98 P△△△△□□□□ ; 　□□□□ : 보조 프로그램 번호 　△△△△ : 반복횟수(생략하면 1회) • 0T 시스템이 아닌 기종의 호출방법(FANUC 6,10,11 Series 등) M98 P□□□□ L△△△△ ; 　□□□□ : 보조 프로그램 번호 　△△△△ : 반복횟수(생략하면 1회)
M01	Optional Program Stop 조작판의 M01 스위치(Option Stop Switch)가 ON 상태일 때만 정지하고 Off일 때는 통과되며, 정지조건은 M00과 동일하다.		
M02	Program End 현재까지 지령된 모든 기능은 취소되며 프로그램을 종료하고 NC를 초기화시킨다.		
M03	Spindle Rotation(CW) : 주축 정회전(심압축 방향에서 보면 반 시계방향으로 회전)	M99	Main Program 호출 • 보조 프로그램의 끝을 나타내며 주 프로그램으로 되돌아간다. • 분기 지령을 할 수 있다. 　M99 P△△△△ ; 　△△△△ : 분기하고자 하는 시퀀스 전개번호로 전개번호를 지령하면 그 Block으로 이동하여 계속적으로 프로그램을 진행한다.
M04	Spindle Rotation(CCW) : 주축 역회전		
M05	Spindle Stop : 주축 정지		
M06	Tool Change : 공구교환		
M08	Coolant On : 절삭유 모터 On		
M09	Coolant Off : 절삭유 모터 Off		
M19	Spindle Oristion : 주축 정위치		
M30	Program Rewind Restart • 프로그램의 종료 후 선두로 되돌리는 기능과 선두에서 다시 실행하는 두 가지 기능이 포함되어 있다. • M02기능보다 이 기능을 많이 활용한다.		

❾ 서브 프로그램(Sub Program)

동일한 작업이 반복되는 경우 하나의 보조 프로그램(M98)으로 작성한 후 주 프로그램(M99)에서 호출하는 형태로 프로그래밍하여 사용한다.

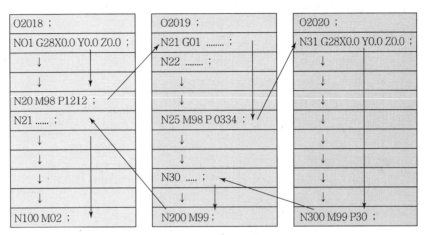

[그림 2–3] 주 프로그램과 보조 프로그램의 진행과정

1. M98(Sub Program 호출)

(1) FANUC 0T 시스템의 호출방법

① M98 P△△△△□□□□ ;

② □□□□ : 보조 프로그램 번호

③ △△△△ : 반복횟수(생략하면 1회)

(2) 0T 시스템이 아닌 기종의 호출방법(FANUC 6,10,11 Series 등)

① M98 P□□□□ L△△△△ ;

② □□□□ : 보조프로그램 번호

③ △△△△ : 반복횟수(생략하면 1회)

2. M99(Main Program 호출)

(1) 보조 프로그램의 끝을 나타내며 주 프로그램으로 되돌아간다.

(2) 분기 지령을 할 수 있다.

① M99 P△△△△ ;

② △△△△ : 분기하고자 하는 시퀀스 전개번호로 전개번호를 지령하면 그 Block으로 이동하여 계속적으로 프로그램을 진행한다.

❶ 급속 이송 위치결정(G00)

- 의미 : X(U), Z(W)에 지령된 종점을 향해 급속으로 이동

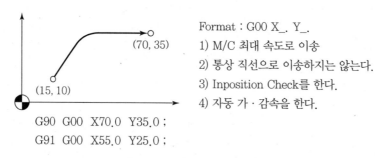

Format : G00 X_. Y_.
1) M/C 최대 속도로 이송
2) 통상 직선으로 이송하지는 않는다.
3) Inposition Check를 한다.
4) 자동 가 · 감속을 한다.

G90 G00 X70.0 Y35.0 ;
G91 G00 X55.0 Y25.0 ;

[그림 2-4] G00 지령 예제

❷ 직선 절삭 이송(G01)

- 의미 : 지령된 종점으로 F의 속도에 따라 직선으로 가공(테이퍼, 면취도 직선에 포함된다)

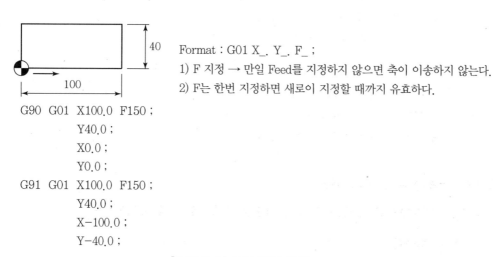

Format : G01 X_. Y_. F_ ;
1) F 지정 → 만일 Feed를 지정하지 않으면 축이 이송하지 않는다.
2) F는 한번 지정하면 새로이 지정할 때까지 유효하다.

G90 G01 X100.0 F150 ;
        Y40.0 ;
        X0.0 ;
        Y0.0 ;
G91 G01 X100.0 F150 ;
        Y40.0 ;
        X-100.0 ;
        Y-40.0 ;

[그림 2-5] G01 지령 예제

❸ 원호 가공(G02, G03)

• 의미 : 지령된 시점에서 종점까지의 반경 R 크기로 원호 가공

〈표 2–6〉 원호 보간 지령의 의미

	조건	지령	주석
1	회전방향	G02	시계방향(C.W)
		G03	반시계방향(C.C.W)
2	절대치 지령	X, Y, Z	좌표계에서 종점의 위치
3	원호 중심 위치	I, J, K	프로그램 원점에서 원호의 중심까지의 거리
	원호 반경	R	원호의 반경 값 직접 지령

1. 회전방향의 구분

(1) G02 : 시계방향(C.W)

시작점에서 보았을 때 종점의 방향이 시계방향인 경우 G02를 사용한다.

(2) G03 : 반시계방향(C.C.W)

시작점에서 보았을 때 종점의 방향이 시계 반대방향인 경우 G03을 사용한다.

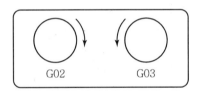

(a) 시계방향   (b) 반시계방향

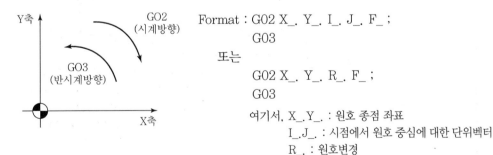

Format : G02 X_. Y_. I_. J_. F_ ;
G03
또는
G02 X_. Y_. R_. F_ ;
G03
여기서, X_.Y_. : 원호 종점 좌표
I_.J_. : 시점에서 원호 중심에 대한 단위벡터
R_. : 원호변경

[그림 2–6] G17 : XY 평면

• R 지령 시

$0° < \theta \leftarrow 180° \rightarrow R+$

$180° < \theta < 360° \rightarrow R-$

• 360°의 원호 가공 시 반드시 I_.J_.K_값 지령
• I_.J_.K_.값과 R_에 의한 지령이 실행됨

2. 원호가공(G02,G03) 프로그램

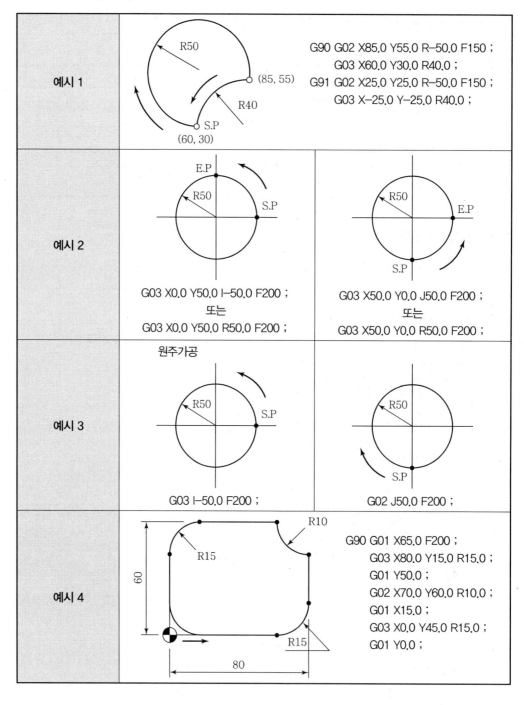

예시 1	G90 G02 X85.0 Y55.0 R−50.0 F150 ; G03 X60.0 Y30.0 R40.0 ; G91 G02 X25.0 Y25.0 R−50.0 F150 ; G03 X−25.0 Y−25.0 R40.0 ;
예시 2	G03 X0.0 Y50.0 I−50.0 F200 ; 또는 G03 X0.0 Y50.0 R50.0 F200 ; / G03 X50.0 Y0.0 J50.0 F200 ; 또는 G03 X50.0 Y0.0 R50.0 F200 ;
예시 3	원주가공 G03 I−50.0 F200 ; / G02 J50.0 F200 ;
예시 4	G90 G01 X65.0 F200 ; G03 X80.0 Y15.0 R15.0 ; G01 Y50.0 ; G02 X70.0 Y60.0 R10.0 ; G01 X15.0 ; G03 X0.0 Y45.0 R15.0 ; G01 Y0.0 ;

3. 360° 원호가공의 경우(원호의 크기를 I, J, K로 지정하는 경우)

시점과 종점이 같은 경우 원호의 크기를 R로 지정할 수 없고 I, J, K로서 코드와 함께 지령하면 360°의 원호를 1 블록으로 가공할 수 있다.

① I : 프로그램 원점에서 원호 중심점까지 X축 방향의 거리
② J : 프로그램 원점에서 원호 중심점까지 Y축 방향의 거리
* I, J 부호는 언제나 +＝프로그램 원점에서 원호 중심까지의 거리이므로

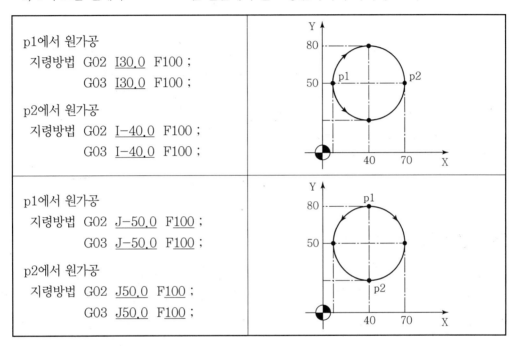

4 일시 정지(G04 : Dwell Time 지령)

• 의미 : 지령된 시간 동안 Program을 정지시키는 기능

머시닝센터에서는 모서리 부분의 치수를 정확히 가공하거나, 드릴 작업, 카운터 싱킹, 카운터 보링, 스폿 페이싱 등에서 목표점에 도달한 후 즉시 후퇴할 때 생기는 이송만큼의 단차를 제거하여 진원도의 향상 및 깨끗한 표면을 얻기 위하여 사용한다. 주소 X 또는 P와 정지하려는 시간을 수치로 입력한다. P는 소수점을 사용할 수 없으며, X는 소수점 이하 세 자리까지 유효하다. 일반적으로 1.5~2회 공회전하는 시간을 명령하면 되며, 정지시간과 스핀들축의 회전수와의 관계는 다음과 같다.

$$정지시간(초) = \frac{60}{스핀들\ 회전수(rpm)} \times 공회전수(회) = \frac{60}{N(rpm)} \times (회)$$

최대지령시간 : 9999.999초

Format : G04 X_ ;

 G04 X1.0 ;

    =G04 X1000 ;

    =G04 P1000 ;

    =G04 P1.0 ;

    (P는 소수점 입력 불가)

예제
∅30−2날 엔드 밀을 이용하여 절삭속도 30m/min으로 카운터 보링 작업을 할 때 구멍 바닥에서 2회
전 일시 정지를 주려고 한다. 정지 시간을 구하고, NC 프로그램을 작성하시오.

[풀이]
- 정지 시간(초) $= \dfrac{60 \times n(\text{회})}{N(\text{rpm})} = \dfrac{3.14 \times 30 \times 60 \times 2}{1,000 \times 30} = 0.377(\text{초})$
- NC 프로그램 : G04 X0.377 ;
           또는 G04 P377 ;

---

5 평면지령(G17,G18, G19)

원호 가공의 경우 가공물의 형상에 맞는 작업 평면을 선택하고 회전방향을 명령하여야 하는데,
수직형 머시닝센터의 경우에는 가장 많이 사용하는 평면인 XY평면이 초기에 설정되도록 파라
미터에 지정하여 사용하므로, X−Y평면이 아닌 다른 평면을 선택할 때에만 지정하면 된다.
오른손 좌표계에서의 작업 평면과 회전방향은 XY평면, ZX평면, YZ평면에 대하여 Z축, Y축,
X축의 (+)방향에서 바라보며 회전방향을 정한다.

작업평면 선택	
G17	XY 평면
G18	ZX 평면
G19	YZ 평면

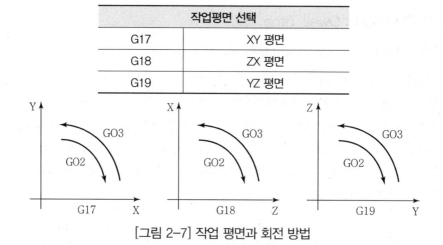

[그림 2−7] 작업 평면과 회전 방법

1 이송 기능(F)

이송속도 : 회전당 이송(mm/rev)과 분당 이송(mm/min)이 있으며 지령하는 문자는 'F'이다.

〈표 2-7〉 분당 이송(G94, G98), 회전당 이송(G95, G99)

CNC 선반		CNC 밀링(머시닝센터)	
G98	분당 이송(mm/min)	G94	분당 이송(mm/min)
G99	회전당 이송(mm/rev)	G95	회전당 이송(mm/rev)

1. 분당 이송(G98) – CNC 선반

(1) 의미 : 공구를 1분당 얼마만큼 이동하는가를 F로 지정

주축의 정지상태에서 공구를 절삭 이송시킬 수 있으며 밀링계의 종류에 많이 사용한다.

지령방법 : G98 F _____ ;

(2) 지령 Word의 의미

① F : 1분간에 공구가 이동하는 양

② 이송단위 : mm/min

③ 지령범위 : F1~F100000mm/min

전원을 투입하면 선반계는 회전당 이송(G99), 밀링계는 분당 이송(G98) 지령이 자동으로 선택된다.

2. 회전당 이송(G99) – CNC 선반

(1) 의미 : 공구를 주축 1회전당 얼마만큼 이동하는가를 지정

지령방법 : G99 F _____ ;

(2) 지령 Word의 의미

① F : 1회전에 이동하는 공구의 이동량

② 이송단위 : mm/rev

③ 지령범위 : F0.0001~F500.mm/rev

주축 Position Coder에서 회전수를 검출하여 실제 회전수를 인식함과 동시에 이송속도를 결정

❷ 공구 기능(T : Tool Function)

공구를 선택하는 기능으로 영문자 T와 2자리 숫자를 사용한다.

선반계와 밀링계에서 사용하는 방법에는 다소 차이가 있다. 즉, CNC 선반에서는 공구의 선택 및 공구 보정번호를 선택하는 기능을 하며, 머시닝센터에서는 공구를 선택하는 기능을 담당하므로 M06(공구교환)을 함께 지령하여야 한다. M06 지령 없이 다시 T 지령을 하게 되면 에러가 된다.

CNC 선반과 머시닝센터에 사용되는 공구 기능의 예는 다음과 같다.

1. CNC 선반의 경우

T □ □ ▲ ▲
- □ □ : 공구선택번호(01~99번) : 기계 사양에 따라 지령 가능번호 결정
- ▲ : 공구보정번호(01~99번) : 00은 보정 취소 기능임

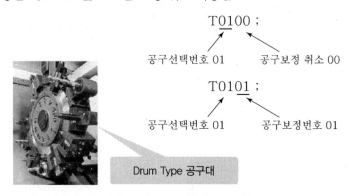

T0100 ;

공구선택번호 01   공구보정 취소 00

T0101 ;

공구선택번호 01   공구보정번호 01

Drum Type 공구대

[그림 2-8] CNC 선반공구 기능

2. CNC 밀링(머시닝센터)의 경우

T □ □ M06 ;
- □ □ : 공구번호

> 예 T02 M06
> - T02 : 공구 지정
>   주로 Setting용 공구는 따로 정해주는 것이 좋다.
>   가령, T01로 좌표를 설정하고, T02로 가공하는 것이다.
>   그러면 공구를 오래 사용해서 교체할 시 기준공구(T01)는 변화가 없으므로 해당공구만을 Setting해 주면 된다.
> - M06 : 공구 교환

❸ 공구 보정 기능

1. 공구 보정(Offset)의 정의

보정 기능이란 공구의 위치를 변경시키는 기능으로 CNC 공작기계에서는 이 기능을 많이 쓰고 있다. 특히, 머시닝센터에서는 사용 공구가 많고 직경과 길이가 공구마다 모두 다르다. 따라서 어떤 부품을 가공하기 위해 공구의 직경과 길이를 측정하고 직경과 길이에 차이가 생기는 문제점을 공구 보정 페이지(옵셋 화면)에 보정값으로 설정하여 사용하면 간단히 해결된다. 프로그램을 작성할 때 공구 길이와 공구 지름 보정에 대한 것은 CNC 장치에 따라 다르므로 그 장치에 맞게 프로그램을 해야 한다.

2. 공구 지름 보정(G40, G41, G42)

(1) 공구 지름 보정이란

공구의 측면 날을 이용하여 가공하는 경우 공구의 직경 때문에 공구 중심(주축 중심)이 프로그램과 일치하지 않는다. 이와 같이 공구 반경만큼 발생하는 편차를 쉽게 자동으로 보정하는 기능으로, 공구의 측면을 이용하여 작업하는 엔드 밀 등에서 많이 사용되는 기능이다.

* 프로그램 경로로부터 공구 반경만큼 떨어져 절삭되도록 하는 것이 공구 지름 보정이다.

(2) 공구 경로방향

보정량의 조정에 의해 임의의 크기로 정삭 여유치를 설정해 황삭의 반복 및 정삭을 각각의 프로그램을 작성하지 않고 한 개의 프로그램을 작성하여 사용할 수 있다.

① 공구 지름 보정(Cutter Compensation)

실제 공구 지름과 프로그램된 공구 지름의 차를 보정하기 위한 공구 경로에 직각방향으로의 변위

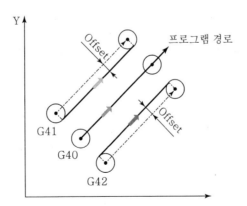

[그림 2-9] 공구 지름 보정과 공구 옵셋 경로 및 방향

② 외측 및 내측 가공 공구방향

G 코드	의미	공구 경로 설명
G40	공구 지름 보정 취소	공구 중심과 프로그램 경로가 같다.
G41	공구 지름 좌측 보정(하향 절삭)	공작물을 기준하여 공구 진행방향으로 보았을 때 공구가 공작물의 좌측에 있다.
G42	공구 지름 우측 보정(상향 절삭)	공작물을 기준하여 공구 진행방향으로 보았을 때 공구가 공작물의 우측에 있다.

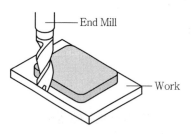

(a) 시계방향으로 가공할 경우 – G41

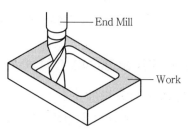

(b) 반시계방향으로 가공할 경우 – G41

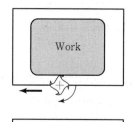

(c) 반시계방향으로 가공할 경우 – G42

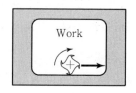

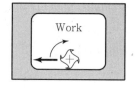

(d) 시계방향으로 가공할 경우 – G42

[그림 2–10] 공구 지름 보정과 공구 이동방향

(3) 형식

G01(또는 G00) G41 X___ Y___ D___ ; G42 X___ Y___ D___ ;
G01(또는 G00) G40 X___ Y___ ; D = 공구 지름 보정번호
※ G02, G03에서 보정을 취소하는 G40을 쓰면 알람이 발생한다.

(4) 보정을 사용할 때 주의사항

① 일반적으로 공구 지름 보정량은 (+)값으로 입력하며, (−)값을 입력하면 G41과 G42
가 바뀌어 동작한다.

② 공구 반지름보다 작은 원호 및 홈에 내측을 가공하게 되면 과대 절삭이 발생한다.

③ G41 사용 도중 G42로 변경하고자 할 때는 반드시 G40을 지령한 뒤에 변경하여 사용한다.

④ 공구 지름 보정을 취소할 때는 Z축을 가능한 공작물에 간섭이 없는 안전한 위치로 이동후 보정을 취소하는 것이 안전하다.

⑤ 공구 지름 보정을 시작할 때는 가능한 직각방향으로 들어가야 공작물과의 간섭을 피할수 있다.

⑥ 이동 지령 G00/G01에서 설정
- 이동지령은 반드시 G00 또는 G01를 이동하면서 설정한다(Start Up 블록).
- Start Up 블록을 G02, G03으로 설정 시 알람이 발생한다.

⑦ 공구 반지름보다 작은 안쪽 원호나 공구 지름보다 작은 홈을 가공할 수 없다.
- 공구 반지름보다 작은 원호의 내측을 공구 지름 보정으로 가공하면 절입 과다 알람이 발생한다.

⑧ 원점 복귀 전에는 반드시 보정을 취소하여야 한다.
- 공구 지름 보정 중 원점 복귀를 하려고 한다.

(5) 공구 지름 보정과 취소방법
① 추천 공구 경로

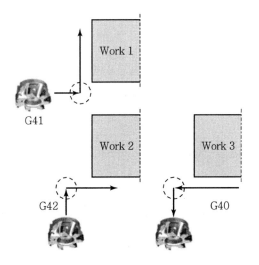

② 피해야 할 공구 경로

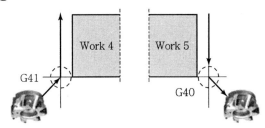

(6) 공구 지름 보정 지령방법

① 공구 지름 보정 지령방법

- G41 X__ Y__ D__ ;
- G42 X__ Y__ D__ ;
- G40 ;

② 명령 워드의 의미

- G41 : 공구 진행방향으로 볼 때 공구가 공작물의 좌측(좌측 Offset)
- G42 : 공구 진행방향으로 볼 때 공구가 공작물의 우측(우측 Offset)
- D01 : 공구 보정화면 공구 지름 보정값이 입력된 번호
    - -D : 공구 지름을 뜻하는 어드레스
    - -00 : 공구 보정번호(일반적으로 공구번호(T01)와 같은 번호 입력)
- G40 : 취소방법(공구경 보정 해제)

③ G41,G42 프로그램 경로

- 절삭조건과 도면

절삭조건					
소재 치수 재질	공구명	공구번호	주축 회전수 (rpm)	이송속도 (mm/min)	보정번호
70×70×20 SM20C	Ø10 엔드 밀	T01	S1000	F100	D01/H01
절입 및 절삭 깊이 : 5mm					

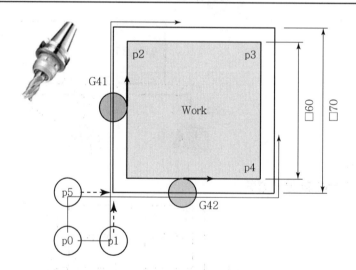

• G41 프로그램 경로

경로	G41 방향 치수	경로	G41 프로그램 경로
p0	X-20.0 Y-20.0	p1	G41 G01 X5.0 D01 ;
p1	X5.0	p2	Y65.0 ;
p2	Y65.0	p3	X65.0 ;
p3	X65.0	p4	Y5.0 ;
p4	Y5.0	p5	X-20.0 ;
p5	X-20.0	p0	Y-20.0
p0	Y-20.0		

• G42 프로그램 경로

경로	G42 방향 치수	경로	G42 프로그램 경로
p0	X-20.0 Y-20.0	p5	G42 G01 Y5.0 D01 ;
p5	Y5.0	p4	X65.0 ;
p4	X65.0	p3	Y65.0 ;
p3	Y65.0	p2	Y5.0 ;
p2	X5.0	p1	Y-20.0 ;
p1	Y-20.0	p0	X-20.0
p0	X-20.0		

(7) 공구 지름 보정 예제

① G41 코드로 가공 경로를 작성

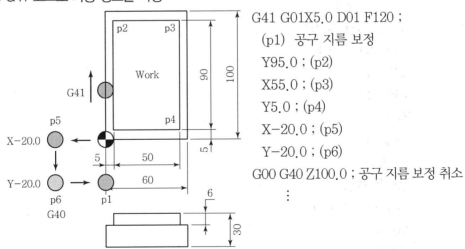

G41 G01X5.0 D01 F120 ;
　(p1) 공구 지름 보정
　Y95.0 ; (p2)
　X55.0 ; (p3)
　Y5.0 ; (p4)
　X-20.0 ; (p5)
　Y-20.0 ; (p6)
G00 G40 Z100.0 ; 공구 지름 보정 취소
　　　⋮

② G42 코드로 가공 경로를 작성

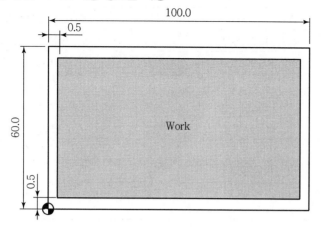

```
%
O2042(G40,G42,G54) ;
G40 G49 G80 ;
G91 G28 X0.0 Y0.0 Z0.0 ;
G54 G90 X50.0 Y30.0 Z100.0 ;
G91 G30 Z0.0 M19 ;
T01 M06 ;
G90 G00 X-20.0 Y-20.0 ;
G43 Z50.0 H01 ;
Z10.0 ;
S1000 M03 ;
G01 Z-5.0 F120 ;
G42 Y5.0 D01 F100 ;
X95.0 ;
Y55.0 ;
X5.0 ;
Y-20.0 ;
X-20.0 ;
G00 Z100.0 ;
G40 G49 Z200.0 ;
M05 ;
M02 ;
%
```

4 공구 길이 보정(G43, G44, G49)

머시닝센터에 사용되는 공구의 길이가 각각 다르므로 기준이 되는 공구와 다른 공구의 길이 차이를 측정하여 공구 길이 보정값(옵셋)에 입력해두고 불러내어 쓴다.

1. 길이 보정의 개념

일반적으로 프로그램을 작성할 때에는 주축의 끝단을 기준으로 작성하기 때문에 실제로 공작물을 가공할 때는 공구 길이 보정이 필요하다. 예를 들어, Z축 원점(Z0)이 공작물의 윗면일 때 프로그램에서 기준 공구보다 짧은 공구를 사용하면 Z0.0 위치까지 이동시켜도 공작물에 공구가 도달하지 못하고, 기준 공구보다 긴 공구를 사용하면 Z0으로 이동 시 [그림 2-11]과 같이 공작물에 충돌하게 된다.

이런 현상을 피하기 위하여 각 공구마다 기준 공구와의 길이 차이를 공구 보정량으로 설정하여 프로그래밍하는 것을 공구 길이 보정이라고 한다.

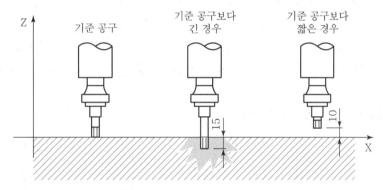

[그림 2-11] 공구 길이 보정

2. 공구 길이 보정의 종류

G-코드	기능	의미
G43	공구 길이 보정 +	지정된 공구 보정량을 Z좌푯값에 가산(+)한다(+방향으로 이동).
G44	공구 길이 보정 -	지정된 공구 보정량을 Z좌푯값에 감산(-)한다(-방향으로 이동).
G49	공구 길이 보정 취소	공구 길이 보정을 취소하고 기준 공구 상태로 된다.

3. 보정량의 지정

H코드에 의해 보정번호를 지정하는데, 이 지정된 번호의 보정량이 프로그램된 Z축의 지령치에 가산 또는 감산된다. 단, H00을 지령하면 옵셋량은 "0"이 지정된다.

① 보정 번호와 보정량이 변경되면 이전에 지정된 보정량은 무시되고 새로 지정된 보정량이 유효하다.

② 보정을 취소할 때는 반드시 공구를 보정량보다 더 높이 이동시킨 후 취소하여야 한다(충돌 방지).

③ 공구 길이 보정을 취소할 때는 G49를 지령하거나 H00을 지령하면 된다.

4. 보정방법

공구 길이 보정방법에는 여러 가지가 있으나 하나의 예를 들면 다음과 같다.

- 상면이 넓적한 공작물 등을 테이블 위에 놓는다(상면을 Z0.0로 설정 시).
- 기준 공구 선단을 그 평면에 접하게 위치시킨다.
- 상대 좌표계 Z축 값을 0(제로) 리셋(Reset)으로 만든다.
- 측정할 공구로 교환하고 그 공구 선단을 평면에 접하게 한다.
- 상대 좌표계 Z축 차이값을 공구 길이 보정량으로 설정 메모리에 기억시킨다. 이와 같이 하면 기준 공구에 대하여 짧은 공구는 보정량이 마이너스(−)로, 긴 공구는 플러스 값으로 설정된다. 일반적으로 기준 공구를 가장 짧은 공구로 선정하였다면 G43을 사용하고, 기준 공구를 가장 긴 공구로 선정하였으면 G44를 사용해야 보정량이 플러스(+)로 되어 편리하다.

(1) T01을 기준 공구로 사용할 때

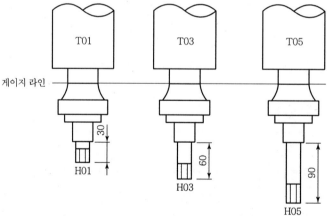

[그림 2-12] 공구 길이 보정(공구 길이의 차이)

① T03에 대한 보정 G43 H03 ; (H03에 +30 설정)
② T05에 대한 보정은 G43 H05 ; (H05에 +60 설정)

(2) T05를 기준 공구로 사용할 때

① T03에 대한 보정은 G44 H03 ; (H03에 +30 설정)	② T01에 대한 보정은 G44 H01 ; (H01에 +60 설정)
하지만 +보정인 G43을 쓰면 T03에 대한 보정은 G43 H03 ; (H03에 −30 설정)	T01에 대한 보정은 G43 H01 ; (H01에 −60 설정)을 설정한다.

5. 공구 길이 보정 예제

(1) 공구 길이 보정 예제 1

Format : G00 G43 X_. Y_. H_ ;

　　　　　　 G44

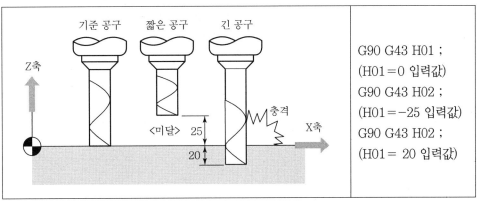

G90 G43 H01 ;
(H01 = 0 입력값)
G90 G43 H02 ;
(H01 = −25 입력값)
G90 G43 H02 ;
(H01 = 20 입력값)

(2) 공구 길이 보정 예제 2

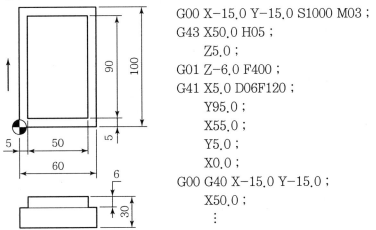

G00 X−15.0 Y−15.0 S1000 M03 ;
G43 X50.0 H05 ;
　　Z5.0 ;
G01 Z−6.0 F400 ;
G41 X5.0 D06F120 ;
　　Y95.0 ;
　　X55.0 ;
　　Y5.0 ;
　　X0.0 ;
G00 G40 X−15.0 Y−15.0 ;
　　X50.0 ;
　　　⋮

예제 다음 그림에서와 같이 제2원점에서 공구 교환을 하고 공작물 원점 위 20mm까지 이동하면서 공구 길이 보정과 취소 프로그램을 작성하시오.

[풀이]

공구 길이 보정과 공구 길이 보정 말소 지령은 Z축의 이동지령과 같이 프로그램을 작성하는 것이 좋다. 왜냐하면 G43 H01 ; 과 같은 방법으로 지령하면 보정화면 01번에 입력된 공구 길이만큼 이동한다. 또 G49 ; 지령만 하면 G49 이전에 실행된 공구 길이 보정만큼 반대방향으로 이동한다. 만약 공구 길이가 "+"값이면 현재 위치에서 공구 길이만큼 아래쪽으로 이동하여 공구가 충돌하는 상황이 발생될 수 있다. 결과적으로 공구 길이 보정과 말소 지령은 Z축 이동지령과 같이 지령하고, 공구 길이 값보다 크게 지령해 야 한다.

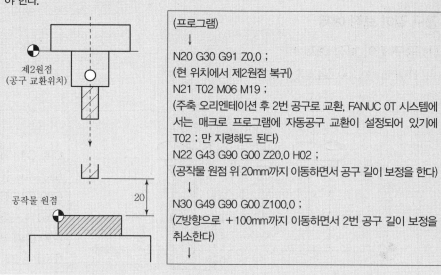

(프로그램)

N20 G30 G91 Z0.0 ;
(현 위치에서 제2원점 복귀)
N21 T02 M06 M19 ;
(주축 오리엔테이션 후 2번 공구로 교환, FANUC 0T 시스템에 서는 매크로 프로그램에 자동공구 교환이 설정되어 있기에 T02 ; 만 지령해도 된다)
N22 G43 G90 G00 Z20.0 H02 ;
(공작물 원점 위 20mm까지 이동하면서 공구 길이 보정을 한다)
↓
N30 G49 G90 G00 Z100.0 ;
(Z방향으로 +100mm까지 이동하면서 2번 공구 길이 보정을 취소한다)
↓

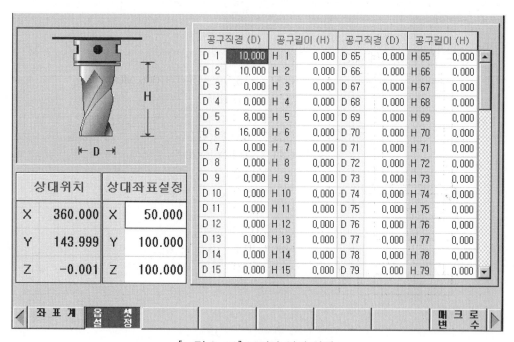

[그림 2-13] 보정량 입력 화면

1 고정 사이클의 개요

고정 사이클은 여러 개의 블록으로 지령하는 가공동작을 G 기능을 포함한 1개의 블록으로 지령하여 프로그램을 간단히 하는 기능이다.

2 고정 사이클의 6가지 동작 순서

일반적으로 고정 사이클은 그림과 같은 6개의 동작 순서로 구성된다.

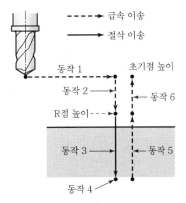

- 동작 1 : X, Y축 위치 결정
- 동작 2 : R점까지 급속 이송
- 동작 3 : 구멍 가공(절삭 이송)
- 동작 4 : 구멍 바닥까지 복귀(급속 이송)
- 동작 5 : R점 높이까지 복귀(급속 이송)
- 동작 6 : 초기점 높이까지 복귀(급속 이송)

[그림 2-14] 고정 사이클 동작 순서

또한 고정 사이클의 위치 결정은 X, Y 평면상에서, 드릴은 Z축 방향에서 이루어진다. 이 고정 사이클의 동작을 규정하는 것에는 다음 3가지가 있다.

1. 명령방식

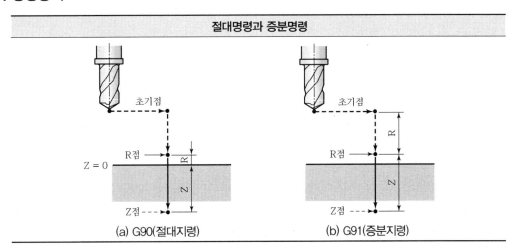

절대명령과 증분명령
(a) G90(절대지령)   (b) G91(증분지령)

2. 복귀점 위치

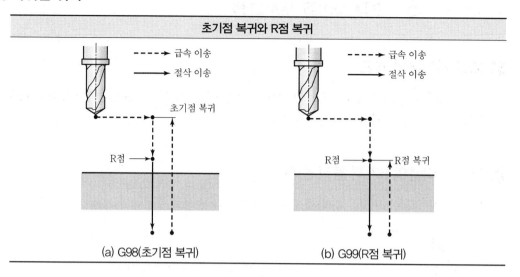

초기점 복귀와 R점 복귀

- - - - → 급속 이송
——→ 절삭 이송

초기점 복귀

R점 →

(a) G98(초기점 복귀)

- - - - → 급속 이송
——→ 절삭 이송

R점 →   R점 복귀

(b) G99(R점 복귀)

3. 구멍 가공 모드

G__ X__ Y__   Z__ R__ Q__ P__   F__   K__ ;

사이클   구멍 위치   구멍 가공   이송   반복
      DATA   DATA   속도   횟수

$$\begin{pmatrix} G17 \\ G18 \\ G19 \end{pmatrix} G\_ \begin{pmatrix} G90 \\ G91 \end{pmatrix} \begin{pmatrix} G98 \\ G99 \end{pmatrix} X\_ \ Y\_ \ Z\_ \ R\_ \ Q\_ \ P\_ \ F\_ \begin{pmatrix} K\_ \\ L\_ \end{pmatrix} ;$$

여기서, G17, G18, G19 : 평면 선택

       G : 고정 사이클의 종류(G73~G89)

       G90, G91 : 절대 명령 또는 증분 명령을 선택

       G98, G99 : 초기점 복귀 또는 R점 복귀를 선택

       X Y : 구멍의 위치

       Z R Q P : 가공 데이터

       Z : R점에서 구멍 바닥까지의 거리를 증분 명령 또는 구멍 바닥의 위치를 절대 명령으로 지정

       R : 가공을 시작하는 Z축 좌푯값

       Q : G73, G83 코드에서 매회 절입량 또는 G76, G87 명령에서 후퇴량(증분 명령)

       P : 구멍 바닥에서의 일시 정지 시간

       F : 절삭 이송속도

       K, L : 반복 횟수(0M에서는 K, 0M 이외에서는 L로 지정하며, 횟수를 생략할 경우 1로 간주)

만일 0을 지정하면 구멍 가공 데이터는 기억하지만 구멍 가공은 수행하지 않는다. 구멍 가공 모드는 한 번 명령되면 다른 구멍 가공 모드가 명령되든가 또는 고정 사이클을 취소하는 G코드가 명령될 때까지 변화하지 않으며, 동일한 사이클 가공 모드를 연속하여 실행하는 경우에

는 매 블록마다 명령할 필요가 없다. 고정 사이클을 취소하는 G코드는 G80 및 G코드 일람표에서 01 그룹의 코드이다.

그리고 고정 사이클을 취소하는 도중에 구멍 가공 데이터를 한번 지정하면, 이 데이터의 지정이 변경되거나 고정 사이클이 취소될 때까지 유지된다. 그러므로 필요한 구멍 가공 데이터를 지정하여 고정 사이클을 개시하고 고정 사이클 도중에는 변경되는 구멍 가공 데이터만을 지정하며, 반복 횟수 L은 필요할 때만 명령하는데, L지정의 데이터는 유지되지 않는다. 또한 F코드로 지정된 절삭 이송속도는 고정 사이클이 무시되어도 계속 유지된다.

3 고정 사이클의 종류

고정 사이클의 종류와 용도는 〈표 2-8〉과 같다.

〈표 2-8〉 고정 사이클의 종류와 용도

G코드	용도	절입 동작 (드릴링 동작(-Z 방향))	구멍 종점에서 동작	도피 동작 (구멍에서 나오는 동작(+Z 방향))
G80	고정 사이클 취소			
G81	드릴링 사이클	절삭 이송		급속 이송
G82	카운터 보링 사이클	절삭 이송	휴지(Dwell)	급속 이송
G83	펙 드릴링 사이클	절삭 이송		급속 이송
G73	고속 펙 드릴링 사이클	절삭 이송		급속 이송
G84	태핑 사이클	절삭 이송	휴지(Dwell) 후 스핀들 역회전	급속 이송
G74	역 태핑 사이클	절삭 이송	휴지(Dwell) 후 스핀들 정회전	급속 이송
G85	보링(리머) 사이클	절삭 이송		급속 이송
G86	보링 사이클	절삭 이송	스핀들 정지	급속 이송
G76	정밀 보링 사이클	절삭 이송	스핀들 오리엔테이션	급속 이송
G87	백 보링 사이클	절삭 이송	스핀들 오리엔테이션	급속 이송
G88	보링 사이클	절삭 이송	휴지(Dwell) 후 스핀들 정지	급속 이송
G89	보링 사이클	절삭 이송	휴지(Dwell)	급속 이송

1. 고정 사이클 적용

(1) 고속 심공 드릴 사이클(G73 : Peck Drilling Cycle)

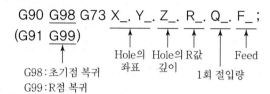

고속 팩 드릴링 사이클이라고도 하며 Z방향의 간헐 이송으로 깊은 구멍을 가공할 때 칩 배출이 용이하고 후퇴량을 설정할 수 있으므로 고능률적인 가공을 할 수 있다. 후퇴량 d는 파라미터로 설정한다. 매회 이송량 Q는 부호 없이 증분값으로 명령한다.

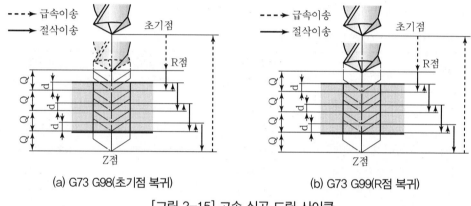

(a) G73 G98(초기점 복귀)   (b) G73 G99(R점 복귀)

[그림 2-15] 고속 심공 드릴 사이클

(2) 왼나사 탭 사이클(G74 : 역 Tapping Cycle)

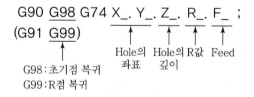

역 태핑 사이클이라고도 하며 왼나사를 가공하는 기능으로 주축은 먼저 역회전하면서 Z점까지 들어가고, 빠져나올 때는 정회전한다. G74 동작 중에는 이송속도 오버라이드(Override)는 무시되며, 이송 정지(Feed Hold)를 ON해도 복귀 동작이 완료될 때까지 정지하지 않는다.

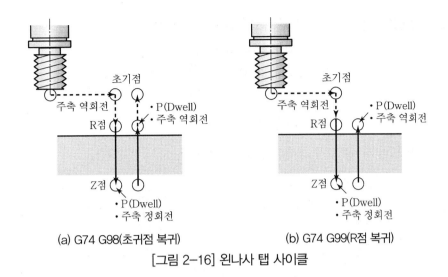

(a) G74 G98(초귀점 복귀)   (b) G74 G99(R점 복귀)

[그림 2-16] 왼나사 탭 사이클

(3) 정밀 보링 사이클(G76 : Fine Boring Cycle)

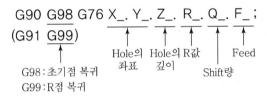

$$\begin{array}{l} \text{G90} \; \underline{\text{G98}} \; \text{G76} \; \underline{\text{X}\_. \; \text{Y}\_.} \; \underline{\text{Z}\_.} \; \underline{\text{R}\_.} \; \underline{\text{Q}\_.} \; \underline{\text{F}\_} ; \\ \text{(G91} \; \underline{\text{G99})} \end{array}$$

G98 : 초기점 복귀
G99 : R점 복귀
Hole의 좌표
Hole의 깊이
R값
Shift량
Feed

보링 작업을 할 때 구멍 바닥에서 주축을 정위치에 정지시키고 공구를 인선과 반대방향으로 Q에 지정된 값으로 도피시켜, 가공면에 손상 없이 R점이나 초기점으로 빼내므로 고정도 및 고능률적인 가공을 할 수 있다. Q의 값을 생략하면 도피하지 않는다.

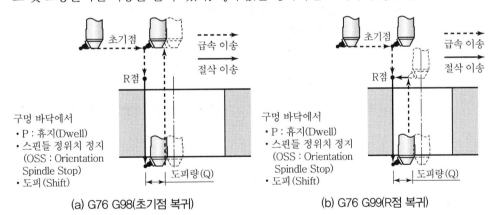

구멍 바닥에서
• P : 휴지(Dwell)
• 스핀들 정위치 정지
 (OSS : Orientation
 Spindle Stop)
• 도피(Shift)

구멍 바닥에서
• P : 휴지(Dwell)
• 스핀들 정위치 정지
 (OSS : Orientation
 Spindle Stop)
• 도피(Shift)

(a) G76 G98(초기점 복귀)   (b) G76 G99(R점 복귀)

[그림 2-17] 정밀 보링 사이클

(4) 고정 사이클 취소(G80 : 고정 cycle 취소)

이 명령은 고정 사이클을 취소하고 다음 블록부터 정상적인 동작을 하게 된다. 이 경우 R점과 Z점 및 기타 구멍 가공 데이터도 모두 취소된다.

(5) 드릴링, 스폿 드릴링 사이클(G81 : Drilling Cycle)

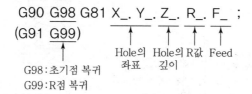

$$G90 \underline{G98} G81 \underline{X\_. Y\_.} \underline{Z\_.} \underline{R\_.} \underline{F\_} ;$$
$$(G91 \underline{G99})$$

G98 : 초기점 복귀
G99 : R점 복귀

Hole의 좌표 / Hole의 깊이 / R값 / Feed

일반 드릴 사이클로서 스폿 드릴링에 사용된다.

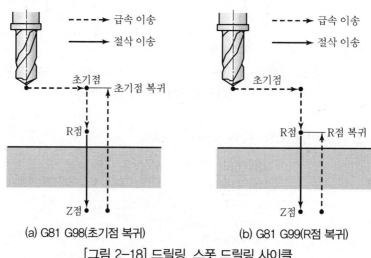

(a) G81 G98(초기점 복귀)   (b) G81 G99(R점 복귀)

[그림 2-18] 드릴링, 스폿 드릴링 사이클

(6) 드릴링, 카운터 보링 사이클(G82 : Counter Boring Cycle)

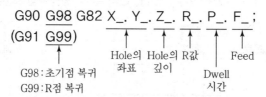

$$G90 \underline{G98} G82 \underline{X\_. Y\_.} \underline{Z\_.} \underline{R\_.} \underline{P\_.} \underline{F\_} ;$$
$$(G91 \underline{G99})$$

G98 : 초기점 복귀
G99 : R점 복귀

Hole의 좌표 / Hole의 깊이 / R값 / Dwell 시간 / Feed

G81과 기능이 같지만 구멍 바닥에서 일시 정지한 후 복귀되므로 구멍의 정밀도가 향상된다.

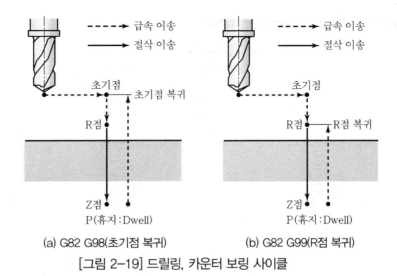

(a) G82 G98(초기점 복귀) (b) G82 G99(R점 복귀)

[그림 2-19] 드릴링, 카운터 보링 사이클

(7) 심공 드릴링 사이클(G83 : Peck Drilling Cycle)

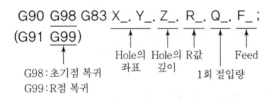

절입 후 매번 R점까지 복귀하여 다시 절삭 지점으로 급속이송한 다음 가공하기 때문에 칩 배출이 용이하여 깊은 구멍 가공으로 적합하다. d값은 파라미터로 설정하며 Q는 "+" 값으로 지정한다.

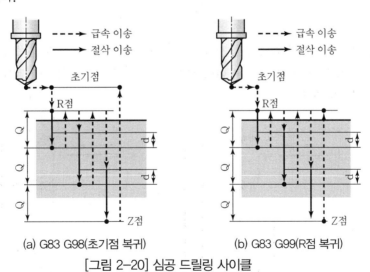

(a) G83 G98(초기점 복귀) (b) G83 G99(R점 복귀)

[그림 2-20] 심공 드릴링 사이클

(8) 태핑 사이클(G84 : Tapping Cycle)

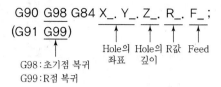

G90 <u>G98</u> G84 X_. Y_. Z_. R_. F_ ;
(G91 <u>G99</u>)

G98 : 초기점 복귀
G99 : R점 복귀

Hole의 좌표　Hole의 깊이　R값　Feed

구멍 바닥에서 주축이 역회전하여 탭 사이클을 수행한다.

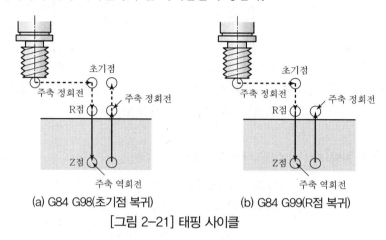

(a) G84 G98(초기점 복귀)　　(b) G84 G99(R점 복귀)

[그림 2-21] 태핑 사이클

(9) 보링(리머) 사이클(G85 : Boring, Reamer Cycle)

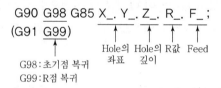

G90 <u>G98</u> G85 X_. Y_. Z_. R_. F_ ;
(G91 <u>G99</u>)

G98 : 초기점 복귀
G99 : R점 복귀

Hole의 좌표　Hole의 깊이　R값　Feed

일반적으로 리머 작업에 많이 사용하는 기능으로 G84의 명령과 같지만 구멍의 바닥에서 주축이 역회전하지 않는다. 따라서 공구가 구멍의 바닥에서 빠져나올 때도 잔여량을 절삭하면서 나오게 된다.

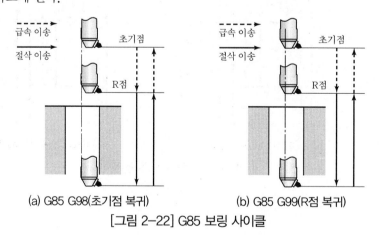

(a) G85 G98(초기점 복귀)　　(b) G85 G99(R점 복귀)

[그림 2-22] G85 보링 사이클

(10) 보링 사이클(G86 : Boring Cycle)

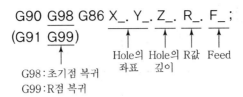

명령방법은 G85와 동일하고 사이클의 동작도 같지만, 공구가 구멍의 바닥에서 빠져나올 때 주축이 정지하여 급속이송으로 나오게 된다. 따라서 이 명령의 경우 가공시간은 단축할 수 있지만 G85 보링 사이클에 비해 가공면의 정도가 떨어진다.

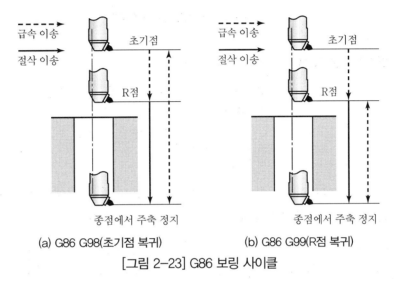

(a) G86 G98(초기점 복귀)　　　(b) G86 G99(R점 복귀)

[그림 2-23] G86 보링 사이클

(11) 백 보링 사이클(G87 : Back Boring Cycle)

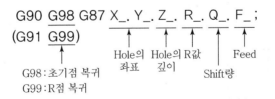

구멍 밑면의 보링이나 2단으로 된 구멍 가공에서 구멍의 아래쪽이 더 큰 경우의 가공에서는 주축을 정위치에 정지시켜 공구 인선과 반대방향으로 이동시켜 급속으로 구멍의 바닥 R점에 위치 결정을 한다. 이 위치부터 다시 이동시킨 양만큼 돌아와 빠져나오면서 주축을 회전시켜 절삭한다.

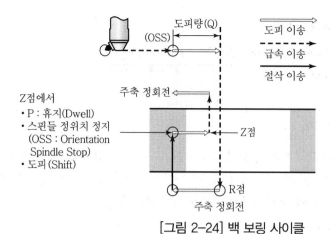

[그림 2-24] 백 보링 사이클

(12) 보링 사이클(G88 : Boring Cycle)

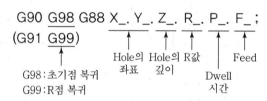

이 명령은 구멍 바닥에서 일시 정지한 후 주축이 정지한다. Z점에서 R점까지 수동으로 공구를 빼내면, 초기점으로 급속 이송하며 주축이 정회전한다.

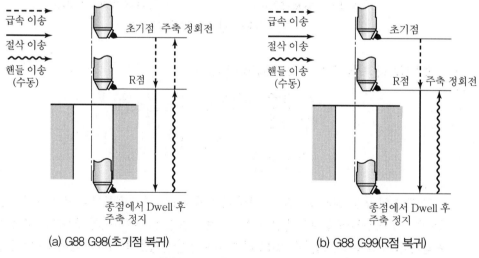

| (a) G88 G98(초기점 복귀) | (b) G88 G99(R점 복귀) |

[그림 2-25] G88 보링 사이클

(13) 보링 사이클(G89 : Boring Cycle)

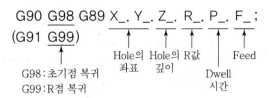

이 명령은 G85의 기능과 동일하나, 구멍의 바닥에서 일시 정지한다.

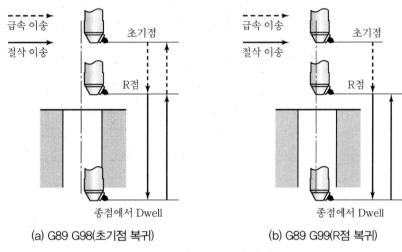

[그림 2-26] G89 보링 사이클

2. 고정 사이클을 이용한 드릴 프로그램 작성

엔드 밀과 드릴을 사용하여 아래 도면을 완성하는 프로그램을 작성한다.

• 드릴링, 스폿 드릴링 사이클(G81)

$$G81 \begin{pmatrix} G90 \\ G91 \end{pmatrix} \begin{pmatrix} G98 \\ G99 \end{pmatrix} X\_Y\_Z\_R\_F\_ ;$$

• 팩 드릴링 사이클(G73)

$$G73 \begin{pmatrix} G90 \\ G91 \end{pmatrix} \begin{pmatrix} G98 \\ G99 \end{pmatrix} X\_Y\_Z\_Q\_R\_F\_ ;$$

(1) 도면

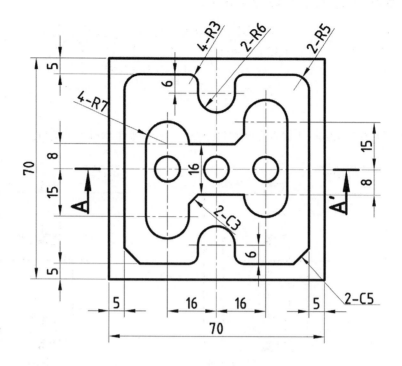

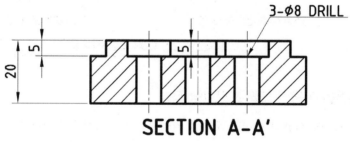

SECTION A-A'

(2) 절삭 조건

소재 치수	재질	절삭조건					
		공구명	공구 번호	주축 회전수 (rpm)	이송속도 (mm/min)	보정번호	비고
80×80×20	SM20C	Ø12–2날 엔드 밀	T01	S900	F90	D01/H01	기준공구
		Ø4 센터 드릴	T02	S2000	F120	H02	
		Ø8 드릴	T03	S1000	F120	H03	
		Ø12–4날 엔드 밀	T04	S900	F270	D04/H04	

(3) 프로그램

① 센터 드릴 작업

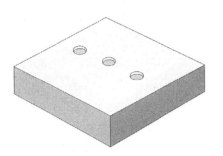

O9001 ;

G40 G49 G80 ;

G30 G91 Z0.0 ;

T02 M06 ;

G92 G90 X0.0 Y0.0 Z200.0 ;

G00 G90 X-16.0 Y0 S2000 M03 ;

Z50.0 G43 H02 M08 ;

G81 G90 G99 Z-7.0 R3.0 F120 ;

X0.0

X16.0 ;

G80 ;

G00 G90 Z150.0 G49 ;

② ø8 드릴 작업

G30 G91 Z0.0 ;

T03 M06 ;

G00 G90 X-16.0 Y0.0 S1000 M03 ;

Z50.0 G43 H03 ;

G73 G90 G99 Z-24.0 R3.0 Q3.0 F120 ;

X0.0 ;

X16.0 ;

G80 ;

G00 G90 Z150.0 G49 ;

③ ø12-2날 엔드 밀로 바깥쪽 거친 절삭

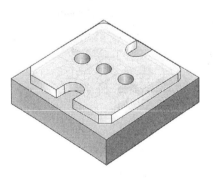

G30 G91 Z0.0 ;

T01 M06 ;

G00 G90 X-45.0 Y-45.0 S900 M03 ;

Z50.0 G43 H01 ;

Z-5.0 ;

G01 X-30.0 G41 D01 F90 ;

Y25.0 ;

G02 X-25.0 Y30.0 R5.0 ;

G01 X-9.0 ;

G02 X-6.0 Y27.0 R3.0 ;

G01 Y24.0 ;
G03 X6.0 R6.0 ;
G01 Y27.0 ;
G02 X9.0 Y30.0 R3.0 ;
G01 X25.0 ;
G02 X30.0 Y25.0 R5.0 ;
G01 Y-25.0 ;
X25.0 Y-30.0 ;
X9.0 ;
G02 X6.0 Y-27.0 R3.0 ;
G01 Y-24.0 ;
G03 X-6.0 R6.0 ;
G01 Y-27.0 ;
G02 X-9.0 Y-30.0 R3.0 ;
G01 X-25.0 ;
X-30.0 Y-25.0 ;
X-40.0 G40 ;
G00 G90 Z5.0 ;

④ 안쪽 거친 절삭
G00 G90 X0.0 Y0.0 ;
G01 Z-6.0 ;
Y8.0 G41 D01 ;
X-9.0 ;
G03 X-23.0 R7.0 ;
G01 Y-15.0 ;
G03 X-9.0 R7.0 ;
G01 Y-11.0 ;
X-6.0 Y-8.0 ;
X9.0 ;
G03 X23.0 R7.0 ;
G01 Y15.0 ;
G03 X9.0 R7.0 ;
G01 Y11.0 ;
X6.0 Y8.0 ;
X-2.0 ;

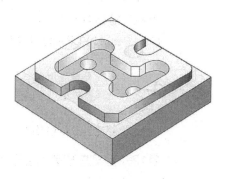

G40 Y0.0 ;
G00 G90 Z150.0 G49

⑤ ø12-4날 엔드 밀로 바깥쪽 다듬질 절삭

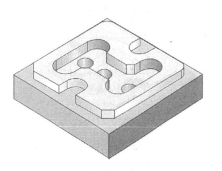

G30 G91 Z0.0 ;
T04 M06 ;
G00 G90 X-45.0 Y-45.0 S900 M03 ;
Z50.0 G43 H04 ;
Z-5.0 ;
G01 X-30.0 G41 D01 F90 ;
Y25.0 ;
G02 X-25.0 Y30.0 R5.0 ;
G01 X-9.0 ;
G02 X-6.0 Y27.0 R3.0 ;
G01 Y24.0 ;
G03 X6.0 R6.0 ;
G01 Y27.0 ;
G02 X9.0 Y30.0 R3.0 ;
G01 X25.0 ;
G02 X30.0 Y25.0 R5.0 ;
G01 Y-25.0 ;
X25.0 Y-30.0 ;
X9.0 ;
G02 X6.0 Y-27.0 R3.0 ;
G01 Y-24.0 ;
G03 X-6.0 R6.0 ;
G01 Y-27.0 ;
G02 X-9.0 Y-30.0 R3.0 ;
G01 X-25.0 ;
X-30.0 Y-25.0 ;
X-40.0 G40 ;
G00 G90 Z5.0 ;

⑥ 안쪽 다듬질 절삭

G00 G90 X0.0 Y0.0 ;
G01 Z-6.0 ;
Y8.0 G41 D01 ;

X−9.0 ;
G03 X−23.0 R7.0 ;
G01 Y−15.0 ;
G03 X−9.0 R7.0 ;
G01 Y−11.0 ;
X−6.0 Y−8.0 ;
X9.0 ;
G03 X23.0 R7.0 ;
G01 Y15.0 ;
G03 X9.0 R7.0 ;
G01 Y11.0 ;
X6.0 Y8.0 ;
X−2.0 ;
G40 Y0.0 ;
G00 G90 Z150.0 G49 M09 ;
M05 ;
M02 ;

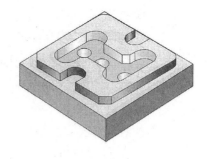

머시닝센터 가공설정 및 자동운전

SECTION 01 │ 원점 및 좌표계 설정

1 프로그램 원점

프로그램 원점은 도면을 분석하여 프로그래밍이 편리하고 가공이 편리한 임의의 점을 프로그램 원점으로 지정한다. 대칭 형상의 부품의 대칭점을 프로그램 원점으로 지정하는 것도 좋은 방법이다.

2 기계 원점 복귀

머시닝센터도 CNC 선반과 같이 전원을 공급하면 기계 원점 복귀를 시켜 기계 좌표를 인식시켜야 한다. 머시닝센터에도 CNC 선반에서 사용하는 기계 원점 복귀(G28), 제2, 제3, 제4 원점 복귀(G30), 원점 복귀 확인(G27), 원점으로부터 자동 복귀(G29)의 G–코드와 동일한 코드를 사용하여 다음과 같이 지령함으로써 같은 기능을 수행할 수 있다. 중간 경유점을 지정할 때에는 증분지령으로 지령하는 것이 안전하다.

1. 기계 원점 복귀(G28)

G28 G91 X0 Y0 Z100.0 ; … 현 위치에서 X0 Y0 Z100.0인 위치를 경유하여 자동 원점 복귀

2. 제2, 제3, 제4 원점 복귀(G30)

G30 G91 Z100.0 ; … 증분 값으로 Z100.0인 위치를 경유하여 Z축만 제2 원점으로 복귀(일반적으로 공구 교환 위치로 보낼 때 사용)

※ 주의 : 원점 복귀를 실행하고자 할 때에는 공구 길이 보정이 취소된 상태에서 하여야 하며, 그렇지 않으면 알람이 발생한다.

3. 기계 원점 복귀(G28) 예시

Format : G91 G28 │ X__ . Y__ ; │

중간점

① 수동 원점 복귀 : 조작반의 조작 스위치를 이용하여 원점 복귀(Z축부터 원점 복귀시킴)
② 자동 원점 복귀 : G28 지령으로 원점 복귀
③ 원점 복귀를 할 경우에는 공구경 보정, 공구 길이 보정을 취소한 후 지령함

예시 1 G28

O9002 :
G17 G40 G49 G80 ;
G91 G28 Z0.0 ;
G28 X0.0 Y0.0 ;
G90 G92 X__. Y __. Z__. ;
⋮

SECTION 02 | 공작물 좌표계 설정(원점 세팅)

1 기계 원점과 공작물 원점 좌표계

공작물을 가공하기 위하여 도면을 보고 프로그램을 작성할 때는 가공이 편리하고 프로그램 작성이 용이한 임의의 점을 공작물 원점으로 정하여 작성한다. 그리고 공작물을 가공하기 위해서는 공작기계의 테이블 위에 고정된 공작물의 위치가 어느 곳에 있는지 CNC 장치는 모르고 있으므로 알려 주어야 한다. 이때 공작물 원점과 기계 원점 사이의 거리를 CNC 장치에 알려주는 기능이 공작물 좌표계 설정(G92) 또는 공작물 좌표계 선택(G54~G59)이다.

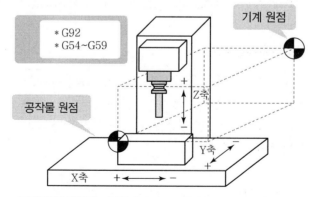

* 기계 원점 좌표계 : M/C Reference Point
* 공작물 원점 좌표계

[그림 3-1] 공작물 좌표계 설정

머시닝센터의 테이블에 설치된 공작물 원점부터 기계 원점까지의 거리를 찾는 과정을 공작물 원점 세팅이라고 하며, 기준 공구나 터치 센서(Touch Sensor)를 이용하여 세팅한다. 그리고 공작물의 위치나 프로그램 원점의 위치가 바뀌면 공작물 원점 세팅을 다시 해야 한다.

공작물 좌표계 설정 시작점은 작업 시 공구가 출발하는 지점이므로 가공물과 공구와의 충돌을 일으키지 않는 안전한 위치를 선택해야 한다. 프로그램의 원점과 시작점의 위치 관계를 NC에 알려주어 프로그램의 원점을 절대 좌표의 기준점(X0, Y0, Z0)으로 설정하여 주는 공작물 좌표계 설정은 다음과 같이 할 수 있다.

1. G92를 이용한 방법

공작물이 한 개이거나 일회성의 단순한 작업에 주로 사용한다. 기준 공구로 공구를 교환한 다음, 기계를 원점 복귀시켜 놓고 핸들 운전을 이용하여 공작물의 X축, Y축, Z축의 기준면에 터치시키고, 화면의 기계 좌표계의 좌푯값에 (-)부호를 버린 값을 프로그램에 작성한다. 단, X, Y의 값은 기준 공구의 반지름을 뺀 값을 입력해야 한다.

공작물 원점에서 시작점까지의 각 축의 거리를 측정하여 G92 G90 X__ Y__ Z__ ; 와 같이 지령하여 공작물 좌표계를 정하는 방법을 말하며, 반자동(MDI) 모드 또는 프로그램에 아래의 지령방법과 같은 좌표계설정 블록을 입력하고 운전을 개시하면 된다.

Format : G90 G92 X__ Y__ Z__ ;

■ 명령 워드의 의미

   X__ Y__ Z__ : 공작물 좌표계의 원점을 기준으로 기계 원점까지 각 축의 거리 값

예시 2 G92

```
        O9003 ;
        G17 G40 G49 G80 ;
        G91 G28 Z0.0 ;
        G28 X0.0 Y0.0 ;
        G90 G92  X__ Y__ Z__ ;
        T01 ;
        M06 ;
        G00 X-15.0 Y-15.0 S1200 M03 ;
            Z50.0 ;
            Z5.0 ;
        G01 Z-7.0 F120 ;
        G41 X5.0 D01 M08 ;
            Y80.0 ;
              ⋮
```

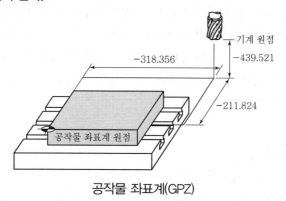

예시 3 기계 원점이 공작물 원점으로부터 거리가 그림과 같을 때, 공작물 좌표계 설정(G92)은 다음과 같이 한다.

－318.356

－439.521

－211.824

기계 원점

공작물 좌표계 원점

공작물 좌표계(GPZ)

프로그램 작성	
O9004 ;	• 프로그램 번호
N01 G40 G49 G80 ;	• 공구 지름 보정 취소, 공구 길이 보정 취소, 고정 사이클 취소
N02 G28 G91 X0.0 Y0.0 Z0.0 ;	• 증분 명령으로 자동 원점 복귀
N03 G92 G90 X318.356 Y211.824 Z439.521 ;	• 공작물 좌표계 설정
....	....
N30 M02 ;	• 프로그램 끝

2. G54~G59 공작물 좌표계를 선택하는 방법

(1) 수직형 머시닝센터의 공작물 좌표계 설정

각 축의 기계 원점에서 각각의 공작물 원점까지의 거리를 공작물 보정 화면의 (01)~(06)에 직접 입력, 또는 파라미터에 입력하여 공작물 좌표계의 원점을 정해 놓고 G54~G59의 명령으로 선택하여 사용한다. 이때 X Y Z에 입력되는 수치는 기계 원점에서 공작물 원점까지의 거리이다.

• G54~G59 : 6개의 좌표계 설정 가능

Format : G90 G55 X0.0 Y0.0 ;

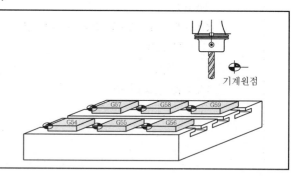

G54 : 제1공작물 좌표계
G55 : 제2공작물 좌표계
G56 : 제3공작물 좌표계
G57 : 제4공작물 좌표계
G58 : 제5공작물 좌표계
G59 : 제6공작물 좌표계

기계원점

G57 G58 G59
G54 G55 G56

G54~G59의 코드로 다음과 같이 지령하면 공작물 보정 화면 (01)~(06)에 입력되어 있는 좌표계를 선택하여 공작물 좌표계가 설정되며, 지령된 위치로 급속 위치 결정을 한다. 지령방법은 G54 G00 G90 X0 Y0 Z200.0 ; … G54에 입력되어 있는 수치만큼 길이 보정하여 좌표계를 설정한 후 절대 좌표 X0 Y0 Z200.0인 위치에 급속 위치를 결정한다.
또 공작물 좌표계는 G10을 이용하여 프로그램으로 공작물 보정량을 입력한 후 선택하여 사용할 수도 있다.
G90 G10 L2 P1 X__ Y__ Z__ ; … 공작물 보정(1)에 각 축의 기계 원점에서 각각 공작물 원점까지의 거리를 입력한다.

예시 4 **공작물 좌표계 선택(G54~G59)**

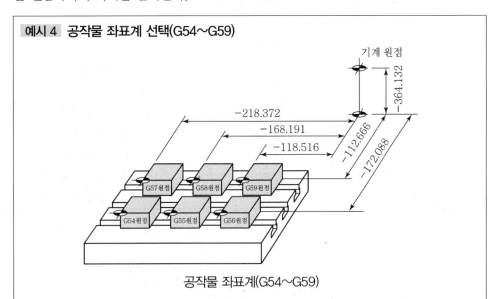

공작물 좌표계(G54~G59)

세팅한 값이 그림과 같을 때, 기계의 워크 보정 화면에 다음과 같이 입력하여 사용한다.

N01(G54)	N02(G55)	N03(G56)	N04(G57)	N05(G58)	N06(G59)
X −205.237	X −155.056	X −105.381	X −205.237	X −155.056	X −105.381
Y −158.953	Y −158.953	Y −158.953	Y − 99.531	Y − 99.531	Y − 99.531
Z −350.997	Z −350.997	Z −350.997	Z −350.997	Z −350.997	Z −350.997

(2) 수평형 머시닝센터의 공작물 좌표계 설정

공작물 좌표계 선택 기능은 머시닝센터의 테이블 위에 팰릿(Pallet)이나 지그(Jig)에 의해 여러 개의 공작물을 일정한 위치에 설치하여 많은 부품을 가공할 경우에 사용한다. 〈표 3-1〉은 공작물 좌표계의 선택번호이다.
각각 세팅한 위치의 기계 좌푯값을 워크 보정 화면에 6개까지 입력하여 기억시켜 놓고, 필요한 좌표계를 간단히 선택하여 쓸 수 있다.

명령 방법	G54 ~ G59	G90 X__ Y__ Z__ ;

■ 명령 워드의 의미

X__ Y__ Z__ : 공작물 좌표계의 원점을 기준으로 기계 원점까지 각 축의 거리 값
수평형 머시닝센터에서는 [그림 3-2]와 같이 회전 테이블 위에 설치된 공작물을 회전시
키면서 공작물 좌표계 선택 기능을 사용하여 공작물을 가공할 수 있다.

〈표 3-1〉 공작물 좌표계 선택(G54~G59) 번호

공작물 좌표계 선택 번호		
선택 번호	G 코드	내용
00	–	공작물 좌표계 이동량
01	G54	공작물 좌표계 선택 1번
02	G55	공작물 좌표계 선택 2번
03	G56	공작물 좌표계 선택 3번
04	G57	공작물 좌표계 선택 4번
05	G58	공작물 좌표계 선택 5번
06	G59	공작물 좌표계 선택 6번

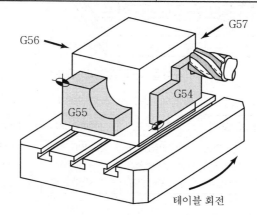

[그림 3-2] 수평형 머시닝센터의 공작물 좌표계 설정

❷ 공작물 좌표계 설정 순서

1. 작업 준비

• 전원을 공급한다.
• 기계 및 매거진을 수동 원점 복귀시킨다. 이때 각축 X, Y, Z는 원점에서 "–" 방향으로
100mm 이상 떨어진 상태에서 원점 복귀해야 한다.

(1) 선택 ➡ 원점복귀 ➡ X+ ←, Y+ ╱, Z + ↑를 누르고 ➡ 원점 표시의 점멸 상태가 정지할 때까지 기다린다.

(2) 조작판 키의 기능을 조정한다.
   ① KEY 스위치를 ON한다.
   ② MNL ABS(Manual Absolute) 스위치를 ON한다.
   ③ MAG READY 스위치를 ON하여 ATC의 매거진을 원점 복귀시킨다.

(3) 반자동(MDI) 모드에서 자동 원점 복귀 기능을 익힌다.
   선택 ➡ 반자동 ➡ G28 G91 X0 Y0 Z0 ; 입력 ➡ 자동 개시
   ※ 주의 : 원점 복귀하려면 각 축을 원점 위치에서 일정 거리(약 100mm 이상) 떨어진 위치에서 복귀해야 한다.

2. 공작물을 테이블(바이스)에 고정

3. 엔드 밀을 스핀들에 장착

4. 핸들 · 수동운전 : X, Y, Z축을 "핸들운전" 또는 "수동운전"을 이용하여 이동

① 핸들운전의 경우 : 선택 ➡ 핸들운전 X, Y, Z축을 선택 ➡ 수동펄스발생기(MPG)를 이용해서 이동시킨다.
② 수동운전의 경우 : 선택 ➡ 수동운전 ➡ 숫자판의 화살표 방향대로 스위치를 누르면, 스위치를 누르고 있는 동안 축이 이동한다.
※ 주의 : 급속이송속도로 이동하므로 충돌하지 않도록 주의한다.

5. 스핀들 회전 : 선택 ➡ 반자동 ➡ S500 M03 ; 입력 ➡ 자동 개시

6. 공작물 좌표계 설정

(1) G92를 이용한 방법
   공작물 원점에서 시작점이 얼마나 떨어져 있는가를 알려주는 작업으로 G92 코드를 사용한다.
   ① 자동(MDI) 모드에서 엔드 밀을 가공물의 단면에 터치하여 설정하는 방법[그림 3-3]을 참고하여 아래의 순서를 실행하면 공작물 좌표계가 설정된다.
   ② 핸들운전 ➡ X축 선택 ➡ 공구를 가공물 X축 단면에 터치 ➡ 반자동 모드 선택 ➡ G92 G90 X-R ; (R : 공구의 반지름)을 입력 ➡ 자동 개시 ➡ 절대 좌표 X값이 -R로 설정된다(공구가 가공물의 단면에 충돌하지 않도록 주의하여 접촉시킨다).

③ "핸들운전" ➔ Y축 선택 ➔ 공구를 가공물 Y축 단면에 터치 ➔ 반자동 모드 선택 ➔
G92 G90 Y-R ; 입력 ➔ 자동 개시 ➔ 절대 좌표 Y값이 -R로 설정된다.

④ "핸들운전" ➔ Z축 선택 ➔ 공구를 가공물 상면에 터치 ➔ 상대 0 set(F4) ➔ Z0(F7)
➔ 반자동 모드 선택 ➔ G92 G90 Z0 ; 입력 ➔ 자동 개시 ➔ 절대 좌표 Z값이 0으로
설정된다.

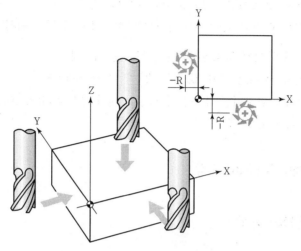

[그림 3-3] 좌표계 설정을 위한 공구의 터치

(2) 터치센서를 가공물의 단면에 터치하여 설정하는 방법

완성 가공된 단면의 부품인 경우에는 [그림 3-4]와 같은 터치센
서를 스핀들에 고정하고 X, Y, Z축 단면에 터치하여 위치를 구하
면 가공면에 흠집이 생기지 않고 쉽게 구할 수 있다. 터치방법은
엔드 밀 대신 터치 센서를 사용한다는 점만 다르므로, G92 공작
물 좌표계 설정은

① 반자동(MDI) 모드에서 엔드 밀을 가공물의 단면에 터치하여
설정하는 방법[그림 3-3]을 참고하여 아래의 순서를 실행하
면 공작물 좌표계가 설정된다.

② 핸들운전 ➔ X축 선택 ➔ 공구를 가공물 X축 단면에 터치 ➔
반자동 모드 선택 ➔ G92 G90 X-R ; (R : 공구의 반지름)을   [그림 3-4] 터치 센서
입력 ➔ 자동 개시 ➔ 절대 좌표 X값이 -R로 설정된다(공구가 가공물의 단면에 충돌하
지 않도록 주의하여 접촉시킨다).

③ "핸들운전" ➔ Y축 선택 ➔ 공구를 가공물 Y축 단면에 터치 ➔ 반자동 모드 선택 ➔
G92 G90 Y-R ; 입력 ➔ 자동 개시 ➔ 절대 좌표 Y값이 -R로 설정된다.

④ "핸들운전" ➔ Z축 선택 ➔ 공구를 가공물 상면에 터치 ➔ 상대 0 set(F4) ➔ Z0(F7)
➔ 반자동 모드 선택 ➔ G92 G90 Z0 ; 입력 ➔ 자동 개시 ➔ 절대 좌표 Z값이 0으로
설정된다.

(3) 프로그램 내에 좌표계 설정(G92) 블록을 넣어 설정

앞의 6. (1) 또는 (2)와 같은 방법으로 공작물 원점에서 공구의 끝점(시작점)까지의 거리를 구했거나, [그림 3-5]와 같이 거리를 알고 있다면, 아래와 같이 프로그램에 좌표계 설정 블록을 입력하여 운전시키면 좌표계가 설정되어 원하는 위치 결정 지점(절대 좌표 X0 Y0 Z100.)으로 이동한다. 또는 G28로 원점 복귀하고 이때 나타난 상대 좌푯값을 위 프로그램의 X, Y, Z값으로 설정해도 가능하다.

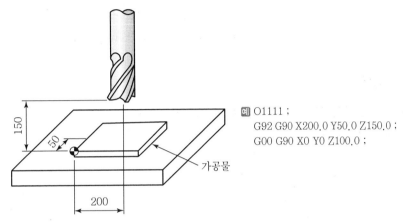

예 O1111 ;
G92 G90 X200.0 Y50.0 Z150.0 ;
G00 G90 X0 Y0 Z100.0 ;

가공물

[그림 3-5] 공작물 원점과 공구의 위치

(4) G54~G59 공작물 좌표계를 선택하는 방법

① 위에서 설명한 좌푯값을 알아내는 방법과 같은 작업을 하여 프로그램 원점의 상대좌표가 X0, Y0, Z0이 되도록 한다.

② 그 상태에서 위치선택(F1)을 계속 눌러서 "기계좌표"를 선택한다. 기계좌표가 선택되었으면 X, Y 좌표 치수를 메모한다.

예 X-278.076 Y-211.426일 때

③ Z축 기계 좌표를 메모하고 하이트 프리세터 높이를 빼준다.

예 Z축 기계 좌표가 Z-371.944, 하이트 프리세터 높이가 100.0이라고 할 때 Z축의 좌푯값은 -371.944-100.0=-471.944이므로 Z-471.944가 된다.

④ 메모한 X, Y, Z축 좌푯값을 다음과 같이 입력 : 선택 ➜ 반자동 ➜ 보정 ➜ 워크에서 G54~G59 중 원하는 곳에 X, Y, Z 값을 입력한다.

예 G54 모드에 X-278.076 Y-211.426 Z-471.944를 차례로 입력한다.

⑤ 설정된 좌표계(G54)를 호출하여 절대좌표 X0, Y0, Z100.0인 위치로 위치 결정을 한다. 기계원점 복귀 ➜ 반자동 ➜ G00 G54 G90 X0 Y0 Z100.0 ; 입력 ➜ 자동을 개시

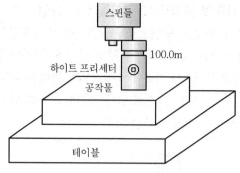

[그림 3-6] 하이트 프리세터의 Z축 터치

7. 정리 · 정돈

① 기계를 정지시키고 깨끗이 청소한 후 각 축을 중앙에 모은다.
② 전원을 차단한다.

1 하이트 프리세터를 이용한 공구 길이 보정값 산출

① 하이트 프리세터를 100mm 게이지 블록에 0점 조정하고 사용할 모든 공구를 준비한다.
② 하이트 프리세터를 테이블에 고정한다.
③ 기준 공구(공작물 좌표계 설정을 할 때 사용할 공구)를 스핀들에 고정한다.
④ "핸들운전" 모드에서 Z축을 선택하고, 수동 펄스 발생기를 돌려 [그림 3-7]과 같이 공구의 밑면을 하이트 프리세터의 정점에 접촉시켜 다이얼의 지침이 0에 오도록 한다.
⑤ "상대 0 set"를 누르고 "Z0"을 누른다(현 지점에서의 Z축 상대 좌푯값이 "0"으로 리셋 된다).
⑥ 기준 공구를 스핀들에서 제거하고, 사용하려는 공구를 스핀들에 고정한다.
⑦ ④와 같은 방법으로 공구의 밑면을 하이트 프리세터의 정점에 접촉시켜 다이얼의 지침이 0에 오도록 한다.
⑧ 이때 상대 좌표의 Z축 값은 기준 공구와 사용하려는 공구의 길이 차이값이다.
⑨ 사용하려는 공구가 많을 경우 ④~⑧과 같은 방법으로 공구의 길이 차이 값을 구한다.

2 보정값 입력

위와 같은 방법에 의하여 산출한 기준 공구와 사용 공구의 길이 차이 값을 [그림 3-8]과 같은 보정값 입력 화면에 입력하는 방법은 다음과 같은 2가지 방법이 있다.

(1) 직접 입력하는 방법

화면 ➜ 보정 ➜ 일반 ➜ F- 키를 이용하여 커서를 설정할 공구번호 위로 이동 ➜ 설정량 (상대 좌표의 Z축 값)을 입력한다.

(2) 상대 좌푯값에 나타난 값을 입력하는 방법

화면 ➜ 보정 ➜ 상대 ➜ F- 키를 이용하여 커서를 설정할 공구번호 위로 이동 ➜ 설정입력을 누른다.

[그림 3-7] 하이트 프리세터

반자동	보정		일반		00123 N00000
번호		DATA	번호		DATA
H001		0.000	D001		0.000
H002		0.000	D002		0.000
H003		0.000	D003		0.000
H004		0.000	D004		0.000
H005		0.000	D005		0.000
H006		0.000	D006		0.000
·		0.000	·		0.000
·		0.000	·		0.000
·		0.000	·		0.000
H032		0.000	D032		0.000

NO. H001 = ▓						
상대	워크	⇐	⇒	⇑	⇓	⇧ ⇩

[그림 3-8] 공구 보정값 입력 화면

❶ NC 프로그램의 선택

① "조작판" 화면의 "KEY" 모드를 ON한다. : 조
작판 ➡ KEY 모드 ON(■)

② "편집" 모드를 선택하여 "일람표" 화면이 표시
되게 한다. : 선택 ➡ 편집(F4) ➡ ☞(F8) ➡
일람표(F1)

③ "선택"에서 가공 프로그램으로 이동한다. :
선택 ➡ 방향키(↑(F4), ↓(F5), ⇑(F6), ⇓
(F7))를 이용하여 원하는 프로그램 번호로 이동

④ "선택결정"을 선택하면 프로그램 화면이 나타난다. : 선택결정

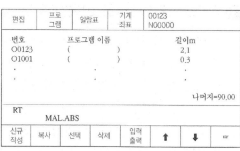

[그림 3-9] 편집 모드

❷ NC 프로그램의 편집

1. 새 프로그램 입력

① "조작판" 화면의 "KEY" 모드를 ON한다. : 조작판 ➡ KEY 모드 ON(■)

② "편집" 모드를 선택하여 "일람표" 화면이 표시되게 한다. : 선택 ➡ 편집(F4) ➡ ☞(F8) ➡
일람표(F1)

③ "신규작성" 메뉴를 선택하고 "프로그램 번호"를 입력한다. : 선택 ➡ 편집(F4) ➡ ☞(F8)
➡ 일람표(F1) ➡ 신규작성(F1) ➡ [그림 3-10]과 같이 "프로그램 번호" 입력 후 엔터(↵)
키를 누른다.

④ 편집 화면이 나오면 필요한 프로그램을 편집 및 입력한다(편집 상태에서 전원을 OFF해도
이미 편집된 내용은 메모리에 기억되어 있다).

편집	프로 그램	일람표	기계 좌표	00123 N00000
번호 O0123 O1001	프로그램 이름 (　　　　) (　　　　)			길이m 8.70 0.80
번호=O0123	· · · · ·			나머지=23.6
RT1		MAL.ABS		
			⇑	⇓	☞

[그림 3-10] 프로그램 번호 입력

2. 입력되어 있는 프로그램의 수정

이미 입력되어 있는 프로그램을 불러서 수정하고자 할 때에는 다음과 같은 방법으로 한다.
선택 ➡ 편집(F4) ➡ ☞(F8) ➡ 일람표(F1) ➡ 선택(F3) ➡ 방향키(↑(F4), ↓(F5), ⇑(F6),
⇓(F7))를 이용하여 원하는 프로그램 번호 선택 ➡ 선택결정(F3) ➡ "편집" 화면이 표시되며,
필요한 편집 작업을 수행한다.

3. 기존의 프로그램을 복사하여 새 프로그램으로 작성

① "조작판" 화면의 "KEY" 모드를 ON한다. : 조작판 ➡ KEY 모드 ON(■)
② "편집" 모드를 선택하여 "일람표" 화면이 표시되게 한다. : 선택 ➡ 편집(F4) ➡ ☞(F8) ➡
   일람표(F1)
③ "복사" 메뉴를 선택한다. : 복사(F2) ➡ 방향키(↑(F4), ↓(F5), ⇑(F6), ⇓(F7))를 이용하
   여 원하는 프로그램 번호 선택 ➡ 복사결정(F3) ➡ 새로운 프로그램 번호 입력 ➡ "편집"
   화면이 표시되며, 필요한 편집 작업을 수행한다.

4. 불필요한 프로그램의 삭제

① "조작판" 화면의 "KEY" 모드를 ON한다. : 조작판 ➡ KEY 모드 ON(■)
② "편집" 모드를 선택하여 "일람표" 화면이 표시되게 한다. : 선택 ➡ 편집(F4) ➡ ☞(F8) ➡
   일람표(F1)
③ "삭제" 메뉴를 선택한다. : 삭제(F4) ➡ 방향키(↑(F4), ↓(F5), ⇑(F6), ⇓(F7))를 이용하
   여 원하는 프로그램 번호 선택 ➡ 삭제결정(F3) ➡ 실행 메뉴를 누르면 삭제된다.

❸ 외부 장치를 이용한 프로그램의 입 · 출력

1. 외부 장치를 이용한 프로그램의 입력

① "조작판" 화면의 "KEY" 모드를 ON한다. : 조작판 ➡ KEY 모드 ON(■)
② "편집" 모드를 선택하여 "일람표" 화면이 표시되게 한다. : 선택 ➡ 편집(F4) ➡ ☞(F8) ➡
   일람표(F1)
③ "입력출력" 메뉴에서 "입력"을 선택하고 입력방법을 결정한다. : 입력출력(F5) ➡ 입력
   (F1) ➡ 입력방법(하나, 번호변경, 전부) 결정
④ "실행"(F1) 메뉴를 누르고, 외부 장치에서 프로그램을 출력시킨다.
   • [그림 3-10]의 입력 중 화면이 나타난다.
   • 화면에 "입력 중"이라는 표시가 점멸되며 외부장치의 출력이 시작된다.
   • 입력량에 따라 화면 위에 프로그램의 입력량이 표시되는 수도 있다.
   • 입력을 중지하고자 하는 경우에는 "중지" 메뉴(F4)를 선택한다.

- 하나 : 하나를 입력한다.
- 번호변경 : 한 개의 프로그램을 번호만 변경하여 입력한다.
- 전부 : 외부 장치에서 보내려는 프로그램을 모두 입력한다.

2. 프로그램을 외부로 출력

① "조작판" 화면의 "KEY" 모드를 ON한다. : 조작판 ➔ KEY 모드 ON(■)

② "편집" 모드를 선택하여 "일람표" 화면이 표시되게 한다. : 선택 ➔ 편집(F4) ➔ ☞(F8) ➔ 일람표(F1)

③ "입력출력" 메뉴에서 "출력"을 선택하고 출력방법을 결정한다. : 입력출력(F5) ➔ 출력(F2) ➔ 출력방법(하나, 전부) 결정
  - 하나 : 프로그램을 하나씩 출력한다.
  - 전부 : 현재 등록되어 있는 프로그램을 모두 출력한다.

④ 방향키(↑(F4), ↓(F5), ⇑(F6), ⇓(F7))를 이용하여 출력하고자 하는 프로그램 번호 위로 이동 ➔ 출력결정(F3) ➔ 실행(F1)을 누른다.
  - 출력되는 순서는 선택된 프로그램 또는 모든 프로그램의 번호가 작은 것부터 차례로 출력된다.
  - 일단 출력이 시작되면 화면에 "출력 중"이라는 표시가 점멸되며 출력되는 프로그램의 총 길이가 표시된다.

④ 자동 운전 중의 응용 조작

1. 이송속도 조절

① "화면"에서 이송속도를 선택한다. : 화면 ➔ 이송속도(F2) ➔ 이송O.R.(F6)

② 방향키를 이용하여 이송속도를 조절한다. : 화면 ➔ "←"(F3), "→"(F4) 키를 이용하여 이송속도를 조절한다.

③ "O.R.취소"를 누르면 이송속도 조절이 취소된다. 이때의 이송속도는 100%에 고정된다.

2. 싱글 블록 운전

싱글 블록 운전은 한 블록이 실행될 때마다 자동 운전이 정지되므로 그때마다 "자동 개시" 키를 눌러 다음 블록을 실행시켜야 한다.

① 방법 1 : 조작판 화면에서 "SINGL BLOK"(F3) 키를 누른다. 해제할 때는 다시 한 번 누른다.

② 방법 2 : 자동운전 중에 "프로그램" 화면에서 "SINGL BLOK"(F4) 키를 누른다.

3. 선택 블록 스킵 로크

프로그램 중에 블록 통과 기호 "/"가 있으면 그 기호부터 EOB(;)까지의 명령이 무효로 된다.
프로그램 중에 실행이 필요 없는 블록이 있으면 블록 통과 기호 "/"를 넣고 선택 블록 스킵 기능(OPT. BLOCK SKIP)을 ON으로 한 후 작업하면 편리하다.
또한 그 블록이 필요하면 선택블록 스킵 기능을 OFF로 하거나 블록 통과 기호 "/"를 지우면 된다.
① 조작판 화면에서 "OPTIONAL SKIP"을 ON/OFF하면 된다. : 조작판 ➜ OPT. BL. SKIP(F5) ➜ ■ OPT. BL. SKIP
② 자동운전을 실행 중이면 "프로그램" 화면에서 조작할 수 있다. 화면 ➜ 프로그램(F4) ➜ ■ OPT. BL. SKIP(F3)키를 누른다.

5 가공 조건의 수정

재종별 절삭 조건의 범위 내에서 생산성 향상을 위해 이송속도 및 주축 회전수 등을 조절하여 가공 조건을 변경할 수 있다.

① 컨트롤러의 프로그램 편집 기능을 이용하여 절삭 조건을 수정한다.
② 자동운전 중의 조작판의 조작을 통해 절삭 조건을 수정한다.

1 머시닝센터 작업 시 안전사항

1. 주요 위험요인

① 공작물 고정 및 취출작업 시 낙하에 의해 비래위험
② MCT 가공작업 중 회전하는 기계날 접촉에 따른 협착위험
③ MCT 가공작업 중 회전하는 기계날 이탈에 따른 비래위험
④ MCT 가공작업 중 발생되는 오일미스트에 의한 건강장해 위험

2. 안전수칙

① 작업장 주변에 불필요한 물건이 방치되어 걸려 넘어지지 않도록 정리한다.
② 안전문 개방 시 운전정지 여부를 확인한다.
③ 운전 중 회전하는 기계날의 정상 체결 여부를 확인한다.
④ 국소배기장치의 제어풍속을 점검한다.
⑤ 안전화 등 작업에 적합한 보호구 착용 여부를 확인한다.
⑥ 청소 및 정비작업 시 운전정지 후 기동스위치에 조작금지 표찰을 부착하거나 Key를 분리하여 작업자가 직접 소지한다.
⑦ 청소 및 정비작업을 할 경우에는 사전에 부서 직원들에게 그 내용을 공유하여 관리가 되도록 한다.
⑧ 청소 및 정비작업 시 해당 설비를 제3자가 불시 가동하여 재해가 많이 발생한다는 내용을 수시로 전파한다.

2 기타 CNC 기계가공 시 안전사항

① 회전하고 있는 가공물이나 공구를 보호되지 않은 손이나 임의의 물건으로 만지지 않는다.
② 기계가 운전 중에 실수로 조작스위치를 누르지 않도록 주의한다.
③ 비상정지 스위치를 항상 기억하고, 어떤 위치에서도 즉시 반사적으로 누를 수 있도록 한다.
④ 기계장치에 뒤엉킬 수 있는 긴 머리는 묶어야 하며, 느슨하고 헐렁한 의류는 결코 착용하지 않도록 한다.
⑤ 기계 동작 시 회전부에 휘말려지지 않도록 작업복의 단추를 모두 채우고 소매 끝과 바지 끝자락 단추를 채우거나 묶어야 한다.
⑥ 강한 약을 복용한 후 또는 음주 후에는 기계를 조작하지 않아야 한다.

⑦ 강전반, 모터, 분전반 및 기타 전기장치에는 고압이 흘러서 위험하므로 어떠한 경우에도 접촉해서는 안 된다.

⑧ 기계를 완전히 정지한 후 솔을 사용하여 공작물의 칩을 제거해야 한다.

⑨ 칩(Chips)을 제거할 때나 가공물 또는 공구(Tool)를 탈착할 때는 반드시 보호장갑을 착용해야 한다.

⑩ 안전커버를 제거한 상태에서 기계를 조작해서는 안 된다.

⑪ 심한 뇌우(천둥, 번개)가 있을 때는 기계를 가동해서는 안 된다.

⑫ 공구 탈착 전에는 반드시 모든 기계조작을 멈추어야 한다.

⑬ 장갑을 끼고 장비를 조작하면 오조작이나 실수가 유발될 수 있으므로 장갑을 낀 채 조작하면 안 된다.

❸ CNC 장비 유지관리

1. 일상점검

구분	점검내용	점검 세부내용
매일 점검	외관 점검	• 장비 외관 점검 • 베드면에 습동유가 나오는지 손으로 확인한다.
	유량 점검	• 습동면 및 볼스트류 급유탱크 유량 확인 • Air Lubricator Oil 확인(Air에 Oil을 혼합하여 실린더를 보호하는 장치) • 절삭유의 유량은 충분한가? • 유압탱크의 유량은 충분한가?
	압력 점검	• 각부의 압력이 명판에 지시된 압력을 가르키는가?
	각부의 작동 검사	• 각축은 원활하게 급속이동 되는가? • ATC장치는 원활하게 작동되는가? • 주축의 회전은 정상적인가?
매월 점검	각부의 Filter 점검	• NC 장치 Filter 점검(교환 및 먼지를 제거한다) • 전기 제어판 Filter 점검(교환 및 먼지를 제거한다)
	각부의 Fan 모터 점검	• 각부의 Fan 모터 회전 점검 • Fan 모터부의 먼지 및 이물질 제거
	Grease Oil 주입	• 지정된 Gear 및 작동부에 Grease를 주입한다.
	백래시 보정	• 각축 백래시 점검 및 보정
매년 점검	레벨(수평)점검	• 기계본체 레벨 점검 및 조정
	기계 정도 검사	• 기계 제작회사에서 작성된 각부 기능 검사 List 확인 및 조정
	절연상태 점검	• 각부 전선의 절연상태를 점검 및 보수한다.

2. 장비의 유지 및 관리

일반적인 CNC 기계 유지 보수

(1) 매일 유지관리

생산일이 끝날 때 다음과 같은 점검 및 테스트를 실행하여 장비가 다음날 수행할 준비가 되어 있는지 확인한다.

① 유압 유체를 테스트하고 유압 및 척 압력이 올바른 수준인지 확인
② 윤활유 레벨을 확인하고 필요한 경우 보충
③ CNC 기계에 냉각 시스템이 있는 경우 해당 레벨을 확인
④ 칩 팬에서 칩을 제거하고 건조한 부분을 기름칠
⑤ 모든 표면을 닦아낸다.

(2) 6개월 유지 보수

일 년에 두 번, 더 광범위한 테스트를 수행하고 시스템에 대한 잠재적 위협을 식별할 전문가가 CNC 기계를 검사하도록 하는 것이 중요하다. 다음과 같은 테스트를 수행한다.

① 냉각제 탱크를 청소하고 슬러지, 칩 또는 오일을 제거
② 척과 턱 제거 및 청소
③ 유압 오일 배수 및 교체
④ 라인 필터 및 흡입 필터 교체
⑤ 라디에이터를 청소하고 라디에이터 핀을 정렬.
⑥ 해당되는 경우 냉각장치를 배출하고 다시 채우기
⑦ 기계가 수평인지 확인
⑧ 와이퍼를 검사하고 손상된 와이퍼를 교체

(3) 일 년에 한 번의 유지 보수

일 년에 한 번 정기적인 유지 보수를 해왔더라도 기계를 원활하게 작동시킬 수 있는 간단한 방법을 제공하는 테스트를 수행한다.

① 테이퍼 가공을 위한 주축 점검
② 방사형 및 엔드 플레이용 스핀들 확인
③ 척 실린더의 누출 검사
④ 테이퍼 가공을 위한 심압대 검사
⑤ 터렛 평행도 및 경사도 확인
⑥ 백래시 프로그램을 실행하여 X축과 Z축의 조정이 필요한지 확인
⑦ 필요한 경우 X 및 Y축 기브를 조정

3. 경보의 종류와 해제

CNC에서 일반적으로 발생하는 알람은 〈표 3-2〉와 같다.

〈표 3-2〉 CNC에서 일반적으로 발생하는 알람

알람내용	원인	해제방법
EMERGENCY STOP SWITCH ON	비상정지 스위치 NO	비상정지 스위치를 화살표 방향으로 돌린다.
LUBR TANK LEVEL LOW ALARM	습동유 부족	습동유를 보충한다(기계 제작회사에서 지정하는 규격품을 사용한다).
THERMAL OVERLOAD TRIP ALARM	과부하로 인한 Over Load Trip	원인 조치 후 마그네트와 연결된 Overload를 누른다(2번 이상 계속 발생 시 A/S 연락).
P/S_____ALARM	프로그램 알람	알람 알람표를 보고 원인을 찾는다.
OT ALARM	금지영역 침범	이송 축을 안전한 위치로 이동한다.
EMERGENCY L/S ON	비상정지 리미트 스위치 작동	행정오버해제 스위치를 누른 상태에서 이송 축을 안전한 위치로 이동시킨다.
SPINDLE ALARM	주축모터의 과열 주축모터의 과부하 과전류	다음 순서대로 실행한다. • 해제버튼을 누른다. • 전원을 차단하고 다시 투입한다. • A/S 연락
TORQUE LIMIT ALARM	충돌로 인한 안전핀 파손	A/S 연락
AIR PRESSURE ALARM	공기압 부족	공기압을 높인다(5kg/cm^2).
축 이동이 안 됨	• 머신록스위치 ON • Intlock 상태	• 머신록스위치를 OFF시킨다. • A/S 문의

머시닝센터 프로그램 작성 및 검증

머시닝센터 프로그램의 구성

1 머시닝센터 프로그램의 구성

① 좌표계 설정 : G90 G54~G59 설정하는 방법

G90 G92 X300.0 Y300.0 Z300.0 방법

G90 G10 L2 P01 Z300.0 Y300.0 Z300.0 방법

② 공구교환 : G91 G30 Z0.0 M19 ;

T01 M06 ;

G91 G28 Z0.0 M19 ;

T01 M06 ;

③ 공구 길이 보정 및 주축회전 : G43 Z50.0 H1 S1200 M03 ;

④ 위치결정 : G00 X-20.0 Y-20.0 Z10.0

⑤ 공구 지름 보정 및 직선 및 원호절삭 : G41 G01 X5.0 D01 F100 ;

⑥ 공구 도피 및 공구보정 취소 주축정지 : G00 G40 G49 Z250.0 M05 ;

⑦ 프로그램 종료 : M02 ; 또는 M30 ;

2 일반적인 프로그램의 구성

O1234(프로그램 번호 등록)

G40 G49 G80 ➜ 공구경 보정 취소, 공구 길이 보정 취소, 사이클 취소

G91 G28 X0.0 Y0.0 Z0.0 ➜ 상대좌표로 자동 기계원점 복귀

G90 G92 X278.076 Y211.426 Z334.334 ➜ 절대 좌표계로 공작물 좌표계 설정

G43 Z50.0 H01 S1000 M03 ➜ 공구 길이+보정 및 주축 정회전

① G00 X-20.0 Y-20.0 ➜ 급송이송 공구경 보정을 위한 간섭 제거

G00 Z-6.0 ➜ 공작물 가공 깊이만큼 급송이송

② G01 G41 X8.0 D01 F200 M08 ➜ 직선절삭으로 공구경 보정 좌측 보정에 절삭유 ON

③ Y8.0 M08 ➜ Y8.0 부분까지 직선절삭

④ Y72.0

⑤ X62.0

⑥ X72.0 Y62.0 ➜ 모따기 부분 직선 절삭

⑦ Y8.0

⑧ X-20.0 M09 ➜ X-20.0 부분까지 직선절삭 후 절삭유 스톱

　G00 G40 G49 Z250.0 M05 ➜ 공구경 보정 취소 및 공구 길이 보정 취소 주축 정지

　M02(M30) ➜ 프로그램 종료(프로그램 종료 및 커서 프로그램 선두)

③ 좌표계 지령방법

① 절대지령방법 : G90 G00 X100.0 Y100.0 Z100.0 ;
　　　　　　　공작물 원점을 기준점으로 해서 움직이는 좌표계
② 증분지령방법 : G91 G00 X100.0 Y100.0 Z100.0 ;
　　　　　　　현재 공구의 위치를 기준점으로 해서 움직이는 좌표계
③ 극좌표지령방법 : G16 X반경 Y각도 ; G15 극좌표 취소
　　　　　　　원하는 지점을 원점으로 해서 움직이는 좌표계로 각도가 있는 도면을 각
　　　　　　　도가 없는 상태에서 프로그램하는 좌표계

④ 프로그램 기본 공정 구조

1. 1단계 : 좌표점 지정 및 초기공구 지정

(1) 자동작업을 중간에 중단했을 경우를 생각하여 열었다고 가정한 모든 작업을 닫아주고
작업진행을 정의한다.

　예 G40　G49　G80　G17　G50

　　G40 : 공구보정 무시

　　G49 : 공구 길이 보정 무시

　　G80 : 고정 사이클 무시

　　G17 : 버티컬 작업 지령 : X-Y축을 평면으로 하여 작업을 한다.

　　G50 : 미러 이미지 취소(혹은 기종에 따라 M20)

(2) 제2좌표점, 기계 원점 복귀 – 공구 교환 및 위치 지정을 한다.

　예1 G30 G91 Z0.0

　　G30 : 제2원점 지정 – 제2원점까지 복귀해서 다음 작업 준비를 한다.

　　G91 : 상대좌표 지정

　　Z0.0 : 현재 G17로 지정되어 있으므로 가공축 기준인 Z를 기술한다.

예2 G28 G91 Z0.0

G28 : 기계 원점 지정 – 기계원점까지 복귀해서 다음 작업 준비를 한다.

G91 : 상대좌표 지정

Z0.0 : 현재 G17로 지정되어 있으므로 가공축 기준인 Z를 기술한다.

(3) 사용할 공구를 교환해 준다.

예 T02 M06

T__ : 공구 지정 – 주로 Setting용 공구는 따로 정해주는 것이 좋다. 가령, T1로 좌표를 설정하고, T2로 가공하는 것이다. 그러면 공구를 오래 사용해서 교체 시 기준공구(T1)는 변화가 없으므로 해당 공구만을 Setting 해 주면 된다.

M06 : 공구 교환

(4) 사용 좌푯값 및 좌표 위치 지정, 스핀들속도, 스핀들 회전방향 등을 지정한다.

① G54에 의한 좌표점 지정

• G54~G59까지의 좌표를 설정하여 사용할 수 있다.

• 이는 기계작업 시 미리 공작물의 위치값을 설정했다는 조건으로 사용하는데, 6개 중 아무데나 그 값을 지정할 수 있으며, 모든 작업이 그랬듯이 기준면을 정해 좌표점을 지정하는 것이 좋다. 중간 중간에 다른 좌표점을 사용하고 싶다면 차라리 G52를 사용하는 것이 좋다.

예 G54 G90 G00 X-10.0 Y-10.0 S1000 M03

G54 : 공작물좌표계 G54~G59까지의 6개 중에 1개를 사용할 수 있는데, 중간에 좌푯값을 바꿀 수는 있지만 확실히 잘 알고 쓰지 않으면 공작물과 충돌할 수도 있으므로 가급적 맨 처음 적어준다.

G90 : 절대좌표

G00 : 급속이송

X-10.0 Y-10.0 ; ➜ 각 축의 지령과 좌푯값(Z값을 사용해도 좋다)

S___ ; ➜ 주축 스핀들 속도

M03 ; ➜ 스핀들 정방향 회전

☞ 위 사항을 조합해 보면 아래처럼 기술하게 된다.

G40 G49 G80 G17 G50

G30 G91 Z0.0

T02 M06

G54 G90 G00 X-10.0 Y-10.0 S600 M03

② G92에 의한 좌표점 지정

• 기계좌표점을 직접 기입한다. – 예전에는 좌표계를 늘리는 데도 메모리 문제 때문에 G54~G59를 사용하지 못하고 G92로 지정해 주었다.

• 만일 기계 좌표점 값이 X-111.111, Y-222.222, Z-333.333일 경우

G92 X-111.111 Y-222.222 Z-333.333 ➡ 기계 좌푯값으로 절대 좌표위치 지정

G90 G00 X-10.0 Y-10.0 S600 M3 ➡ X-10.0 Y-10.0 지점으로 이송

☞ 위 사항을 조합해 보면 아래처럼 기술하게 된다.
    G40 G49 G80 G17 G50
    G28 G91 Z0.0
    T02 M06
    G92 X-111.111 Y-222.222 Z-333.333 또는 G92G90X111.111Y222.
       Z333.333
    G90 G00 X-10.0 Y-10.0
    S600 M03

2. 2단계 : 공구보정에 따른 형식 지정

이 작업은 매우 중요하므로 제대로 익혀야 한다. 이 방법이 바뀌면 보정이 제대로 안 먹혀서 공구가 이상한 곳에서 떠다니는 결과가 나온다. 그러므로 여기서 기술한 방법에 준하여 기술해 주기 바란다.

(1) 엔드 밀 직선가공 시-공구의 길이와 공구 지름에 따른 지정법
① G43 Z150.0 H02 ➡ G43 길이 보정 : H02은 G43이 쓰이면 반드시 지정해 줘야 한다.
② G00 Z5.0 M08 ➡ 바로 G00으로 위치값을 지정해 주어야 하는데, 현재는 Z를 위주로 작업한다.
③ G01 Z-3.0 F100 ➡ 바로 G01을 사용해야 하는데, 여기서는 Z값을 계속 사용한다.
④ G42 X66.0 D02 ➡ 바로 G41, G42로 작업방향을 지정해 주어야 한다.
⑤ X__ Y__ ➡ 프로그램을 작성한다.

(2) 엔드 밀 원호 가공 시-한 개의 원가공을 하는 데 공구의 길이와 공구 지름 지정
① G43 Z100.0 H02 ➡ G43 길이 보정 : H02은 G43이 쓰이면 반드시 지정해 줘야 한다.
② G00 Z5.0 M08 ➡ 바로 G00으로 위치값을 지정해 주어야 하는데, 현재는 Z를 위주로 작업한다.
③ G01 Z-3.0 F100 ➡ 바로 G01을 사용해야 하는데, 여기서는 Z값을 계속 사용한다.
④ G42 X66.0 D02 ➡ 바로 G41, G42로 작업방향을 지정해 주어야 한다.
⑤ G02 I-16.0 ➡ 바로 G02, G03로 원호가공 돌입, 360도일 경우에는 반드시 I, J 값으로 지정해야 한다.
⑥ G40 G00 X50.0 ➡ 여기서 반드시 G40을 사용해야 하며 위에서 원호가공했기에 G01, G00이 와야 한다.

(3) 드릴가공 시(알고 보면 제일 쉬운 구조)

드릴 가공은 길이만 지정할 뿐 파이는 지정하지 않고 사용한다.

① G43 Z100.0 H02 ➜ G43 길이 보정 : H01은 G43이 쓰이면 반드시 지정해 주어야 한다.
② G00 Z5.0 M08 ➜ 바로 G00으로 위치값을 지정해야 하는데, 현재는 Z를 위주로 작업한다.
③ G73 G90 G99 Z-10.0 R2.0 Q3.0 F100 ➜ G73 드릴 사이클 사용

3. 프로그램 가공부분

① 프로그램 작성 시 그 경로는 반드시 G40을 기준으로 생각하면 편하다. 위에서 기입한 G41,G42는 자동으로 보정해 주기 때문이다.
② 외경 가공 시 공구의 파이는 전혀 의식을 하지 않는다. 단, 안쪽(내측) 가공 시 해당 값보다 같거나 작은 공구를 사용한다. 즉, 안쪽 코너가 R5.0 이면 반지름이 5mm이므로 Ø10 엔드 밀이나 그 이하의 것을 사용한다. 만일 Ø12 엔드 밀을 사용하면 과절삭 알람이 발생한다.

4. 마무리 단계

프로그램의 제1원칙은 되돌려(올려) 놓는 값들(주로 보정값이나 사이클 작업)은 반드시 마무리 해주어야 한다는 것이다. 물론 생략할 수도 있지만 가급적이면 닫아 주는 게 좋다.

⋮

X10.0 ➜ 프로그램에서 끝나는 부분
G01 X-10.0 ➜ 어느 쪽이든 간에 가급적 보정이 풀려서 소재와 간섭이 안 되도록 빼주는 것이 좋다.
G40 G00 Y-10.0 ➜ 공구방향(지름)으로 지정한 G41, G42를 먼저 취소시켜 준다.
G00 Z100.0 ➜ 기계기종에 따라 틀리지만, 대부분의 기계는 보정값을 풀어주면(G49) 밑으로(G00) 내려와 소재와 충돌할 수 있다. 그래서 일정량을 올려줘야 하는데, 만일 이런 일이 없는 기계는 G49 G00 Z150.0만 적어도 된다.
G49 G00 Z150.0
G91 G28 X0.0 Y0.0 Z0.0
M02 ➜ 프로그램의 종료, 주축 및 절삭유는 정지. 커서는 프로그램 선두로 돌아온다.
M30 ➜ 프로그램이 종료됨과 동시에 프로그램은 다시 첫머리로 복귀한다(커서가 프로그램의 선두로 복귀). 모든 지령이 RESET 처리된다.

1 가공계획 수립

제작도에 가공물의 형상과 재질이 지정되어 있으므로 프로그래머는 다음과 같은 점을 고려하여 가공계획을 수립한 후 프로그램은 물론 공구목록을 작성하여 작업자에게 제시함으로써 프로그램의 흐름을 쉽게 이해할 수 있도록 하는 것이 바람직하다.

프로그램을 작성하기 전에 가공계획을 수립할 때 고려해야 할 사항은 다음과 같다.

① 도면을 해독한다.
② NC기계로 가공할 범위와 이에 적합한 기계를 선정한다.
③ 가공물 고정방법 및 고정구를 결정한다.
④ 공정도를 작성한 후 프로그램 원점과 시작점을 결정하고, 프로그램에 필요한 공구결로의 좌표를 계산한다.
⑤ 각 공정의 가공에 적합한 공구의 종류 및 재종과 규격, 툴 홀더의 규격을 선정하고 공구목록 시트를 작성한다.
⑥ 선정된 공구에 적합한 절삭조건을 결정하여 공구목록 시트에 기록한다.
  예 절삭속도 또는 주축의 회전수, 이송속도, 절삭깊이, 절삭유의 사용 유무 등
⑦ 각 공구의 보정값 입력 번호 및 보정량을 결정하여 공구목록 시트에 기록한다.

2 공정 구상을 위해서 검토되어야 하는 내용

① 소재는 어떤 규격으로 준비해야 하는가?(소재 준비)
② 어느 부분부터 먼저 절삭해야 하는가?(공정 전개)
③ 가공물의 고정은 어떻게 할 것인가?(치공구, 고정구)
④ 치수 및 공차관리는 어떻게 할 것인가?(공차관리)
⑤ 공정 중에 발생하는 변형은 어떻게 유도해 갈 것인가?(형상관리)
⑥ 가공시간을 더 줄일 수 없겠는가?(원가관리)
⑦ 작업 중 실수의 가능성 및 위험요소는 포함되지 않았는가?(작업 안전)
⑧ 자재의 낭비요소는 없는가?(원가관리)
⑨ 몇 단계의 공정으로 완성이 되겠는가?(공정 수)

❸ 머시닝센터의 프로그램 시트 작성

1. 프로그램 시트

(1) 가공 순서 결정

① 센터 드릴 가공

② ø8 드릴 가공

③ ø12-2날 엔드 밀 바깥쪽 막 깎기

④ ø12-2날 엔드 밀 안쪽 막 깎기

⑤ ø12-4날 엔드 밀 바깥쪽 다듬질

⑥ ø12-4날 엔드 밀 안쪽 다듬질

(2) 가공 조건은 머시닝센터의 절삭 조건표를 참고하여 결정

소재 치수	재질	절삭조건					
		공구명	공구 번호	주축 회전수 (rpm)	이송속도 (mm/min)	보정번호	비고
80×80×20	SM20C	Ø12-2날 엔드 밀	T01	S950	F90	D01/H01	기준공구
		Ø4 센터 드릴	T02	S2000	F120	H02	
		Ø8 드릴	T03	S1000	F120	H03	
		Ø12-4날 엔드 밀	T04	S950	F280	D04/H04	

(3) 프로그램 시트 완성

프로그램 시트

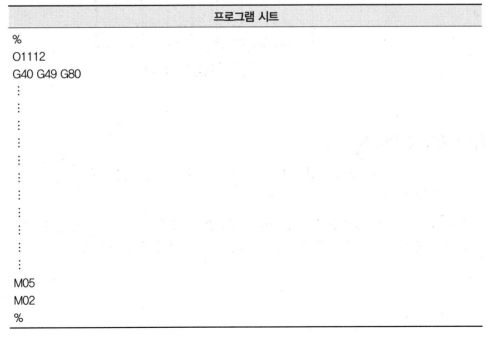

```
%
O1112
G40 G49 G80
    :
    :
    :
    :
    :
    :
    :
    :
    :
    :
    :
    :
    M05
    M02
%
```

2. 도면

아래 도면을 절삭 조건표를 참고하여 프로그램 시트를 작성한다.

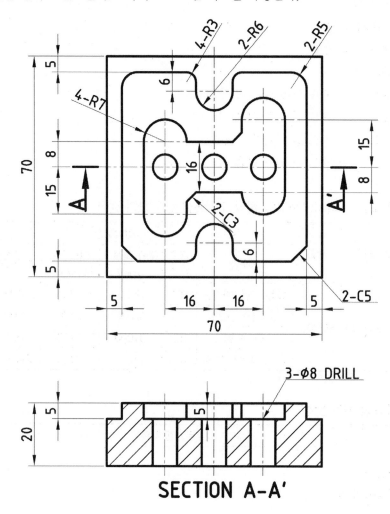

SECTION A-A'

☑ 프로그램 작성 및 편집

머시닝센터의 프로그램을 작성하여 입력할 수 있고 수정 및 편집과 가공경로를 그래픽 기능으로 확인할 수 있다.

도면해독 → CNC 기계 선정 → 공작물 고정방법 → 공정도 작성 → 각 공정에 적합한 공구 선정 → 절삭조건 선정 → 공구 세팅 및 보정 → 프로그램 작성 → 작업

1 직선 및 원호 절삭 프로그램

ø12 엔드 밀을 사용하여 아래 도면을 공구 보정 없이 경로대로 프로그램을 작성한다(가공 경로 : 원점 → ① → ② → ③ → 원점 → ④ → ⑤).

1. 도면

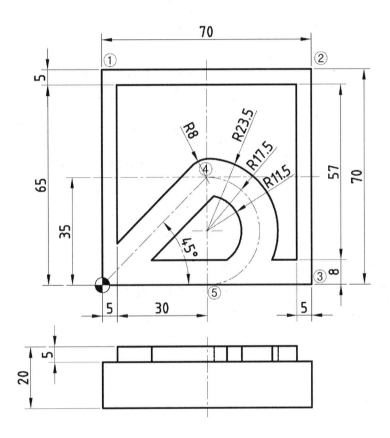

2. 절삭조건

소재 치수	재질	절삭조건					
		공구명	공구번호	주축 회전수 (rpm)	이송속도 (mm/min)	보정번호	비고
70×70×20	SM20C	Ø12-2날 엔드 밀	T01	S900	F90	D01/H01	기준공구

3. 프로그램 시트

O9006 ;	➜ 프로그램 번호
G40 G49 G80 ;	➜ 공구 지름 보정 취소, 공구 길이 보정 취소, 고정 사이클 취소
G91 G28 X0.0 Y0.0 Z0.0 ;	➜ 자동원점복귀(G28)
G92 G90 X0 Y0 Z200.0 ;	➜ 공작물 좌표계 설정(현재 기계의 위치는 프로그램 원점으로부터 X0 Y0 Z200.0인 위치에 있다.)
G91 G30 Z0.0 M19	➜ 공구원점복귀(G30), 주축 정위치 정지(M19)
T01 M06	➜ 공구 교환
G00 G90 X-10.0 Y-10.0 Z50.0 ;	➜ 절대 좌표로 위치 결정
G43 Z5.0 H01 S900 M03 ;	➜ 공구길이보정(G43),공구길이보정번호(H01), 주축(S) 900rpm으로 정회전
G01 Z-5.0 F90 M08 ;	➜ 직선 절삭, 이송 속도 90mm/min, 절삭유ON
X0.0 ;	➜ 원점까지 직선 절삭
Y70.0 ;	➜ ①지점까지 직선 절삭
X70.0 ;	➜ ②지점까지 직선 절삭
Y0.0 ;	➜ ③지점까지 직선 절삭
X0.0 ;	➜ 원점까지 직선 절삭
X35.0 Y35.0 ;	➜ ④지점까지 직선 절삭
G02 X35.0 Y0 R17.5 ;	➜ ⑤지점까지 직선 절삭
G00 Z150.0 M09 ;	➜ 급속 이송, 절삭유 OFF
M05 ;	➜ 주축 정지
M02 ;	➜ 프로그램 종료

1 직선 · 원호가공 프로그램 따라잡기

응용도면 프로그램 1 프로그램 번호 : O1911	G01 직선가공 프로그램을 완성하시오. (G01 가공 이해–G92로 작성 사용공구 : T01– Ø24 엔드 밀)

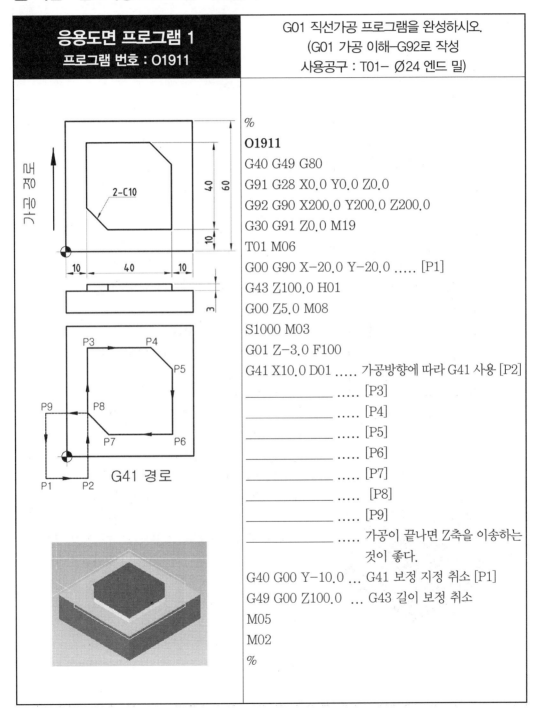

2–C10

60 / 40 / 10

10 / 40 / 10

3

가공평면

P3　　　P4
　　　　　　P5
P9　P8
　　　　　　P6
　P7
P1　P2

G41 경로

```
%
O1911
G40 G49 G80
G91 G28 X0.0 Y0.0 Z0.0
G92 G90 X200.0 Y200.0 Z200.0
G30 G91 Z0.0 M19
T01 M06
G00 G90 X–20.0 Y–20.0 ..... [P1]
G43 Z100.0 H01
G00 Z5.0 M08
S1000 M03
G01 Z–3.0 F100
G41 X10.0 D01 ..... 가공방향에 따라 G41 사용 [P2]
_____ ..... [P3]
_____ ..... [P4]
_____ ..... [P5]
_____ ..... [P6]
_____ ..... [P7]
_____ .....  [P8]
_____ ..... [P9]
_____ ..... 가공이 끝나면 Z축을 이송하는
                        것이 좋다.
G40 G00 Y–10.0 ... G41 보정 지정 취소 [P1]
G49 G00 Z100.0  ... G43 길이 보정 취소
M05
M02
%
```

응용도면 프로그램 2
프로그램 번호 : O1912

G02 원호가공할 때
P1~P4 구간을 ____에 프로그램을 쓰시오.
(사용공구 : T02-Ø24 엔드 밀)

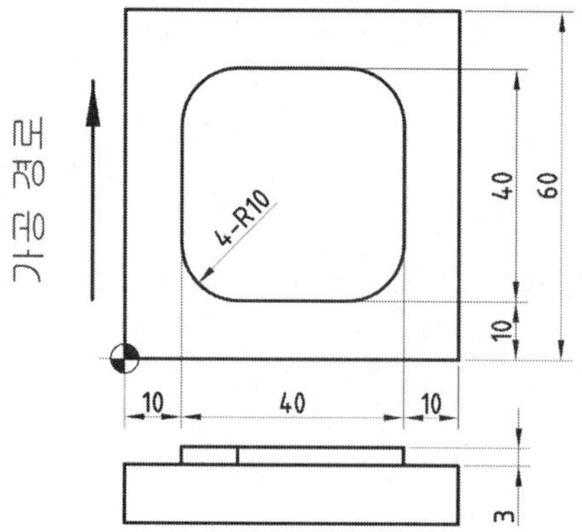

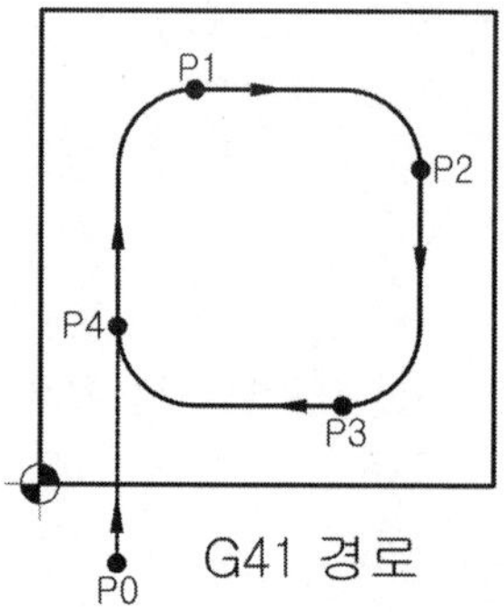

가공 경로
4-R10
40
60
10
10
40
10
3

P1
P2
P3
P4
P0

G41 경로

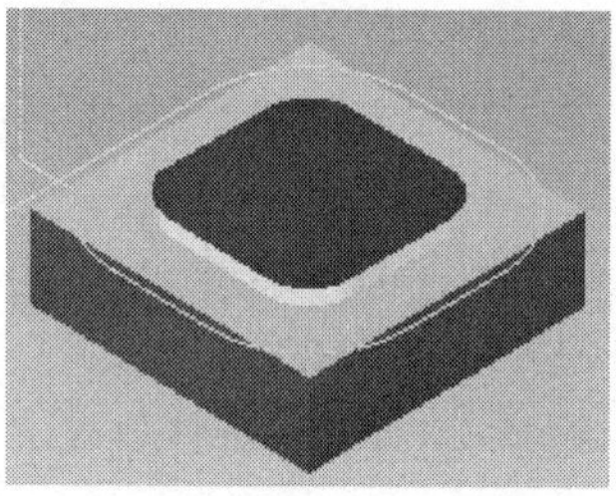

```
%
O1912(G02로 가공할 때)
G40 G49 G80
G91 G28 X0.0 Y0.0 Z0.0
G92 G90 X200.0 Y200.0 Z200.0
G30 G91 Z0.0
T02 M06
G00 G90 X-10.0 Y-10.0 S500 M03
G43 Z100.0 H02
G00 Z5.0 M08   ... 위에서 이 밑에까지의 구조는
G01 Z-3.0 F100
G41 X10.0 D02  ... 가공방향에 따라 G41 사용
Y40.0
_______________ [P1]
G01 X40.0 ...... 반드시 G01을 사용
_______________ [P2]
G01 Y20.0
_______________ [P3]
G01 X20.0
_______________ [P4]
G01 X-10.0 ......... 생략해도 된다.
G00 Z50.0  ......... 가공이 끝나면 Z축을 이송
                     하는 것이 좋다.
G40 G00 X-10.0 Y-10.0  G41 보정지정 취소
G49 G00 Z100.0         G43 길이 보정 취소
M05
M02
%
```

응용도면 프로그램 3 프로그램 번호 : O1913	G02/G03 원호가공 프로그램 완성	

절 삭 조 건	공구명 : 엔드 밀	Ø8
	공구번호	T01
	주축 회전수(rpm)	S1200
	이송속도(mm/min)	F100
	공구경 보정번호	D01
	길이 보정번호	H01

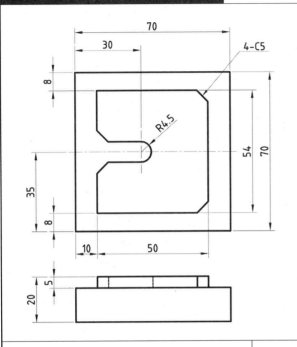

```
%
O1913
G40G49G80
G91G30Z0.M19
T01M6
G00G90G54X-20.0Y-20.0
G43Z50.0H1S1200M03
Z-5.0
G01X2.0F100
Y35.0
X30.0
X2.0
Y68.0
X68.0
Y2.0
X-10.0
Y-10.0
G041X10.0D01
Y25.5
X15.0Y30.5
X30.0
G03Y39.5R4.5
G01X15.0
X10.0Y44.5
Y62.0
X55.0
X60.0Y57.0
Y13.0
X55.0Y8.0
X-10.0
G40G49Z250.0M05
M30
%
```

G02/G03 원호가공 프로그램을 완성하시오.

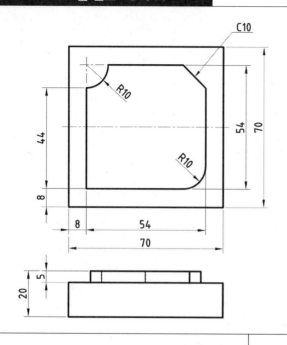

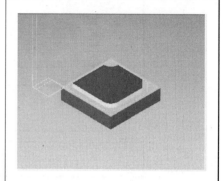

절삭조건	공구명 : 엔드 밀	Ø10
	공구번호	T01
	주축 회전수(rpm)	S1200
	이송속도(mm/min)	F100
	공구경 보정번호	D01
	길이 보정번호	H01

G02/G03 원호가공 프로그램을 완성하시오.

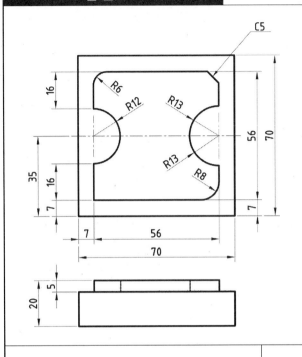

절삭조건	공구명 : 엔드 밀	Ø10
	공구번호	T01
	주축 회전수(rpm)	S1200
	이송속도(mm/min)	F100
	공구경 보정번호	D01
	길이 보정번호	H01

자동운전에 의한 직선 및 원호 절삭

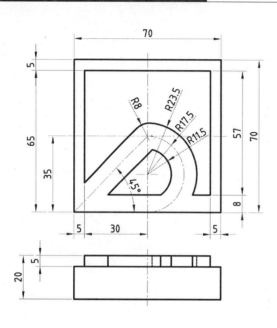

절삭 조건	공구명 : 엔드 밀	Ø10
	공구번호	T01
	주축 회전수(rpm)	S800
	이송속도(mm/min)	F80
	공구경 보정번호	D01
	길이 보정번호	H01

%
O1916(엔드 밀 Ø10)
G40 G49 G80 G17
G91 G30 Z0.0 M19
T01 M6
G00 G90 G54 X−20.0 Y−20.0
G43 Z50.0 H1 S800 M3
G00 Z−5.0
G01 X0.0 F80 M8
① Y70.0
② X70.0
③ Y3.0
④ X0.0
⑤ X35.0 Y35.0
⑥ G02 X35.0 Y0.0 R17.5
G00 G40 G49 Z250.0 M9
M05
M02
%

%
O1916(엔드 밀 Ø16)
G40 G49 G80 G17
G91 G30 Z0.0 M19
T01 M6
G00 G90 G54 X−20.0 Y−20.0
G43 Z50.0 H1 S800 M3
G00 Z−5.0
G01 X−3.0 F80 M8
① Y73.0
② X73.0
③ Y0.0
④ X0.0
⑤ X35.0 Y35.0
⑥ G02 X35.0 Y0.0 R17.5
G00 G40 G49 Z250.0 M9
M05
M02
%

%
O1916(엔드 밀 Ø12)
G40 G49 G80 ;
G91 G30 Z0.0 M19
T01 M6
G92 G90 X405.0 Y162.0 Z336.0 ;
G00 G90 X−10.0 Y−10.0 Z50.0 ;
Z5.0 S900 M03 ;
G01 Z−5.0 F90 M08 ;
<u>X0 ;</u>
<u>Y70.0 ;</u>
<u>X70.0 ;</u>
<u>Y0 ;</u>
<u>X0 ;</u>
<u>X35.0 Y35.0 ;</u>
<u>G02 X35.0 Y0 R17.5 ;</u>
G00 Z150.0 M09 ;
M05 ;
M02 ;
%

응용도면 프로그램 7	자동운전에 의한 직선 및 원호 절삭
프로그램 번호 : O1917	

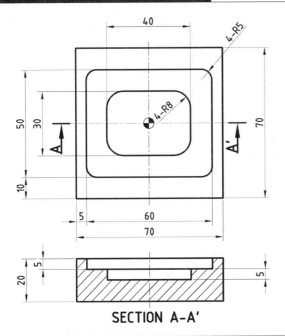

절삭조건	공구명 : 엔드 밀	Ø10
	공구번호	T01
	주축 회전수(rpm)	S1200
	이송속도(mm/min)	F250
	공구경 보정번호	D01
	길이 보정번호	H01

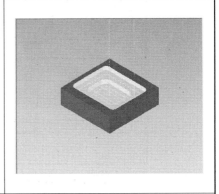

SECTION A-A'

```
%
O1917
G40G49G80G17
G91G30Z0.0M19
T01M6
G00G90G54X0.0Y0.0
G43Z50.H1S1200M3
G00Z1.0
G01Z-5.0F250
X24.0
Y19.0
X-24.0
Y-19.0
X24.0
Y10.0
X-20.0
Y-10.0
X20.0
Y0.0
```

```
X-20.0
X15.0
X0.0
Z-10.0
X14.0
Y9.0
X-14.0
Y-9.0
X14.0
Y0.0
X-10.0
G41X20.0D01
Y7.0
G03X12.0Y15.0R8.0
G01X-12.0
G03X-20.0Y7.0R8.0
G01Y-12.0
G03X-12.0Y-15.0R8.0
G01X12.0
```

```
G03X20.0Y-7.0R8.0
G01Y5.0
Z-5.0
G41X30.0Y0.0D1
Y20.0
G03X25.0Y25.0R5.0
G01X-25.0
G03X-30.Y20.R5.
G01Y-20.0
G03X-25.0Y-25.0R5.0
G01X25.0
G03X30.0Y-20.0R5.0
G01Y10.0
Z10.0
G00Z100.0
G40G49Z250.0M5
M02
%
```

응용도면 프로그램 8 프로그램 번호 : O1918	G02/G03 원호가공 프로그램을 완성하시오.		

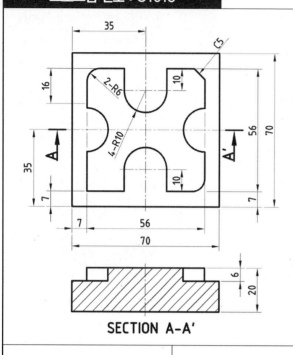

SECTION A-A'

절 삭 조 건	공구명 : 엔드 밀	Ø10
	공구번호	T01
	주축 회전수(rpm)	S1200
	이송속도(mm/min)	F250
	공구경 보정번호	D01
	길이 보정번호	H01

응용도면 프로그램 9 프로그램 번호 : O1919	G02/G03 원호가공 프로그램 완성 (조건 : I, J, G92)		

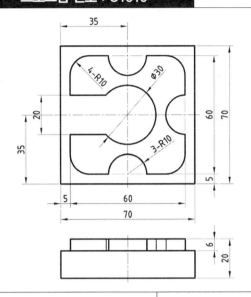

절삭조건	공구명 : 엔드 밀	Ø8
	공구번호	T01
	주축 회전수(rpm)	S1000
	이송속도(mm/min)	F120
	공구경 보정번호	D01
	길이 보정번호	H01

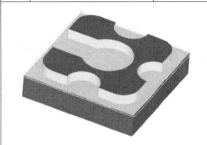

```
%
O1919
G40G49G80
G91G28X0.0Y0.0Z0.0
G92G90X200.0Y200.0Z200.0
G91G30Z0.0M19
T01M06
G90G00X-20.0Y-20.0
G43Z50.0H01
Z10.0
S1000M03
G01Z-6.0F120
Y-1.0
X35.0
Y5.0
Y-1.0
X71.0
Y35.0
X65.0
X71.0
Y71.0
X35.0
Y65.0
Y71.0
```

```
X-1.0
Y35.0
X44.0
G03I-9.0
G01X-1.0
Y-20.0
X-20.0
G41X5.0D01F100
Y25.0
X35.0
Y45.0
X0.0
Y35.0
X20.0
G03I15.0
G01X5.0
Y55.0
G02X15.0Y65.0R10.0
G01X25.0
G03X45.0Y65.0R10.0
G01X55.0
G02X65.0Y55.0R10.0
```

```
G01Y45.0
G03X65.0Y25.0R10.0
G01Y15.0
G02X55.0Y5.0R10.0
G01X45.0
G03X25.0Y5.0R10.0
G01X15.0
G02X5.0Y15.0R10.0
G03X-7.0Y27.0R12.0
G01X-20.0
G00Z100.0
G40G49Z200.0
M05
M02
%
```

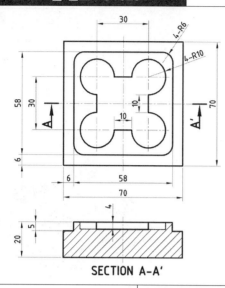

절삭조건	공구명 : 엔드 밀	Ø10
	공구번호	T01
	주축 회전수(rpm)	S1200
	이송속도(mm/min)	F250
	공구경 보정번호	D01
	길이 보정번호	H01

SECTION A-A'

```
%
O1920
G40G49G80G17
G91G30Z0.0M19
T1M6
G00G90G54X-55.0Y-55.0
G43Z50.0H1S1200M03
G00Z-5.0
G01X-35.0F250M08
Y35.0
X35.0
Y-35.0
X-45.0
Y-35.0
G41X-29.0D01
Y23.0
G02X-23.0Y29.0R6.0
G01X23.0
G02X29.0Y23.0R6.0
G01Y-23.0
G02X23.0Y-29.0R6.0
G01X-23.0
G02X-29.0Y-23.0R6.0
G01Y-18.0
G40X-45.0
G00Z5.0
```

```
X0.0Y0.0
G01Z-4.0
X5.0
Y5.0
X-5.0
Y-5.0
X9.0
Y9.0
X-9.0
Y-9.0
X9.0
Y0.0
G41X15.0D01
G01Y15.0
X-15.0
Y-15.0
X15.0
Y6.0
X-5.0
G00Z10.0
G40X0.0Y0.0
X15.0Y15.0
G01Z-4.0
X19.0
G03I-4.0
G01X20.0
```

```
G03I-5.0
G00Z10.0
X-15.0Y15.0
G01Z-4.0
X-19.0
G03I4.0
G01X-20.0
G03I5.0
G00Z10.0
X-15.0Y-15.0
G01Z-4.0
X-19.0
G03I4.0
G01X-20.0
G03I5.0
G00Z10.0
X15.0Y-15.0
G01Z-4.0
X19.0
G03I-4.0
G01X20.0
G03I-5.0
G00Z10.0M09
G40G49Z250.0
M05
M02
%
```

G02/G03 원호가공 프로그램 완성(G54)

절삭조건	공구명 : 엔드 밀	∅10
	공구번호	T01
	주축 회전수(rpm)	S1200
	이송속도(mm/min)	F80
	공구경 보정번호	D01
	길이 보정번호	H01

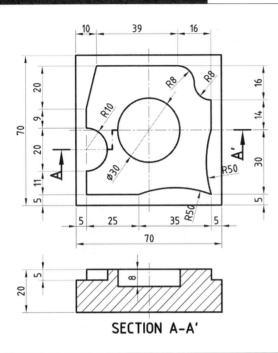

SECTION A-A'

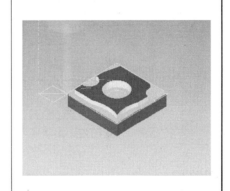

```
%
O1921
G40G49G80G17
G91G30Z0.0M19
T01M6
G00G90G54X-20.0Y-20.0
G43Z50.0H01S1200M03
Z-5.0
G01X-1.0Y-1.0F80M08
Y26.0
X5.0
X-1.0
Y71.0
X65.0
Y57.0
X71.0Y71.0
Y-1.0
X-20.0
Y-20.0
```

```
G41X5.0D01
Y16.0
G03Y36.0R10.0
G01Y45.0
X10.0Y65.0
X49.0
G02X57.0Y57.0R8.0
G03X65.0Y49.0R8.0
G01Y35.0
G03Y5.0R50.0
X30.0R50.0
G01X-10.0
G00G40Z10.0
X35.0Y35.0
G01Z-8.0
X44.0
G03I-9.0
G01X45.0
```

```
G03I-10.0
G00Z10.0
G40G49Z250.0M09
M05
M02
%
```

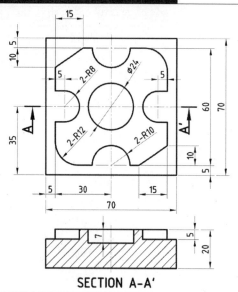

절삭조건	공구명 : 엔드 밀	Ø10
	공구번호	T01
	주축 회전수(rpm)	S800
	이송속도(mm/min)	F80
	공구경 보정번호	D01
	길이 보정번호	H01

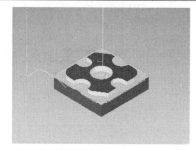

SECTION A-A'

```
%
O1922
G40G49G80
G91G28X0.0Y0.0Z0.0
G92G90X200.0Y200.0Z200.
0
G91G30Z0.0M19
T01M06
G90G00X-20.0Y-20.0
G43Z50.0H01
Z10.0
S1000M03
G01Z-5.0F120
Y-1.0
X30.0
X35.0Y9.0
X40.0Y-1.0
X63.0
X71.0Y7.0
Y35.0
X58.0
X71.0
Y63.0
X63.0Y71.0
X40.0
```

```
X35.0Y61.0
X30.0Y71.0
X7.0
X-1.0Y63.0
Y35.0
X12.0
X-1.0
Y7.0
X7.0Y-1.0
X22.0Y-5.0
G41X27.0D01
G03X17.0Y5.0R10.0
G02X5.0Y17.0R12.0
G01Y27.0
X10.0
G03Y43.0R8.0
G01X5.0
Y55.0
X20.0Y65.0
X25.0
G03X45.0Y65.0R10.0
G01X53.0
G02X65.0Y53.0R12.0
```

```
G01Y43.0
X60.0
G03Y27.0R8.0
G01X65.0
Y15.0
X50.0Y5.0
X45.0
G03X25.0R10.0
G01X-15.0
G00Z10.0
G40X35.0Y35.0
G01Z-7.0F50
X29.0F120
G03I6.0
G41G01X47.0D01
G03I-12.0
G03X37.0Y45.0R10.0
G01X35.0Y35.0
Z50.0
G00X-15.0Y-15.0
M05
M02
%
```

응용도면 프로그램 13
프로그램 번호 : O1923

포켓(Pocket)가공 프로그램을 완성하시오.

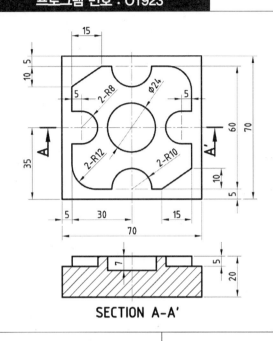

SECTION A-A'

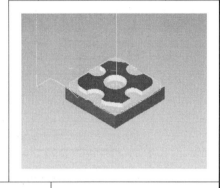

절삭조건	공구명 : 엔드 밀	Ø10
	공구번호	T01
	주축 회전수(rpm)	S800
	이송속도(mm/min)	F80
	공구경 보정번호	D01
	길이 보정번호	H01

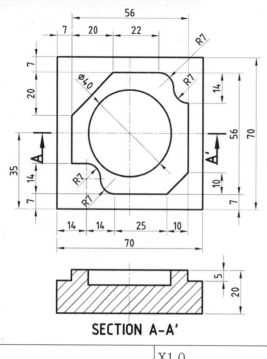

절삭조건	공구명 : 엔드 밀	Ø10
	공구번호	T01
	주축 회전수(rpm)	S1800
	이송속도(mm/min)	F100
	공구경 보정번호	D01
	길이 보정번호	H01

SECTION A-A'

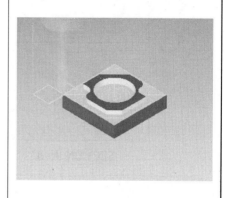

```
%
O1924
G40G49G80G17
G91G30Z0.0M19
T01M06
G00G90G54X-20.0Y-20.0
G43Z50.0H01S1800M03
G00Z-5.0
G01X1.0F100M08
Y1.0
X15.0Y15.0
Y1.0
X1.0
Y69.0
Y58.0
X10.0Y69.0
X1.0
Y49.0
X21.0Y69.0
```

```
X1.0
X69.0
X55.0Y55.0
Y69.0
X69.0
Y1.0
Y11.0
X59.0Y1.0
X-20.0
Y-20.0
G41X7.0D01
Y43.0
X27.0Y63.0
X42.0
G02X49.0Y56.0R7.0
G03X56.0Y49.0R7.0
G01X63.0
Y17.0
X53.0Y7.0
```

```
X28.0
G02X21.0Y14.0R7.0
G03X14.0Y21.0R7.0
G01X-10.0
G00G40Z10.0
X35.0Y35.0
G01Z-7.0
X41.0
G03I-6.0
G01X47.0
G03I-12.0
G01X50.0
G03I-15.0
G00Z10.0
G40G49Z250.0M09
M05
M02
%
```

응용도면 프로그램 15

프로그램 번호 : O1925

포켓(Pocket)가공 프로그램을 완성하시오.

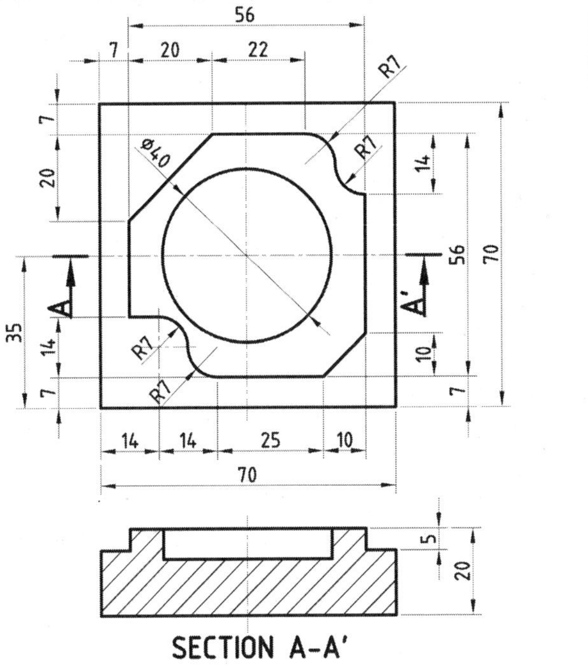

절삭조건	공구명 : 엔드 밀	Ø10
	공구번호	T01
	주축 회전수(rpm)	S2000
	이송속도(mm/min)	F120
	공구경 보정번호	D01
	길이 보정번호	H01

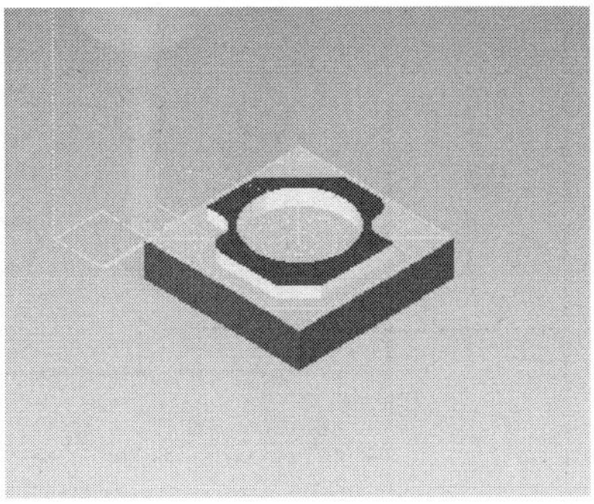

SECTION A-A'

② 드릴 고정 사이클 프로그램 따라잡기 예제

드릴 고정 사이클을 이용한 가공도면 및 프로그램

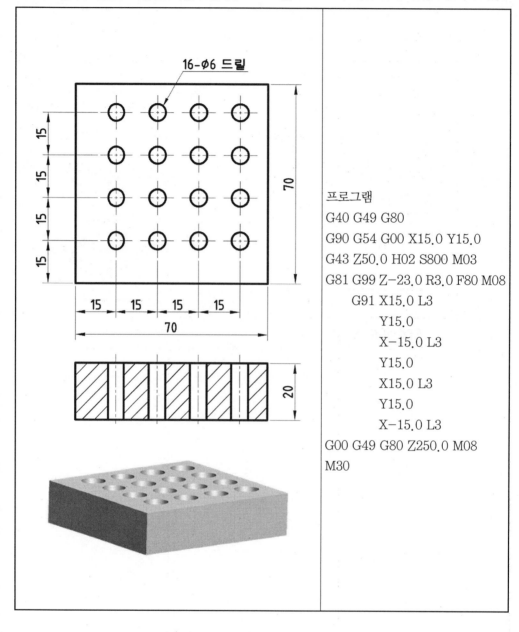

프로그램
G40 G49 G80
G90 G54 G00 X15.0 Y15.0
G43 Z50.0 H02 S800 M03
G81 G99 Z-23.0 R3.0 F80 M08
    G91 X15.0 L3
       Y15.0
       X-15.0 L3
       Y15.0
       X15.0 L3
       Y15.0
       X-15.0 L3
G00 G49 G80 Z250.0 M08
M30

고정 사이클 드릴가공(G81)으로 프로그램을 완성하시오.
(공작물 좌표계 G54를 이용한 공작물 원점을 설정)

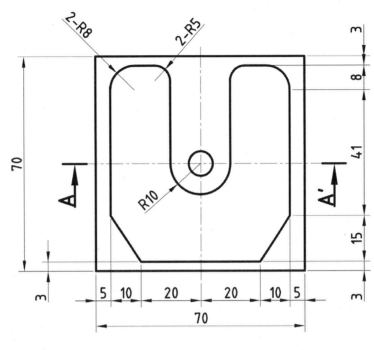

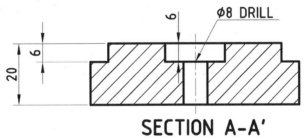

SECTION A-A'

작업조건표

소재 치수	재질	절삭조건						
		공구명	공구 번호	주축 회전수 (rpm)	이송속도 (mm/min)	길이 보정번호	공구경 보정번호	비고
20×70×70	SM20C	Ø10 엔드 밀	T01	1200	F100	H01	D01	기준공구
		Ø8 드릴	T02	1000	F200	H02	–	

```
%
O1926
G40G49G80G17
G91G30Z0.M19
T02M6
G0G90G54X35.0Y35.0
G43Z50.0H02S1000M03
G81G98Z-23.0R3.0F200M08
G00G80G49Z250.0M09
M05
G91G30Z0.0M19
T01M06
G00G90G54X-20.0Y-20.0
G43Z50.0H01S1200M03
Z-6.0
G01X-1.0F100M08
Y73.0
X35.0
Y35.0
Y73.0
X71.0
Y-3.0
Y12.0
X61.0Y-3.0
X-1.0
X9.0
X-1.0Y12.0
X-10.0
Y-10.0
G41X5.0D01
Y59.0
G02X13.0Y67.0R80.
G01X20.0
G02X25.0Y62.0R5.0
```

```
G01Y35.0
G03X45.0R10.0
G01Y62.0
G02X50.0Y67.0R5.0
G01X57.0
G02X65.0Y59.0R8.0
G01Y18.0
X55.0Y3.0
X15.0
X5.0Y18.0
G00Z10.0
G40G49Z250.0M09
M05
M02
%
```

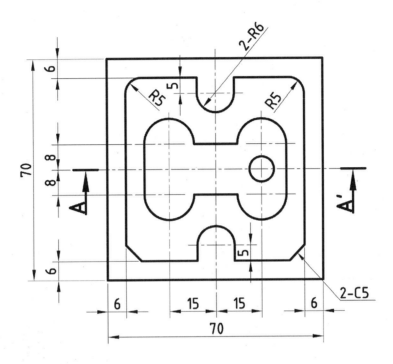

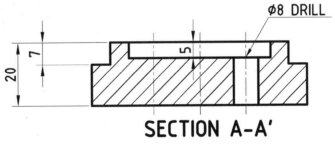

SECTION A-A'

작업조건표

소재 치수	재질	절삭조건						
		공구명	공구 번호	주축 회전수 (rpm)	이송속도 (mm/min)	길이 보정번호	공구경 보정번호	비고
20×70×70	SM20C	Ø10 엔드 밀	T01	1200	F100	H01	D01	기준공구
		Ø8 드릴	T02	800	F200	H02	–	

```
%
O1927
G40G49G80G17
G91G30Z0.0M19
T02M06
G00G90G54X50.0Y35.0
G43Z50.0H02S800M03
G81G98Z-23.0R3.0F200M08
G00G49G80Z250.0M09
M05
G91G30Z0.0M19
T01M06
G00G90G54X-20.0Y-20.0
G43Z50.0H01S1200M03
Z-7.0
G01X0.0F100M08
Y70.0
X35.0
Y59.0
Y70.0
X70.0
Y0.0
X35.0
Y11.0
Y0.0
X-10.0
Y-10.0
G41X6.0D01
Y59.0
G02X11.0Y64.0R5.0
G01X29.0
Y59.0
G03X41.0R6.0
G01Y64.0
```

```
X59.0
G02X64.0Y59.0R5.0
G01Y11.0
X59.0Y6.0
X41.0
Y11.0
G03X29.0R6.0
G01Y6.0
X11.0
X6.0Y11.0
G40X-20.0
G0Z10.0
X20.0Y27.0
G01Z-5.0
Y43.0
Y35.0
X50.0
Y27.0
Y43.0
G41X58.0D01
G03X42.0R8.0
G01X28.0
G03X12.0R8.0
G01Y27.0
G03X28.0R8.0
G01X42.0
G03X58.0R8.0
G01Y43.0
G00Z10.0
G40G49Z250.0M09
M05
M02
%
```

고정 사이클 드릴가공(G81)으로 프로그램을 완성하시오.
(공작물 좌표계 G54를 이용한 공작물 원점을 설정)

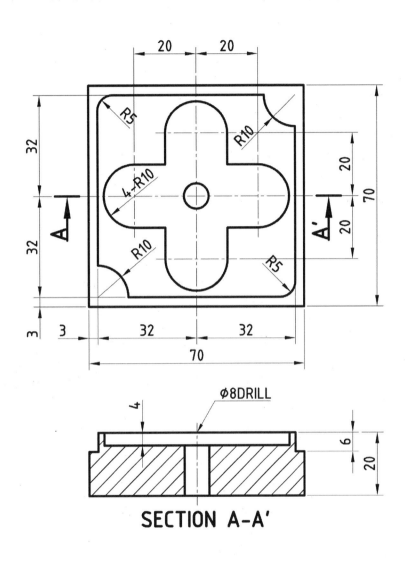

SECTION A-A'

작업조건표								
					절삭조건			
소재 치수	재질	공구명	공구 번호	주축 회전수 (rpm)	이송속도 (mm/min)	길이 보정번호	공구경 보정번호	비고
$20 \times 70 \times 70$	SM20C	Ø10 엔드 밀	T01	1200	F100	H01	D01	기준공구
		Ø8 드릴	T02	800	F200	H02	–	

```
%
O1928
G40G49G80G17
G91G30Z0.0M19
T02M06
G00G90G54X35.0Y35.0
G43Z50.0H02S800M03
G81G98Z-23.0R3.0F200M08
G00G80G49Z250.0M09
M05
G91G30Z0.0M19
T01M06
G00G90G54X-20.0Y-20.0
G43Z50.0H01S1200M03
Z-6.0
G01X-3.0F100M08
Y73.0
X73.0
X67.0Y67.0
X73.0
Y-3.0
X-3.0
X3.0Y3.0
X-10.0
Y-10.0
G41X3.0D01
Y62.0
G02X8.0Y67.0R5.0
G01X57.0
G03X67.0Y57.0R10.0
G01Y8.0
G02X62.0Y3.0R5.0
G01X13.0
G03X3.0Y13.0R10.0
```

```
G01Y18.0
G40X-20.0
G00Z10.0
X15.0Y35.0
G01Z-4.0
X55.0
X35.0
Y55.0
Y15.0
G41X45.0D01
Y25.0
X55.0
G03Y45.0R10.0
G01X45.0
Y55.0
G03X25.0R10.0
G01Y45.0
X15.0
G03Y25.0R10.0
G01X25.0
Y15.0
G03X45.0R10.0
G01Y20.0
G00Z10.0
G40G49Z250.0M09
M05
M02
%
```

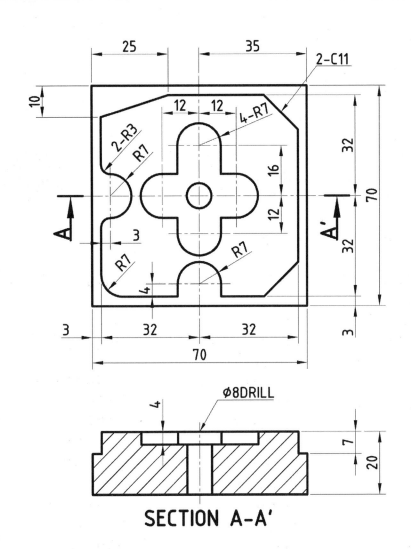

SECTION A-A'

작업조건표								
소재 치수	재질	절삭조건						
		공구명	공구 번호	주축 회전수 (rpm)	이송속도 (mm/min)	길이 보정번호	공구경 보정번호	비고
20×70×70	SM20C	Ø10 엔드 밀	T01	1200	F100	H01	D01	기준공구
		Ø8 드릴	T02	800	F200	H02	–	

```
%
O1929
G40G49G80G17
G91G30Z0.0M19
T02M06
G00G90G54X35.0Y35.0
G43Z50.0H02S800M03
G81G98Z-23.0R3.0F200
G00G80G49Z250.0M09
M05
G91G30Z0.0M19
T01M06
G00G90G54X-20.0Y-20.0
G43Z50.0H1S1200M03
Z-7.0
G01X-3.0F100M08
Y35.0
X3.0
X-3.0
Y73.0
X19.0
X-3.0Y66.0
Y73.0
X73.0
X62.0
X73.0Y62.0
Y-3.0
Y8.0
X62.0Y-3.0
X35.0
Y7.0
Y-3.0
X-10.0
Y-10.0
```

```
G41G01X3.0D01F100
Y28.0
X6.0
G03Y42.0R7.0
G01X3.0
Y60.0
X25.0Y67.0
X56.0
X67.0Y56.0
Y14.0
X56.0Y3.0
X42.0
Y7.0
G03X28.0R7.0
G01Y3.0
X10.0
G02X3.0Y10.0R7.0
G01Y15.0
X-20.0
G40G0Z10.0
X35.0Y35.0
G01Z-4.0
X47.0
X23.0
X35.0
Y23.0
Y51.0
Y35.0
```

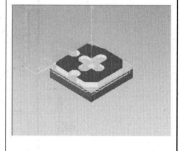

```
G41X42.0D01
Y51.0
G03X28.0R7.0
G01Y42.0
X23.0
G03Y28.0R7.0
G01X28.0
Y23.0
G03X42.0R7.0
G01Y28.0
X47.0
G03Y42.0R7.0
G01X35.0
G00Z10.0
G40G49Z250.0M09
M05
M02
%
```

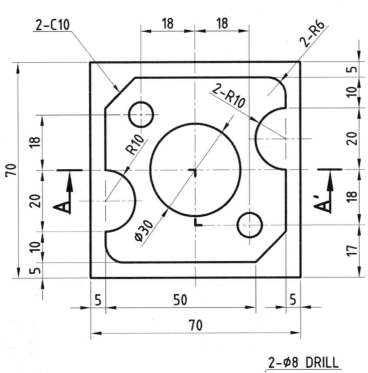

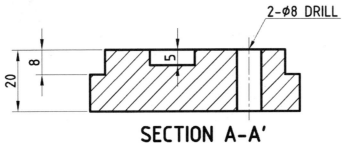

SECTION A-A'

작업조건표

소재 치수	재질	절삭조건						
		공구명	공구 번호	주축 회전수 (rpm)	이송속도 (mm/min)	길이 보정번호	공구경 보정번호	비고
20×70×70	SM20C	Ø10 엔드 밀	T01	1200	F100	H01	D01	기준공구
		Ø8 드릴	T02	2000	F200	H02	–	

```
%
O1930(G92 적용)
G40G49G80
G91G28X0.Y0.0Z0.0
G92G90X200.0Y200.0Z200.0
G91G30Z0.0M19
T02M06
G90G00X35.0Y35.0
G43Z150.0H02
Z50.0
S2000M03
Z20.0
G81G98G90Z-25.0R5.0F200
G80
G90G00Z100.0
G40G49Z200.0
G90G30Z0.0M19
T01M06
G90G00X-20.0Y-20.0
G43Z100.0H01
Z10.0
S1200M03
G01Z-8.0F100
Y-1.0
X71.0
X66.0Y4.0
X71.0Y-1.0
Y45.0
X65.0
X71.0
Y71.0
X-1.0
```

```
X4.0Y66.0
X-1.0Y71.0
Y25.0
X5.0
X-1.0
Y-20.0
G41X5.0D01
Y15.0
G03Y35.0R10.0
G01Y55.0
X15.0Y65.0
X59.0
G02X65.0Y59.0R6.0
G01Y55.0
G03Y35.0R10.0
G01Y15.0
X55.0Y5.0
X11.0
G02X5.0Y11.0R6.0
G03X-1.0Y17.0R6.0
G00Z10.0
G40X35.0Y35.0
G01Z-5.0
X40.0
G03I-5.0
G01X45.0
G03I-10.0
G03X40.0Y40.0R5.0
G00Z100.0
G40G49Z200.0
M05
M02
%
```

```
%
O1930(G54 적용)
G40G49G80G17
G91G30Z0.0M19
T02M06
G00G90G54X17.0Y53.0
G43Z50.0H02S2000M30
G81G98Z-23.0R3.0F200M08
X53.0Y17.0
G00G80G49Z250.0M09
M05
G91G30Z0.0M19
T01M06
G00G90G54X-20.0Y-20.0
G43Z50.0H01S1200M03
Z-8.0
X-1.0
G01Y25.0F100M08
X5.0
X-1.0
Y71.0
X5.0Y65.0
Y71.0
X71.0
Y45.0
X65.0
X71.0
Y-1.0
X65.0Y5.0
Y-1.0
X-20.0
Y-20.0
G41X5.0D01
Y15.0
```

```
G03Y35.0R10.0
G01Y55.0
X15.0Y65.0
X59.0
G02X65.0Y59.0R6.0
G01Y55.0
G03Y35.0R10.0
G01Y15.0
X55.0Y5.0
X11.0
G02X5.0Y11.0R6.0
G01Y16.0
G40X-10.0
G0Z10.0
X35.Y35.
G01Z-5.0
X40.0
G03I-5.0
G01X44.0
G03I-9.0
G01X45.0
G03I-10.0
G00Z10.0
G40G49Z250.0M09
M05
M02
%
```

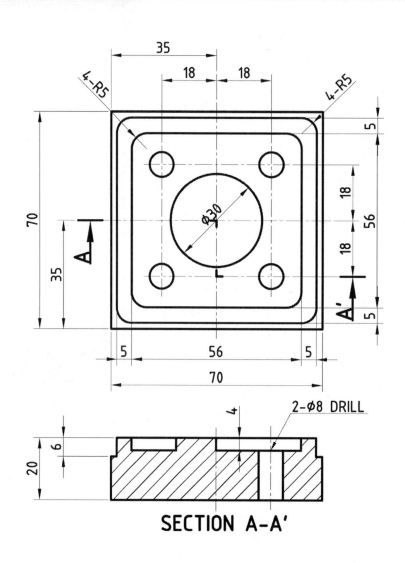

SECTION A-A'

작업조건표

소재 치수	재질	절삭조건						
		공구명	공구 번호	주축 회전수 (rpm)	이송속도 (mm/min)	길이 보정번호	공구경 보정번호	비고
20×70×70	SM20C	Ø10 엔드 밀	T01	1200	F100	H01	D01	기준공구
		Ø8 드릴	T02	2000	F200	H02	–	

```
%
O1931
G40G49G80G17
G91G30Z0.0M19
T02M06
G00G90G54X17.0Y17.0
G43Z50.0H02S2000M03
G81G98Z-23.0R3.0F200M08
X53.0
Y53.0
X17.0
G00G80G49Z250.0M09
M05
G91G30Z0.0M19
T01M06
G00G90G54X-20.0Y-20.0
G43Z50.0H01S1200M03
Z-6.0M08
G41X2.0D01
G01Y63.0F100
G02X7.0Y68.0R5.0
G01X63.0
G02X68.0Y63.0R5.0
G01Y7.0
G02X63.0Y2.0R5.0
G01X7.0
G02X2.0Y7.0R5.0
G01Y12.0
G40X-10.0
G00Z10.0
X53.0Y17.0
G01Z-4.0
X57.0Y13.0
Y57.0
X13.0
Y13.0
X57.0
Y35.0
X56.0
G03I-21.0
G01X55.0
G03I-20.0
G01G41X63.0D01
Y58.0
G03X58.0Y63.0R5.0
G01X12.0
G03X7.0Y58.0R5.0
G01Y12.0
G03X12.0Y7.0R5.0
G01X58.0
G03X63.0Y12.0R5.0
G01Y40.0
G00Z10.0
G40G49Z250.0M09
M05
M02
%
```

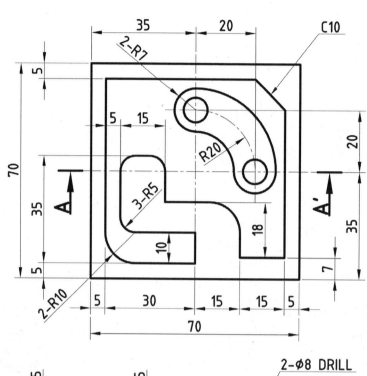

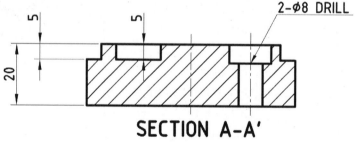

SECTION A-A'

작업조건표

소재 치수	재질	절삭조건						
		공구명	공구번호	주축 회전수 (rpm)	이송속도 (mm/min)	길이 보정번호	공구경 보정번호	비고
20×70×70	SM20C	Ø10 엔드 밀	T01	1200	F100	H01	D01	기준공구
		Ø8 드릴	T02	2000	F200	H02	–	

응용도면 프로그램 22 프로그램 번호 : O1932	드릴가공(G81) 프로그램 완성

```
%
O1932
G40G49G80G17
G91G30Z0.0M19
T02M06
G00G90G54X30.0Y55.0
G43Z50.0H02S2000M03
G81G98Z-23.0R3.0F200M08
X50.0Y35.0
G00G49G80Z250.0M09
M05
G91G30Z0.0M19
T01M06
G00G90G54X-20.0Y-20.0
G43Z50.0H01S1200M03
Z-5.0M08
G01X-1.0F100
Y71.0
X71.0
Y61.0
X61.0Y71.0
X71.0
Y-1.0
X42.5
Y20.0
X17.5
Y34.0
Y20.0
X42.5
Y-1.0
X-20.0
Y-20.0
G41X5.0D01
```

```
Y65.0
X55.0
X65.0Y55.0
Y7.0
X50.0
Y15.0
G03X40.0Y25.0R10.0
G01X25.0
Y35.0
G03X20.0Y40.0R5.0
G01X15.0
G03X10.0Y35.0R5.0
G01Y20.0
G03X15.0Y15.0R5.0
G01X35.0
Y5.0
X15.0
G02X5.0Y15.0R10.0
G01Y20.0
G40X-10.0
G00Z10.0
X50.0Y35.0
G01Z-6.0
G03X30.0Y55.0R20.0
G01G41X30.0Y62.0D01
G03Y48.0R7.0
G02X43.0Y35.0R13.0
G03X57.0R7.0
G03X30.0Y62.0R27.0
Y48.0R7.0
G00G40G49Z250.0M09
M05
M02
%
```

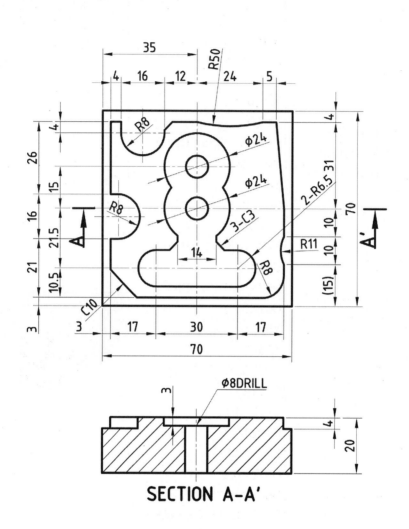

SECTION A-A'

작업조건표

소재 치수	재질	절삭조건						
		공구명	공구번호	주축 회전수 (rpm)	이송속도 (mm/min)	길이 보정번호	공구경 보정번호	비고
		Ø10 엔드 밀	T01	1800	F80	H01	D01	기준공구
20×70×70	SM20C	Ø8 드릴	T02	2000	F100	H02	–	

| 응용도면 프로그램 23 | 드릴가공(G73) 프로그램 완성 |
| 프로그램 번호 : O1933 | |

%
O1933
G40 G49 G80
G00 G90 G54 X-10.0 Y-10.0
G91 G30 Z0.0 M19
T02 M06
G90 G43 Z50.0 H02 S2000 M03
G00 X35.0 Y50.0
G73 G99 Z-23.0 R3.0 Q7.0
F100 M08
X35.0 Y35.0
G00 G80 Z100.0 M09
G40 G49 Z250.0 M05
G91 G30 Z0.0 M19
T01 M06
G90 G43 Z50.0 H01 S1800 M03
G00 X35.0 Y50.0
G40 G01 Z-3.0 F80 M08
X40.0
G02 I-5.0
G01 X41.0
G03 I-6.0
G01 X35.0
Y35.0
X40.0
G02 I-5.0
G01 X41.0
G03 I-6.0
G01 X35.0
Y13.5
X20.0
X50.0
G00 Z10.0
X-10.0 Y-10.0
G01 Z-4.0
X0.0 Y-4.0

X74.0
Y73.0
X15.0
Y61.0
Y73.0
X-4.0
Y32.0
X6. 0
X-4.0
Y-10.0
G41 G01 X3.0 Y0.0 D01
Y24.0
X6.0
G03 Y40.0 R8.0
G01 X3.0
Y66.0
X7.0
Y61.0
G03 X23.0 R8.0
G01 Y63.0
X26.0 Y66.0
X35.0
G03 X59.0 R50.0
G01 X64.0
X67.0 Y35.0
Y25.0
G03 Y15.0 R11.0
G01 Y11.0
G02 X59.0 Y3.0 R8.0
G01 X13.0
X3.0 Y13.0
Y19.0

G40 X-10.0
G00 Z10.0
X35.0 Y35.0
G01 Z-3.0
G41 G01 X27.0 D01
Y23.0
X24.0 Y20.0
X20.0
G03 Y7.0 R6.5
G01 X50.0
G03 Y20.0 R6.5
G01 X46.0
X43.0 Y23.0
Y35.0
G00 G40 Z100.0 M09
G90 G49 Z250.0
M05
M02
%

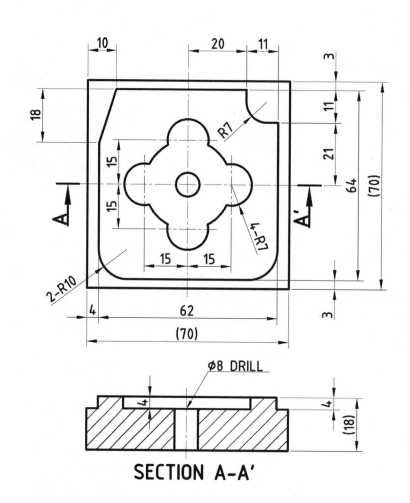

Ø8 DRILL

SECTION A-A'

작업조건표

소재 치수	재질	절삭조건						
		공구명	공구 번호	주축 회전수 (rpm)	이송속도 (mm/min)	길이 보정번호	공구경 보정번호	비고
20×70×70	SM20C	Ø10 엔드 밀	T01	1800	F80	H01	D01	기준공구
		Ø8 드릴	T02	2000	F100	H02	–	

응용도면 프로그램 24 프로그램 번호 : O1934	드릴가공(G73) 프로그램을 완성하시오.	

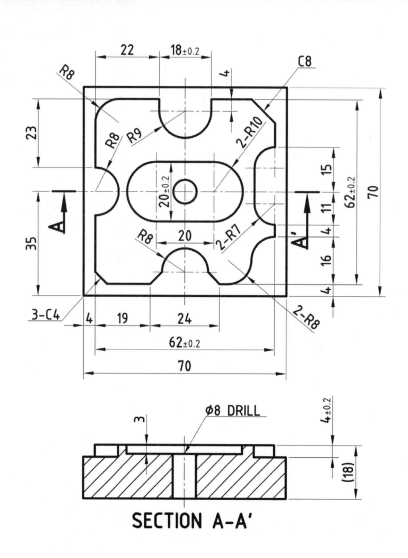

SECTION A-A'

작업조건표							
소재 치수	재질	절삭조건					
		공구명	공구번호	주축 회전수 (rpm)	이송속도 (mm/min)	길이 보정번호	공구경 보정번호	비고
20×70×70	SM20C	Ø10 엔드 밀	T01	1800	F100	H01	D01	기준공구
		Ø8 드릴	T02	2000	F100	H02	–	

응용도면 프로그램 25 프로그램 번호 : O1935	드릴가공(G73) 프로그램 완성

%

O1935

G40 G49 G80

G90 G54 X−10.0 Y−10.0

G91 G30 Z0.0 M19

T02 M06

G90 G43 Z50.0 H02 S2000 M03

G00 X35.0 Y35.0

Z10.0

G73 G98 Z−24.0 Q7.0 R3.0 F100 M08

M09

G49 G80 Z250.0 M05

G91 G30 Z0.0 M19

T01 M06

G90 G43 Z50.0 H01 S1800 M03

G00 X−10.0 Y−3.0

Z3.0 M08

G01 Z−4.0 F100

X35.0

Y9.0

Y−3.0

X70.0

Y12.0

X73.0

Y31.0

X70.0

Y43.0

X73.0

Y73.0

X35.0

Y60.0

Y73.0

X−3.0

Y35.0

X5.0

X−3.0

Y−7.0

G41 X4.0 D01

G01 Y27.0

G03 Y43.0 R8.0

G01 Y58.0

G02 X12.0 Y66.0 R8.0

G01 X26.0

Y62.0

G03 X44.0 R9.0

G01 Y66.0

X58.0

X66.0 Y58.0

Y50.0

G03 X59.0 Y43.0 R7.0

G01 Y31.0

G03 X66.0 Y24.0 R7.0

G01 Y20.0

G03 X58.0 Y12.0 R8.0

G02 X50.0 Y4.0 R8.0

G01 X47.0

X43.0 Y8.0

G03 X27.0 R8.0

G01 X23.0 Y4.0

X8.0

X4.0 Y8.0

Y35.0

G40 X−10.0

G00 Z3.0

X35.0 Y35.0

G01 Z−3.0

Y38.0

X48.0

Y32.0

X22.0

Y38.0

X35.0

Y35.0

G41 X36.0 D01

G01 Y45.0

X25.0

G03 Y25.0 R10.0

G01 X45.0

G03 Y45.0 R10.0

G01 X25.0

Y35.0

M09

G00 G40 G49 G80 Z250.0

M05

M02

%

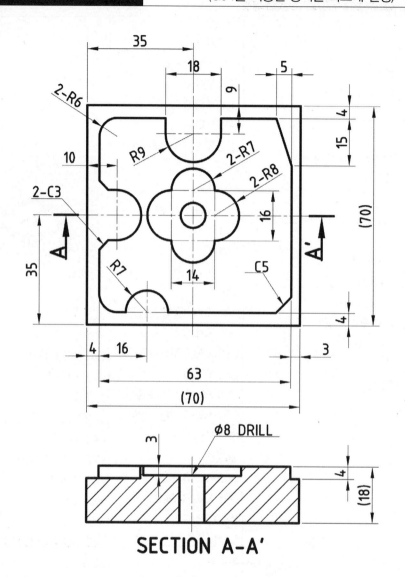

SECTION A-A'

작업조건표

소재 치수	재질	절삭조건						
		공구명	공구 번호	주축 회전수 (rpm)	이송속도 (mm/min)	길이 보정번호	공구경 보정번호	비고
20×70×70	SM20C	Ø10 엔드 밀	T01	1800	F80	H01	D01	기준공구
		Ø8 드릴	T02	2000	F100	H02	–	

응용도면 프로그램 26 프로그램 번호 : O1936	드릴가공(G73) 프로그램 완성	

```
%
O1936
G40 G49 G80
G90 G54 X35.0 Y32.0
G91 G30 Z0.0 M19
T02 M06
G90 G43 Z50.0 H02 S2000 M03
G73 G99 Z-24.0 R3.0 Q7.0 F100 M08
G00 G49 G80 Z250.0 M05
G91 G30 Z0.0 M19
T01 M06
G90 G30 Z50.0 H01 S1800 M03
G00 X-10.0 Y-10.0
Z4.0
G01 Z-4.0 F80
Y-3.0
X20.0
Y4.0
Y-3.0
X74.0
Y73.0
X35.0
Y61.0
Y73.0
X-3.0
Y32.0
X10.0
X-3.0
Y-10.0
G41 X4.0 D01
G01 Y21.0
X7.0 Y24.0
X10.0
```

```
G03 Y40.0 R8.0
G01 X7.0
X4.0 Y43.0
Y60.0
G02 X10.0 Y66.0 R6.0
G01 X26.0
Y61.0
G03 X44.0 R9.0
G01 Y66.0
X62.0
X67.0 Y51.0
Y9.0
X62.0 Y4.0
X27.0
G03 X13.0 R7.0
G01 X10.0
G02 X4.0 Y10.0 R6.0
G01 Y15.0
X-10.0
G00 G40 Z10.0
G00 X35.0 Y32.0
G01 Z-3.0
X42.0
X28.0
X35.0
Y24.0
Y40.0
```

```
G41 Y32.0 D01
G01 X42.0
Y40.0
G03 X28.0 R7.0
G03 X24.0 R8.0
G03 X42.0 R7.0
G03 Y40.0 R8.0
G01 G40 X35.0 Y32.0
Z10.0
G00 G40 G49 Z250.0
M05
M09
M02
%
```

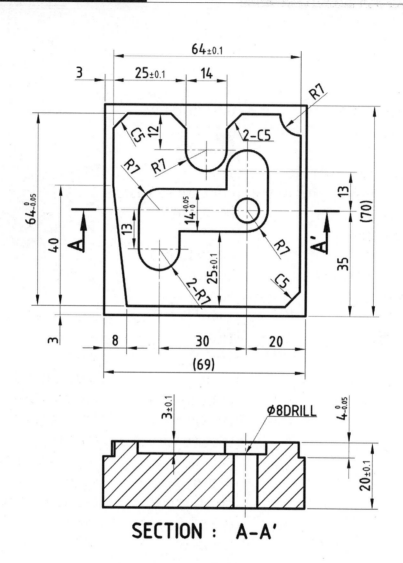

SECTION : A-A'

작업조건표

소재 치수	재질	절삭조건						
		공구명	공구 번호	주축 회전수 (rpm)	이송속도 (mm/min)	길이 보정번호	공구경 보정번호	비고
20×70×70	SM20C	Ø10 엔드 밀	T01	1800	F80	H01	D01	기준공구
		Ø8 드릴	T02	2000	F100	H02	–	

응용도면 프로그램 27 프로그램 번호 : O1937	드릴가공(G73) 프로그램 완성

```
%
O1937
G40 G49 G80
G90 G54 X50.0 Y35.0
G91 G30 Z0.0 M19
T02 M06
G90 G43 Z50.0 H02 S2000 M03
G73 G99 Z-21.0 R3.0 Q7.0 F100 M08
G00 G49 G80 Z250.0 M09
G91 G30 Z0.0 M19
T01 M06
G90 G43 X-20.0 Y-20.0 S1800 H01 M03
Z10.0
G01 Z-2.0 F80 M08
Y-4.0
X63.0
X74.0 Y7.0
Y67.0
X67.0
Y74.0
X35.0
Y55.0
Y74.0
X1.0
X-4.0 Y69.0
Y43.0
X1.0 Y-4.0
G40 Y-20.0
G41 X8.0 D01
X3.0 Y43.0
Y62.0
X8.0 Y67.0
X23.0
X28.0 Y62.0
```

```
Y55.0
G03 X42.0 R7.0
G01 Y62.0
X47.0 Y67.0
X60.0
G03 X67.0 Y60.0 R7.0
G01 Y8.0
X62.0 Y3.0
X-5.0
G40 X-20.0
G00 Z5.0
X50.0 Y35.0
G01 Z-3.0 F70
Y48.0
Y35.0
X20.0
Y22.0
```

```
G41 G01 X27.0 D01
Y28.0
X50.0
G03 X57.0 Y35.0 R7.0
G01 Y48.0
G03 X43.0 R7.0
G01 Y42.0
X20.0
G03 X13.0 Y35.0 R7.0
G01 Y22.0
G03 X27.0 R7.0
G01 Y35.0
M09
G00 G40 G49 Z250.0
M05
M02
%
```

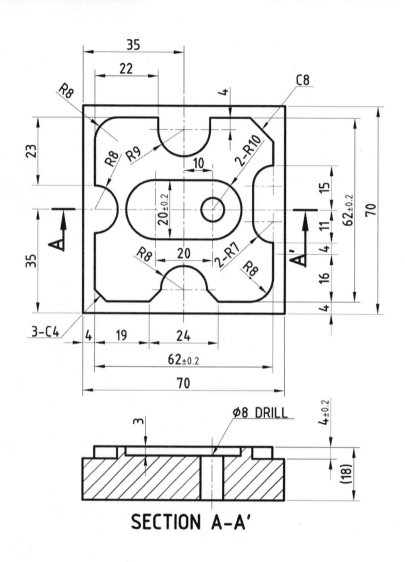

SECTION A-A'

작업조건표

소재 치수	재질	절삭조건						
		공구명	공구 번호	주축 회전수 (rpm)	이송속도 (mm/min)	길이 보정번호	공구경 보정번호	비고
		Ø10 엔드 밀	T01	1800	F80	H01	D01	기준공구
20 × 70 × 70	SM20C	Ø8 드릴	T02	2000	F100	H02	–	

드릴가공(G73) 프로그램을 완성하시오.

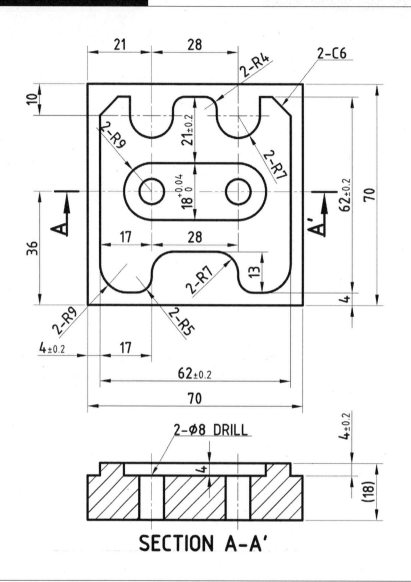

SECTION A-A'

작업조건표

소재 치수	재질	절삭조건						
		공구명	공구번호	주축 회전수 (rpm)	이송속도 (mm/min)	길이 보정번호	공구경 보정번호	비고
20×70×70	SM20C	Ø10 엔드 밀	T01	1800	F80	H01	D01	기준공구
		Ø8 드릴	T02	2000	F100	H02	–	

응용도면 프로그램 29 프로그램 번호 : O1939	드릴가공(G73) 프로그램을 완성하시오.	

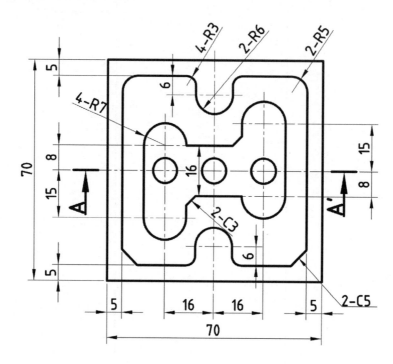

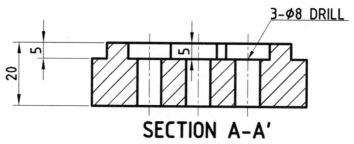

SECTION A-A'

작업조건표

소재 치수	재질	절삭조건						
		공구명	공구 번호	주축 회전수 (rpm)	이송속도 (mm/min)	길이 보정번호	공구경 보정번호	비고
20×70×70	SM20C	Ø10 엔드 밀	T01	1800	F80	H01	D01	기준공구
		Ø8 드릴	T02	2000	F100	H02	–	

```
%
O1940
G40G49G80G17
G91G30Z0.0M19
T02M06
G00G90G54X19.0Y35.0
G43Z50.0H02S1800M03
G81G98Z-23.0R3.0F120M08
X35.0
X51.0
G00G80G49Z250.0M09
M05
G91G30Z0.0M19
T01M06
G00G90G54X-20.0Y-20.0
G43Z50.0H1S1800M03
Z-5.0
G01X-1.0F100M08
Y71.0
X35.0
Y59.0
Y71.0
X71.0
Y-1.0
X35.0
Y11.0
Y-1.0
X-20.0
Y-20.0
G41X5.0D01
Y60.0
G02X10.0Y65.0R5.0
G01X26.0
G02X29.0Y62.0R3.0
```

```
G01Y59.0
G03X41.0R6.0
G01Y62.0
G02X44.0Y65.0R3.0
G01X60.0
G02X65.0Y60.0R5.0
G01Y10.0
X60.0Y5.0
X44.0
G02X41.0Y8.0R3.0
G01Y11.0
G03X29.0R6.0
G01Y8.0
G02X26.0Y5.0R3.0
G01X10.0
X5.0Y10.0
Y15.0
G40X-10.0
G00Z10.0
X51.0Y35.0
G01Z-5.0
Y50.0
Y27.0
Y35.0
X19.0
Y43.0
Y20.0
G41X26.0D01
G01Y24.0
X29.0Y27.0
X44.0
G03X58.0R7.0
```

```
G01Y50.0
G03X44.0R7.0
G01Y46.0
X41.0Y43.0
X26.0
G03X12.0R7.0
G01Y20.0
G03X26.0R7.0
G01Y35.0
G00Z10.0
G40G49Z250.0M09
M05
M02
%
```

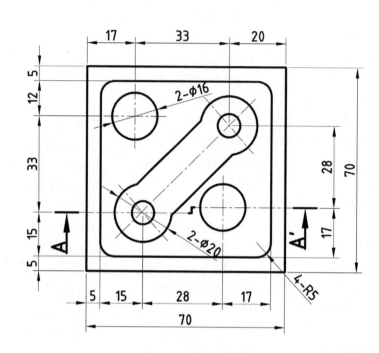

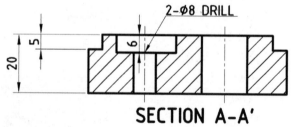

2-Ø8 DRILL

SECTION A-A'

작업조건표

소재 치수	재질	절삭조건						
		공구명	공구 번호	주축 회전수 (rpm)	이송속도 (mm/min)	길이 보정번호	공구경 보정번호	비고
20×70×70	SM20C	Ø10 엔드 밀	T01	1800	F80	H01	D01	기준공구
		Ø8 드릴	T02	2000	F100	H02	–	

응용도면 프로그램 31 프로그램 번호 : O1941	원호가공(I/J)과 고정 사이클 드릴가공(G73)을 선택하여 프로그램을 완성하시오.	

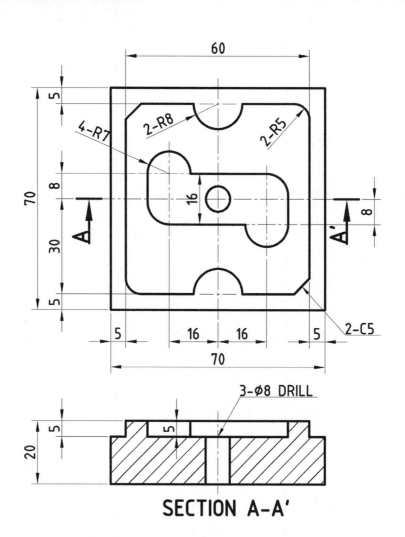

SECTION A-A'

작업조건표

소재 치수	재질	절삭조건						
		공구명	공구 번호	주축 회전수 (rpm)	이송속도 (mm/min)	길이 보정번호	공구경 보정번호	비고
20×70×70	SM20C	Ø10 엔드 밀	T01	1800	F80	H01	D01	기준공구
		Ø8 드릴	T02	2000	F100	H02	–	

고정 사이클 드릴가공을 선택하여 프로그램을 완성하시오.

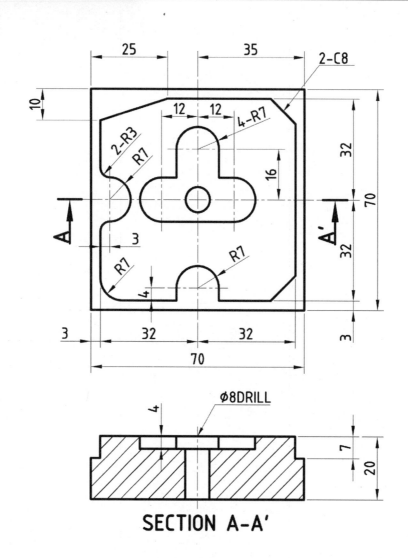

SECTION A-A'

작업조건표

소재 치수	재질	절삭조건						
		공구명	공구 번호	주축 회전수 (rpm)	이송속도 (mm/min)	길이 보정번호	공구경 보정번호	비고
20×70×70	SM20C	Ø10 엔드 밀	T01	1800	F80	H01	D01	기준공구
		Ø8 드릴	T02	2000	F100	H02	–	

응용도면 프로그램 33 프로그램 번호 : O1943	드릴가공(G73) 프로그램을 완성하시오.	

❸ 탭 고정 사이클 프로그램

1. 탭 가공 절삭조건

(1) 탭 가공 시 드릴의 선택

탭(Tap)으로 나사 가공을 할 때에 선행되는 구멍 가공을 위한 드릴의 크기는 나사의 호칭 지름에서 피치만큼을 뺀 치수의 드릴을 선택한다.

$$D = d - p$$

여기서, D : 드릴의 지름(탭 구멍의 지름)(mm), d : 나사의 바깥지름(mm)
p : 나사의 피치(mm)

예를 들어, M8×1.25 탭의 경우 구멍 가공을 위한 드릴의 지름은 8−1.25=6.75를 선택하면 무난하다. M10X1.5 탭의 경우는 구멍 가공을 위한 드릴의 지름은 10−1.5=8.5를 선택하면 무난하다.

(2) 탭 가공의 이송속도 계산방법

태핑의 경우 적절한 절삭속도를 선택하고, 이송속도(F)는 주축의 회전수(N)와 나사의 피치(P)를 곱한 값으로 한다.

$$F = n \times p$$

여기서, F : 탭 가공의 이송속도(mm/min), n : 주측 회전수(rpm)
p : 탭 피치(mm)

예를 들어, M8 피치는 1.25, 회전수 500일 때 이송속도(F)는 1.25×500=625(mm/min), 이송속도는 F625 값으로 한다.

2. 탭 홀더

머시닝센터에서 태핑을 할 때에는 먼저 주축이 회전하고 주축의 회전수와 피치의 곱으로 지령한 이송에 의하여 이송하며 태핑하고, 태핑이 끝나는 지점(Z점)에서 주축이 정지하도록 되어 있으나 관성에 의하여 정확히 Z점에서 정지하지 못한다. 이와 같은 문제점을 해결하기 위하여 신축성을 부여할 수 있도록 만든 탭 홀더(Float Tap Holder)를 사용함으로써 탭의 파손을 방지한다.

3. 태핑 사이클

태핑에 사용되는 사이클에는 오른나사에 사용되는 G84(태핑 사이클)와 왼나사에 사용되는 G74(역 태핑사이클)가 있다.

4. 리지드(Rigid) 모드 태핑

근래에는 태핑 사이클(G84)과 역 태핑 사이클(G74)에 종래의 모드와 Rigid 모드(동기 태핑 모드라고도 함)가 추가되어 있다.

종래의 모드는 태핑 축을 움직임에 따라 M03(주축 정회전), M04(주축 역회전), M05(주축 정지)의 보조 기능에 의해 주축을 회전 혹은 정지시켜 태핑을 함으로써 다소의 오차를 수용할 수 있는 신축성을 가진 탭 홀더인 Float Tap Holder를 사용하고 있다.

그러나 Rigid 모드는 스핀들에 직접 엔코더를 설치하여 접축시킴으로써, Z축 동작이 스핀들의 회전과 함께 보간을 할 수 있도록 한 방법으로, Z축의 일정량 이송(나사의 리드)마다 주축을 1회전하도록 제어하며, 가감속 시에도 변하지 않는다. 따라서 종래의 모드에서 사용했던 Float Tap Holder가 필요 없고 고속 고정도의 태핑이 가능하다(FANUC OM, 16M, 18M, 21M 이상의 시스템).

5. 탭에 사용하는 사이클

(1) 센터 드릴 G81

G81 X__ Y__ Z__ R__ F__

　　　여기서, X Y : 구멍 가공 위치(좌표계), Z : 구멍 깊이

　　　　　　　R : Z축 ZERO지점 에서 떨어진 거리(시작점 또는 복귀점)

　　　　　　　F : 절삭 가공 시 이송속도

(2) 드릴, G81 경우에 따라서 G73, G83

G73 X__ Y__ Z__ R__ Q__ F__ (Q=1회 절입량) 반 떡방아

G83 X__ Y__ Z__ R__ Q__ F__ (Q=1회 절입량) 완전 절구통

각 워드는 G81과 같음

(3) TAP Cycle G84(오른나사), G74(왼나사)

G84 X__ Y__ Z__ R__ F__ (오른나사 가공)

G74 X__ Y__ Z__ R__ F__ (왼나사 가공)

(F=회전수×나사의 피치)

6. 탭 고정 사이클을 이용한 가공도면 및 프로그램

(1) 리지드 태핑 모드

- 정밀나사 가공 시 많이 사용하며 기존의 탭 홀더가 없이도 콜릿척에 탭 공구를 사용하여 TAP을 가공함
- G94 분당 이송 시 F값은 F1000(피치값 1.0일 때)
- G95 회전당 이송 시 F값은 F1.0(피치값)

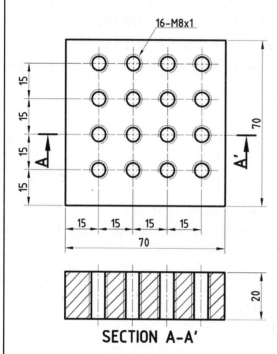

16-M8x1

15 15 15 15 70

15 15 15 15 15

70

20

SECTION A-A'

공정순서 : 센터 드릴 → 드릴 → 탭

O1234 : 리지드 탭핑부 프로그램
G40G49G80
G90G54G00X15.0Y15.0
G43Z50.0H02G95M28S400
G84G99Z−20.0R5.0P1000F1.0
G91X15.0L3
　　Y15.0
　　X−15.0L3
　　Y15.0
　　X15.0L3
　　Y15.0
　　X−15.0L3
G80G94M29
G00G49G80Z250.0M08
M30

(2) 3D 밀공구를 이용한 헬리컬 보간으로 나사가공법

3D 밀공구 나사 가공 : 초정밀 나사 가공 시 많이 사용함

나사공구의 수명이 기존의 나사 가공에 비해서 20배 뛰어나며 경보정 D값으로 나사의 불량률과 수명이 긴 관계로 초정밀 나사 가공과 모따기가 어려운 부위에 사용함

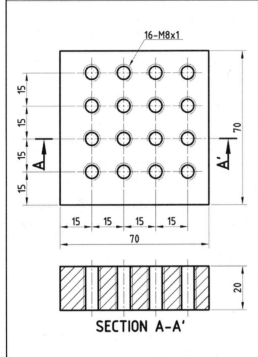

16-M8x1

SECTION A-A'

공정순서 : 센터 드릴 → 드릴 → 탭

O1234 : 프로그램은 탭 부위만 작성
G40G49G80
G90G54G00X15.0Y15.0
G43Z50.0H02S8000M03
N1G01Z-25.0F2000
N2G01G41X0.65D02F200
N3G03I-0.65Z-24.0(출발점 근접시)
N4G03I-0.5Z1.0(바닥면에서 위로가공
면취를 양호하게 하기 위함)
좌표만 입력하고N1-N4까지 반복사용
G80G94M29
G00G49G80Z250.0M08
M30

7. 탭 고정 사이클 프로그램 따라잡기

따라잡기 8	탭(G84) 프로그램을 완성하시오.

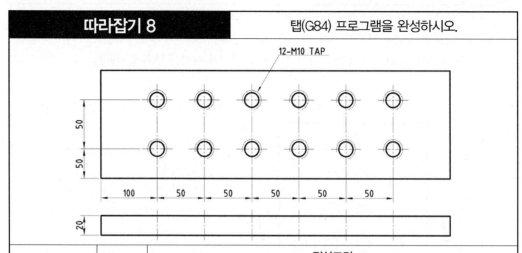

12-M10 TAP

소재 치수	재질	절삭조건					
		공구명	공구 번호	주축 회전수 (rpm)	이송속도 (mm/min)	길이 보정번호	공구경 보정번호	비고
450×150×20	SM20C	Ø3 센터 드릴	T02	1800	F80	H02		
		Ø8.5 드릴	T03	2000	F100	H03	−	
		M10 탭	T04	1000	F800	H04	−	

O1908
(센터 드릴 작업 : T02, H02)
G92 G90 X0 Y0 Z200.0 ;
G30 G91 Z0.0 ;
T02 M06 ;
S1200 M03 ;
G00 G90 X100.0 Y50.0 ;
   Z25.0 G43 H02 M08 ;
G81 G99 Z-6.0 R3.0 F70 ;
G91 X50.0 L5 ;
   Y50.0
   X-50.0 L5 ;
G80 M09 ;
G00 G90 G49 Z200.0 M05 ;
(파이8.5 드릴링 : T03, H03)
G30 G91 Z0.0 ;
T03 M06 ;
S800 M03 ;
G00 G90 X100.0 Y50.0 ;
   Z50.0 G43 H03 M08 ;

G73 G99 Z-25.0 R3.0 Q5.0 F60 ;
G91 X50.0 L5 ;
   Y50.0 ;
   X-50.0 L5 ;
G80 M09 ;
G00 G90 G49 Z200.0 M05 ;
 (M10탭 작업 : T04, H04)
G30 G91 Z0.0 M19 ;
T04 M06 ;
S500 M03 ;
G90 X100.0 Y50.0 Z50.0 G43 H03 M08 ;
 G84 G98 Z-23.0 R10.0 F450 M08
G91 X50.0 L5 ;
   Y50.0 ;
   X-50.0 L5 ;
G80 M09 ;
G00 G90 G49 Z500.0 M05 ;
M02 ;

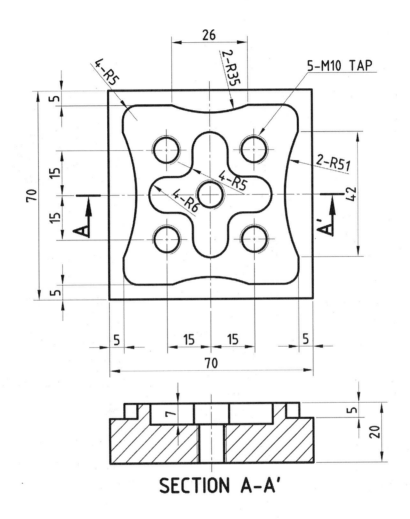

SECTION A-A'

소재 치수	재질	절삭조건						
		공구명	공구 번호	주축 회전수 (rpm)	이송속도 (mm/min)	길이 보정번호	공구경 보정번호	비고
20×70×70	AL	Ø10 엔드 밀	T01	1800	F80	H01	D01	기준공구
		Ø8.5 드릴	T02	2000	F100	H02	−	
		M10 탭	T03	300	F450	H03		
		Ø3 센터 드릴	T04	1800	F80	H04		

O1909
G40G49G80G17
G91G30Z0.0M19
T02M06
G00G90G54X35.0Y35.0
G43Z50.0H02S2000M03
G81G98Z-23.0R3.0F100M08
X20.0Y20.0
X50.0
Y50.0
X20.0
G00G80G49Z250.0M09
M05
G91G30Z0.0M19
T03M06
G00G90G54X35.0Y35.0
G43Z50.0H03S300M03
G84G98Z-23.0R10.0F450M08
X20.0Y20.0
X50.0
Y50.0
X20.0
G80G49Z250.0M09
M05
G91G30Z0.0M19
T01M06
G00G90G54X-20.0Y-20.0
G43Z50.0H1S1800M03
Z-5.0
G01X-1.0F80M08
Y71.0
X71.0
Y-1.0
X-10.0
Y-10.0

G41X5.D01
Y14.0
G03Y56.0R65.0
G01Y60.0
G02X10.0Y65.0R5.0
G01X22.0
G03X48.0R35.0
G01X60.0
G02X65.0Y60.0R5.0
G01Y56.0
G03Y14.0R65.0
G01Y10.0
G02X60.0Y5.0R5.0
G01X48.0
G03X22.0R35.0
G01X10.0
G02X5.0Y10.0R5.0
G01Y15.0
G40X-10.0
G00Z10.0
X35.0Y35.0
G01Z-7.0
X50.0
X20.0
X35.0
Y50.0
Y20.0
Y35.0
G41X41.0D01
Y50.0
G03X29.0R6.0
G01Y46.0
G02X24.0Y41.0R5.0
G01X20.0

G03Y29.0R6.0
G01X24.0
G02X29.0Y24.0R5.0
G01Y20.0
G03X41.0R6.0
G01Y24.0
G02X46.0Y29.0R5.0
G01X50.0
G03X41.0R6.0
G01X46.0
G02X41.0Y46.0R5.0
G01Y50.0
G00Z10.0
G40G49Z250.0M09
M05
M02
%

8. 탭 고정 사이클 응용도면 프로그램 과제

응용도면 프로그램 34	탭 가공(G84) 프로그램을 완성하시오.

SECTION A-A'

소재 치수	재질	절삭조건						
		공구명	공구 번호	주축 회전수 (rpm)	이송속도 (mm/min)	길이 보정번호	공구경 보정번호	비고
20×70×70	SM20C	Ø10 엔드 밀	T01	1800	F80	H01	D01	기준공구
		Ø10 드릴	T02	1800	F100	H02	–	
		Ø8.5 드릴	T03	1800	F100	H03	–	
		M10 탭	T04	300	F450	H04	–	

```
%
O1944
G40G49G80G17
G91G30Z0.0M19
T02M06
G00G90G54X15.0Y55.0
G43Z50.0H02S1800M03
G81G98Z-23.0R3.0F100M08
X55.0Y15.0
G00G80G49Z250.0M09
M05
G91G30Z0.0M19
T03M06
G00G90G54X15.0Y15.0
G43Z50.0H03S1800M03
G81G98Z-23.0R3.0F100M08
X55.0Y55.0
G00G80G49Z250.0M09
M05
G91G30Z0.0M19
T04M06
G00G90G54X15.0Y15.0
G43Z50.0H04S300M03
G84G98Z-23.0R10.0F450M08
X55.0Y55.0
G00G80G49Z250.0M09
M05
G91G30Z0.0M19
T01M06
G00G90G54X-20.0Y-20.0
G43Z50.0H01S1800M03
Z-5.0
G01X-1.0F80M08
Y-1.0
X9.0
```

```
X-1.0Y9.0
Y71.0
Y61.0
X9.0Y71.0
X71.0
X61.0
X71.0Y61.0
Y-1.0
Y9.0
X61.0Y-1.0
X-10.0
Y-10.0
G41X5.0D01
Y55.0
X15.0Y65.0
X55.0
G02X65.0Y55.0R10.0
G01Y15.0
X55.0Y5.0
X15.0
G02X5.0Y15.0R10.0
G01Y20.0
G40X-10.0
G00Z10.0
X35.0Y35.0
G01Z-7.0
X42.0
X15.0
X35.0
Y55.0
Y28.0
Y35.0
```

```
G41X42.0D01
Y55.0
G03X28.0R7.0
G01Y42.0
X15.0
G03Y28.0R7.0
G01X28.0
G03X42.0R7.0
G03Y42.0R7.0
G01X35.0
G00Z10.0
G40G49Z250.0M09
M05
M02
%
```

탭 가공(G84) 프로그램을 완성하시오.

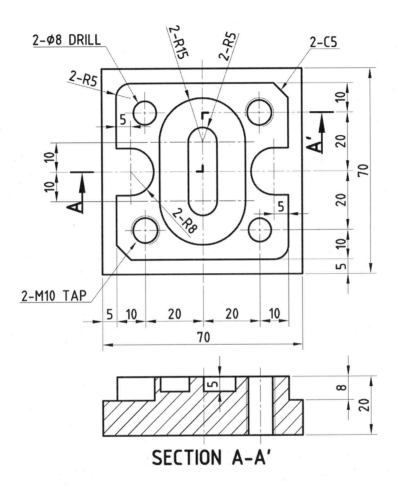

SECTION A-A'

소재 치수	재질	절삭조건						
		공구명	공구 번호	주축 회전수 (rpm)	이송속도 (mm/min)	길이 보정번호	공구경 보정번호	비고
20×70×70	SM20C	Ø10 엔드 밀	T01	1800	F80	H01	D01	기준공구
		Ø10 드릴	T02	2000	F100	H02	−	
		Ø8.5 드릴	T03	1800	F100	H03	−	
		M10 탭	T04	300	F450	H04	−	

%
O1945
G40G49G80G17
G91G30Z0.0M19
T02M06
G00G90G54X15.0Y55.0
G43Z50.0H02S2000M03
G81G99Z-23.0R3.0F100M08
X55.0Y15.0
G00G49G80Z250.0M09
M05
G91G30Z0.0M19
T03M06
G00G90G54X15.0Y15.0
G43Z50.0H3S1800M03
G81G99Z-23.0R3.0F100M08
X55.0Y55.0
G00G49G80Z250.0M09
M05
G91G30Z0.0M19
T04M06
G00G90G54X15.0Y15.0
G43Z50.0H04S300M03
G84G99Z-23.0R10.0F450M08
X55.0Y55.0
G00G49G80Z250.0M09
M05
G91G30Z0.0M19
T01M06
G00G90G54X-20.0Y-20.0
G43Z50.0H01S1800M03

Z-8.0
G01X-1.0F80M08
Y33.0
X10.0
G03Y37.0R2.0
G01X-1.0
Y71.0
X71.0
Y37.0
X60.0
G03Y33.0R2.0
G01X71.0
Y-1.0
X-10.0
Y-10.0
G41X5.0D01
Y27.0
X10.0
G03Y43.0R8.0
G01X5.0
Y60.0
G02X10.0Y65.0R5.0
G01X60.0
X65.0Y60.0
Y43.0
X60.0
G03Y27.0R8.0
G01X65.0
Y10.0
G02X60.0Y5.0R5.0
G01X10.0

X5.0Y10.0
Y15.0
X-10.0
G00Z10.0
X30.0Y35.0
G01Z-5.0
Y45.0
G02X40.0R5.0
G01Y25.0
G02X30.0R5.0
G01Y40.0
G00G40G49Z250.0M09
M05
M02
%

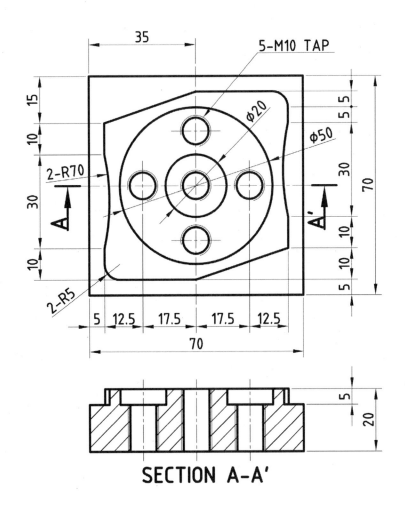

SECTION A-A'

소재 치수	재질	절삭조건						
		공구명	공구 번호	주축 회전수 (rpm)	이송속도 (mm/min)	길이 보정번호	공구경 보정번호	비고
20×70×70	SM20C	Ø10 엔드 밀	T01	1800	F100	H01	D01	기준공구
		Ø8.5 드릴	T02	1800	F100	H02	−	
		M10 탭	T03	300	F450	H03	−	

```
%
O1946
G40G49G80G17
G91G30Z0.0M19
T02M06
G00G90G54X35.0Y35.0
G43Z50.0H02S1800M03
G81G98Z-23.0R3.0F100M08
X52.5
X17.5
X35.Y52.5
Y17.5
G00G49G80Z250.0M09
M05
G91G30Z0.0M19
T03M06
G90G54X35.0Y35.0
G43Z50.0H03S300M03
G84G98Z-23.0R10.0F450M08
X52.5
X17.5
X35.Y52.
Y17.5
G00G49G80Z250.0M09
M05
G91G30Z0.0M19
T01M06
G00G90G54X-20.0Y-20.0
G43Z50.0H01S1800M03
Z-5.0
G01X-1.0F100M08
Y61.0
X29.0Y71.0
X-1.0
X71.0
```

```
Y9.0
X41.0Y1.0
X71.0
X-5.0
G41X5.0D01
Y15.0
G03Y45.0R70.0
G01Y55.0
X35.0Y65.0
X60.0
G02X65.0Y60.0R5.0
G01Y55.0
G03Y25.0R70.0
G01Y15.0
X35.0Y5.0
X10.0
G02X5.0Y10.0R5.0
G01Y15.0
G40X-10.0
G00Z10.0
X17.5Y35.0
G01Z-5.0
X19.0
G03I16.0
G01X16.0
G03I19.0
G01X15.0
G03I20.0
G01X20.0
G03I15.0
G00Z10.0
G40G49G80Z250.0M09
M05
M02
%
```

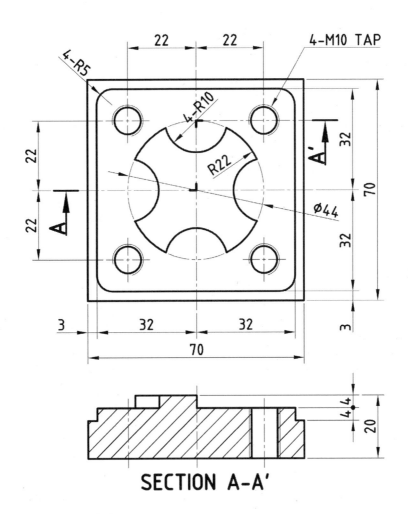

SECTION A-A'

소재 치수	재질	절삭조건						
		공구명	공구 번호	주축 회전수 (rpm)	이송속도 (mm/min)	길이 보정번호	공구경 보정번호	비고
20×70×70	SM20C	Ø10 엔드 밀	T01	1800	F80	H01	D01	기준공구
		Ø8.5 드릴	T02	1800	F100	H02	−	
		M10 탭	T03	200	F300	H03	−	

%
O1947
G40G49G80G17
G91G30Z0.0M19
T02M06
G00G90G54X13.0Y13.0
G43Z50.0H02S1800M03
G81G99Z-23.0R3.0F100M08
Y57.0
X57.0
Y13.0
G00G49G80Z250.0M09
M05
G91G30Z0.0M19
T03M06
G90G54X13.0Y13.0
G43Z50.0H03S200M03
G84G99Z-23.0R10.0F300M08
Y57.0
X57.0
Y13.0
G49G80Z250.0M09
M05
G91G30Z0.0M19
T01M06
G90G54X-20.0Y-20.0
G43Z50.0H01S1800M03
Z-8.0
G01X-3.0F80M08
Y73.0
X73.0
Y-3.0
X-20.0
Y-20.0

G41X3.0D01
Y62.0
G02X8.0Y67.0R5.0
G01X62.0
G02X67.0Y62.0R5.0
G01Y8.0
G02X62.0Y3.0R5.0
G01X8.0
G02X3.0Y8.0R5.0
G01Y13.0
G40X-20.0
Y-10.0
Z-4.0
G01X7.0
Y63.0
X63.0
Y7.0
X7.0
Y35.0
G02I28.0
G01X18.0
G02I-10.0
G00Z10.0
X35.0Y65.0
G01Z-4.0
Y52.0
G02J10.0
G00Z10.0
X65.0Y35.0
G01Z-4.0
X52.0

G02I10.0
G00Z10.0
X35.0Y5.0
G01Z-4.0
Y18.0
G02J-10.0
G00Z10.0
X8.0Y35.0
G01Z-4.0
G02I27.0
G00G40G49Z250.0M09
M05
M02
%

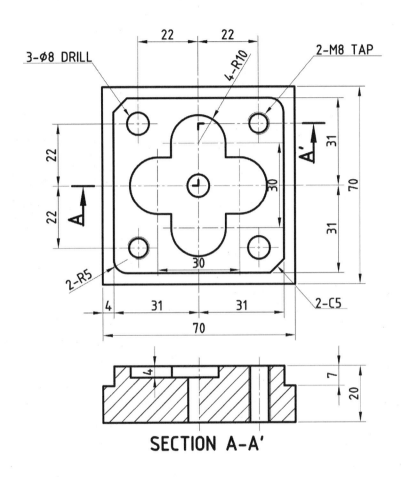

SECTION A-A'

소재 치수	재질	절삭조건						
		공구명	공구 번호	주축 회전수 (rpm)	이송속도 (mm/min)	길이 보정번호	공구경 보정번호	비고
20×70×70	SM20C	Ø10 엔드 밀	T01	1800	F80	H01	D01	기준공구
		Ø8 드릴	T02	2000	F100	H02	–	
		Ø8.5 드릴	T03	1800	F100	H03	–	
		M8 탭	T04	200	F250	H04		

%
O1948
G40G49G80G17
G91G30Z0.0M19
T02M06
G00G90G54X35.0Y35.0
G43Z50.0H02S2000M03
G81G98Z−23.0R3.0F100M08
X13.0Y57.0
X57.0Y13.0
G00G80G49Z250.M09
M05
G91G30Z0.0M19
T03M06
G00G90G54X13.0Y13.0
G43Z50.0H03S1800M03
G81G98Z−23.0R3.0F100M08
X57.0Y57.0
G00G80G49Z250.0M09
M05
G91G30Z0.0M19
T04M06
G00G90G54X13.0Y13.0
G43Z50.0H04S200M3
G84G98Z−23.R10.F250M08
X57.0Y57.0
G00G80G49Z250.0M09
M05
G91G30Z0.0M19
T01M06
G00G90X−20.0Y−20.0
G43Z50.0H01S1800M03
Z−7.0

G01X−2.0F80M08
Y72.0
X72.0
Y−2.0
X−10.0
Y−10.0
G41X4.0D01
Y61.0
X9.0Y66.0
X61.0
G02X66.0Y61.0R5.0
G01Y9.0
X61.0Y4.0
X9.0
G02X4.0Y9.0R5.0
G01Y14.0
G40X−10.0
G00Z10.0
X35.0Y35.0
G01Z−4.0
Y50.0
Y20.0
Y35.0
X50.0
X20.0
G41X45.0D01
G01Y50.0
G03X25.0R10.0
G01Y45.0
X20.0
G03Y25.0R10.0
G01X25.0

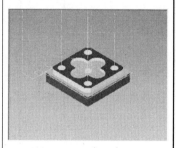

Y20.0
G03X45.0R10.0
G01Y25.0
X50.0
G03Y45.0R10.0
G01X35.0
G00Z10.0
G40G49Z250.0M09
M05
M02
%

CAM NC 데이터의 코드 생성

1 파일 확장자

CAD/CAM 소프트웨어를 사용하다 보면 파일 확장자를 확인하고 어떠한 CAD 프로그램으로 호환이 되는지 직관적으로 파악하기 어렵고 CAD 소프트웨어 전용 파일 포맷인 경우 해당 소프트웨어로만 열어야 한다. 따라서 CAD의 다양한 포맷을 확인해 보고 어떠한 CAD 프로그램에 사용되는지 알고 있으면 파일 형식에 맞는 소프트웨어를 찾고자 여러 CAD 프로그램을 확인하는 작업시간을 줄일 수 있다.

CAD 소프트웨어는 CAD 소프트웨어 전용 확장자와 표준 포맷 확장자로 구분할 수 있다.

1. CAD 소프트웨어 전용 확장자

과거와 다르게 CAD 소프트웨어 전용 확장자이더라도 CAD 소프트웨어 회사 간의 협약을 통해 표준 포맷 확장자를 사용하지 않아도 파일을 열거나 편집을 할 수 있다. CAD 소프트웨어 간에 인터페이스를 확인하려면 프로그램 실행 후 파일 열기(open) 메뉴을 실행하여 파일형식을 파악하거나 소프트웨어 회사 홈페이지에서 확인할 수 있다.

〈표 5–1〉 3D CAD 소프트웨어별 파트(Part) 파일 확장자

파일 확장자	소프트웨어	제조사	비고
*.dwg,*dxf	AutoCAD	AutoDesk	2D CAD
*.model	CATIA V4	Dassault systems	
*catpart	CATIA V5	Dassault systems	
*.prt	ProE/Creo	PTC	
*.prt	Unigraphics/NX	Siemense	
*.sldprt	SOLIDWORKS	Dassault systems	
*.ipt	INVENTOR	AutoDesk	
*.3dm	Rhino	Robert McNeel & Associates	그래픽 디자인 소프트웨어
*.3ds	3D Max	AutoDesk	

2. 표준 형식 확장자

어떤 CAD 소프트웨어더라도 파일을 열거나 저장할 수 있는 파일 형식이다. 과거 서피스(Surface)모델 기반 CAD 소프트웨어를 사용할 때는 ACIS나 IGES를 사용하였다. 솔리드(Solid)모델 기반의 CAD 소프트웨어가 보편화됨에 따라 위 2개 포맷은 면이나 스케치 데이터

누락 등의 문제가 있고 3D CAD 데이터가 PLM(Procuct Lifecycle Management), VR(Virtual Reality) 등 다양한 분야의 기본 데이터로 활용됨에 따라 ISO 기준의 표준 형식 사용이 확대되고 있다.

〈표 5-2〉 표준 형식 확장자

파일 확장자	설명
*.sat	ASCII 파일 형태로 3차원 좌푯값을 가진 점군(點群) 데이터
*.iges	• Initial Graphics Exchange Specification 약자로 *.igs 파일 형식으로 사용되며 텍스트파일 형식 • Solid 모델데이터이더라도 Surface로 변환되는 단점이 있음
.x_t(.x_b)	3D 솔리드 또는 표면 데이터만 변환하고 마이그레이션 할 수 있지만 Parasolid를 효과적으로 사용하려면 사용자는 CAD, 계산 기하학 및 토폴로지에 대한 기본 지식 필요
*.jt	Jupiter Tesselation의 약자로 ISO 표준 3D 데이터 형식으로서 3D 데이터를 경량화하여 인터넷상에 공동작업을 하거나 DMU(digital mock-up), PLM(Product Life Cycle) 데이터로 활용
*.step	*.stp로도 사용되며 텍스트를 편집할 수 있는 프로그램에서 열어 보면 모델링에 사용된 프로그램, 변환일자 등을 파악할 수 있음
*.stl	StereoLithography의 약자로 폴리곤 형태의 파일이며, 주로 3D 프린터, 조각기, 3차원 스캔 데이터 포맷으로 사용됨

② CAM NC 데이터의 코드 생성

최근 컴퓨터응용밀링기능사 국가자격시험에 출제되고 있는 도면유형을 가지고 따라 하기 형식으로 설명하려고 한다. 교육기관에서 밀링, 머시닝센터 조작 및 NC 프로그래밍을 배운 학생과 직장인에게 유용한 샘플과제가 되도록 본 단원에서는 3D 모델링 된 상태에서 NC 데이터의 코드 생성 과정을 예시로 설명하였다.

참고하여 CAM 소프트웨어에 준한 NC 데이터의 코드 생성을 하기 바란다.

도면과 같이 외각의 형상을 작성한 다음 스케치를 완료한다.

* 스케치 과정 생략

1 Finish Sketch

Finish Sketch를 선택하여 Sketch Mode를 나간다.

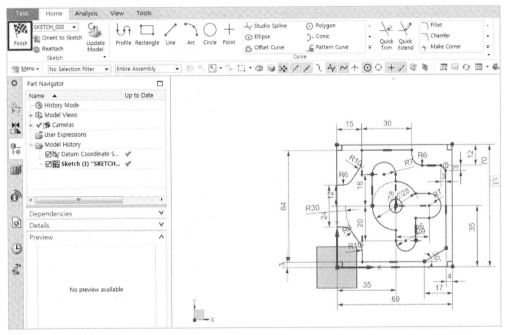

2 작업지시서

NO (공구번호)	작업 내용	공구조건		절삭조건			소재 재질
		종류	직경	회전수 (rpm)	이송 (mm/min)	1회 절입량 (mm)	
T01	스폿 드릴	센터 드릴	∅3	700	50		SM50C
T02	드릴	드릴	∅8	700	50	5	
T03	엔드 밀	평 엔드 밀	∅10	1000	80	5	
T04	페이스 밀	페이스 커터	∅80	800	70		

❸ NC 데이터의 코드 생성 따라 하기

① 시작 → Manufacturing을 클릭한다.

② cam_general과 mill_planar로 설정한 후 ■■■를 클릭한다.

③ 리소스 바에서 Operation Navigator를 클릭한 후 마우스 오른쪽 버튼을 클릭하여 Geometry View를 클릭한다.

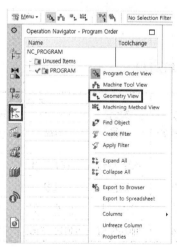

④ MCS_MILL을 클릭한다.

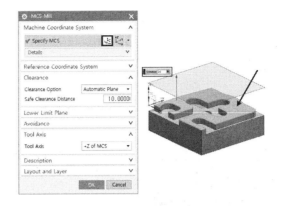

⑤ Clearance Option을 Plane을 선택한 후 화살표가 가리키는 면을 클릭하고 Distance=20mm를 입력한 후 OK를 클릭한다.

⑥ WORKPIECE를 더블클릭한다.

⑦ Specify Part를 클릭한다.

⑧ Select Object를 클릭하고 화살표가 가리키는 Model을 선택한 후 를 클릭한다.

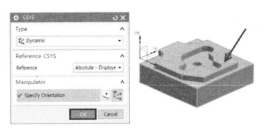

⑨ Specify Blank를 클릭한다.

⑩ Type을 Bounding Block을 선택한 후
　□□□□를 클릭한다.

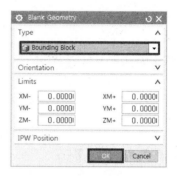

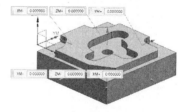

⑪ □□□□를 클릭한다.

⑫ Menu → Insert → Tool을 클릭한다.

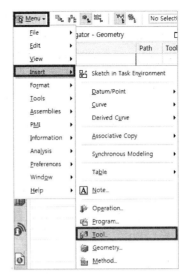

⑬ Type을 hole_making으로 설정하고
Tool Subtype을 Spot drill로 선택한
후 Apply 를 클릭한다.
* Spot drilling 공구 생성(∅8)

⑭ Diameter=8mm로 Numbers에
Tool Number=1, Adjust Register
=1을 입력한 후 ██를 클릭한다.

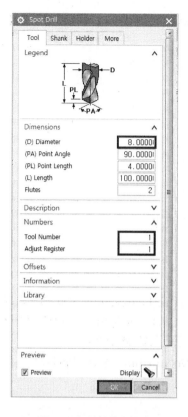

⑮ Tool Subtype을 STD_DRILL로 선택
하고 Name을 지정한 후 ██를 클
릭한다.
* drilling 공구 생성(∅8)

⑯ Diameter=8mm로 Numbers에 Tool Number=2, Adjust Register=2를 입력한 후 [OK]를 클릭한다.

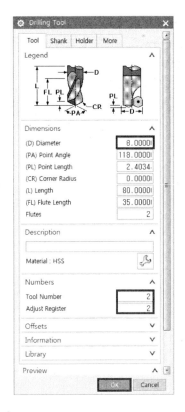

⑰ Type을 mill_planar로 설정하고 Tool Subtype을 Mill로 선택한 후 [Apply]를 클릭한다.

* Milling 공구 생성(∅10)

⑱ Diameter=10mm Numbers에 Tool
   Number=3, Adjust Register=3,
   Cutcom Register=3을 입력한 후
   OK 를 클릭한다.

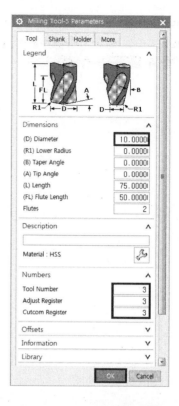

⑲ Tool Subtype을 MILL_1로 선택한 후
   OK 를 클릭한다.
   * Face Milling 공구 생성(∅50)

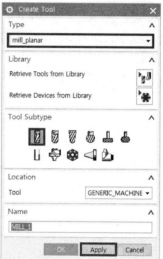

⑳ Diameter＝50mm Numbers에 Tool
Number＝4, Adjust Register＝4,
Cutcom Register＝4를 입력한 후
[OK]를 클릭한다.

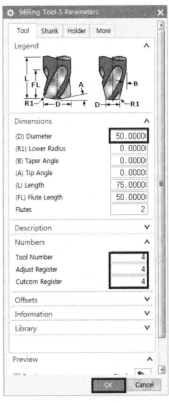

㉑ 리소스 바에서 Operation Navigator
를 클릭한 후 마우스 오른쪽 버튼을 클릭
하여 Machine Tool View를 클릭한다.

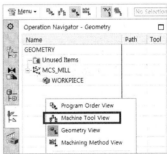

㉒ 그림과 같이 공구가 생성되어 있는 것
을 확인할 수 있다.

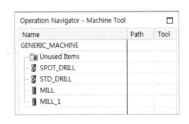

㉓ Insert → Operation을 클릭한다.

㉔ Type을 mill_planar로 설정하고 Subtype=Face_milling을 선택한 다음 Location에서 Program=PROGRAM, Tool=MILL_1, Geometry=Workpiece로 설정 한 후 [Apply]를 클릭한다.

㉕ Specify Face Boundaries를 선택한다.

㉖ Filter Type을 Face로 선택하고, 화살
표가 가리키는 제일 윗면을 선택 후
를 클릭한다.

㉗ Cut Pattern＝Zig Zag로 설정한 후
Feeds and Speeds를 클릭한다.

㉘ Spindle Speed(회전속도)＝1300을
입력하고 아이콘을 눌러 Automatic
Settings 값을 계산하고, Cut(이송속
도)＝100을 입력한 후 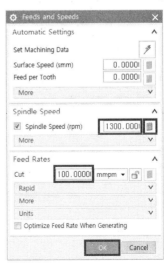를 클릭
한다.

㉙ Generate를 클릭하면 그림과 같이 경
로가 생성되는 것을 확인할 수 있다.
확인 후 OK를 클릭한다.

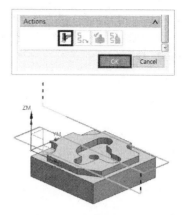

㉚ Type을 hole_making으로 설정하고,
Subtype_SPOT_drill을 선택한
다음 Location에서 PROGRAM=
Program, Tool=SPOT_DRILL,
Geometry=WORKPIECE로 설정한
후 <u>Apply</u>를 클릭한다.

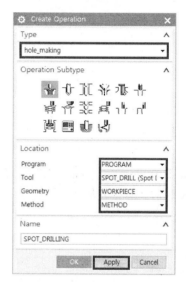

㉛ Select or Edit the Feature Geo-
metry를 클릭한다.

㉜ Common Parameters에서 In Process Workpiece 유형을 Use 3D로 바꾼다.

㉝ 화살표가 가리키는 Hole의 Edge 부분을 선택한다.

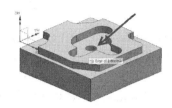

㉞ 그림과 같이 기준 지점이 잡힌 것을 확인한 후 ▇▇▇를 클릭한다.

㉟ Feeds and Speeds를 클릭한다.

㊱ Spindle Speed(회전속도)=800을 입력하고 아이콘을 눌러 Automatic Settings 값을 계산하고, Cut(이송속도)=50을 입력한 후 ▇▇▇를 클릭한다.

㊲ Generate를 클릭하면 그림과 같이 경로가 생성되는 것을 확인할 수 있다. 확인 후 ▨OK▨를 클릭한다.

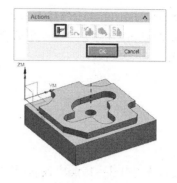

㊳ Type을 hole_making, Subtype을 drilling을 선택하고, Location에서는 Program=PROGRAM, Tool=STD_DRILL, Geometry=WORKPIECE로 설정한 후 ▨Apply▨를 클릭한다.

㊴ Select or Edit the Feature Geometry를 클릭한다.

㊵ Common Parameters에서 In Process Workpiece 유형을 Use 3D로 바꾼다.

㊶ 화살표가 가리키는 Hole의 Edge 부분을 선택한다.

㊷ 선택 영역이 그림과 같이 표시되는 것
을 확인하고 ▨▨ 버튼을 누른다.

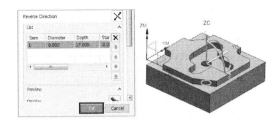

㊸ Feeds and Speeds를 클릭한다.

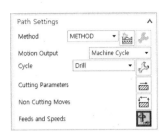

㊹ Spindle Speed(회전속도)=800을
입력하고 아이콘을 눌러 Automatic
Settings 값을 계산하고, Cut(이송속
도)=50을 입력한 후 ▨▨를 클릭
한다.

㊺ Generate를 클릭하면 그림과 같이 경
로가 생성되는 것을 확인할 수 있다.
확인 후 ▨▨를 클릭한다.

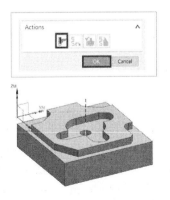

※ Verify Tool Path를 사용하면 형상이
가공되는 것을 육안으로 확인할 수 있
다(3D/2D Mode).

㊻ Type을 mill_planar로 설정하고
Subtype을 Floor and Wall을 선택한
다음 Location에서 Program=
PROGRAM, Tool=Mill, Geometry
=WORKPIECE로 설정한 후 ▮OK▮
를 클릭한다.

㊼ Specify Cut Area Floor를 클릭한다.

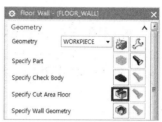

㊽ 화살표가 가리키는 면들을 선택한 후
▮OK▮를 클릭한다.

㊾ Cut Region Containment=Floors,
Cut Pattern=Follow Periphery로
선택한 후 Floor Blank Thickness(가
공될 총 깊이)=5mm, Depth Per
Cut(한번에 가공되는 깊이)=2mm를
입력한다.
　＊가공 총 깊이가 다를 경우에는 제일
　　깊은 깊이를 입력한다.

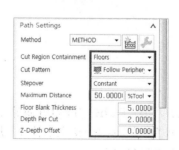

(50) Cutting Parameters를 클릭한다.

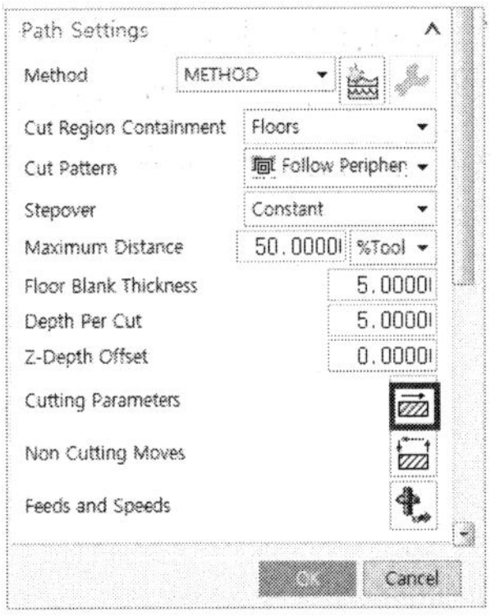

(51) Strategy 탭을 클릭하고 Cut Direction =Climb Cut, Pattern Direction= Inward를 선택한 후 OK를 클릭한다.

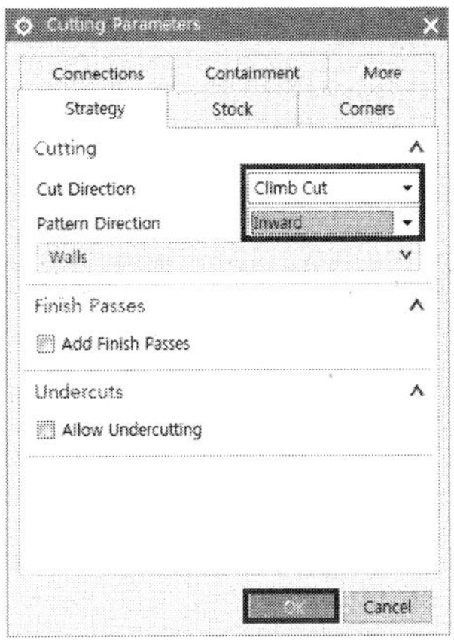

(52) Non Cutting Moves를 클릭한다.

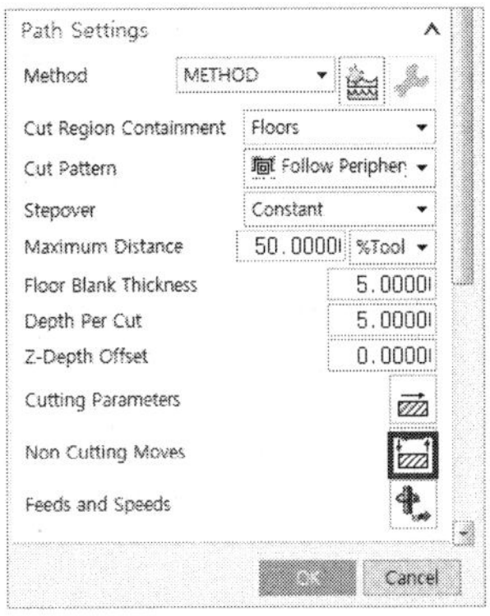

(53) Engage 탭을 클릭한 후 Engage Type=Plunge를 선택한다.

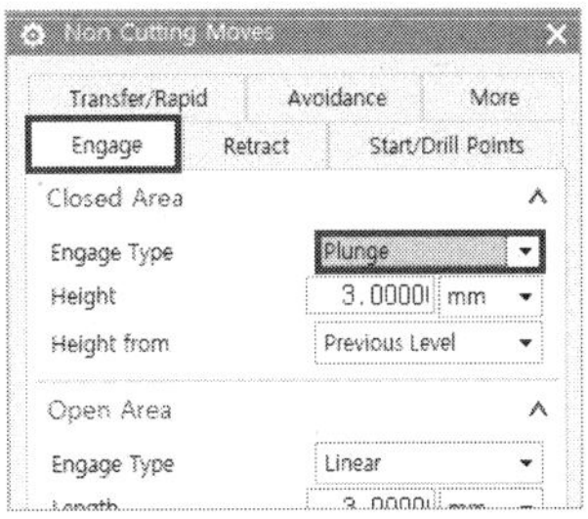

(54) 이어서 Start/Drill Points 탭을 선택하고 Effective Distance를 None으로 설정한 후 Specify Point를 클릭한다.

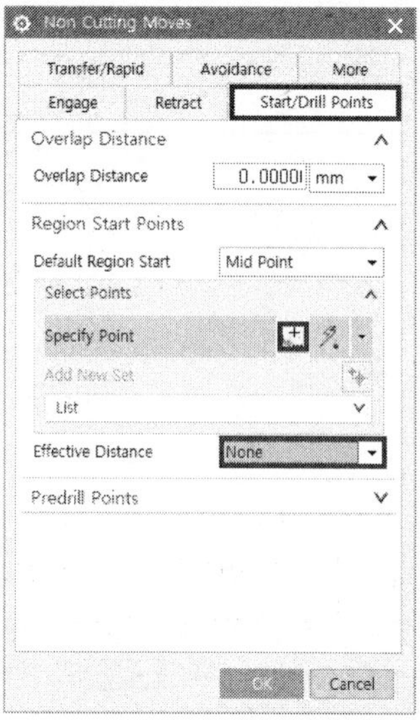

(55) X=−10mm를 입력한 후 OK를 클릭한다.

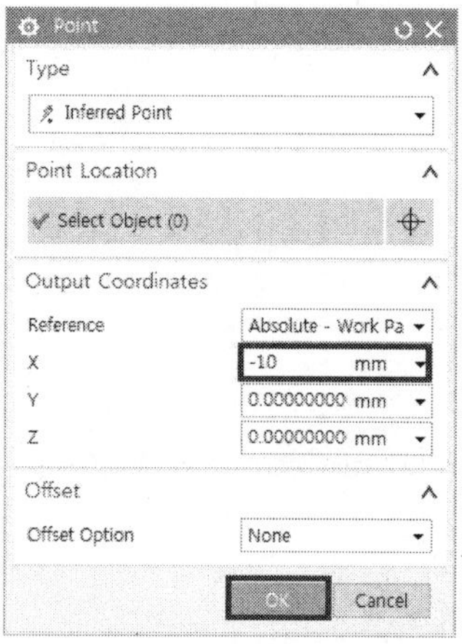

(56) OK를 클릭한다.

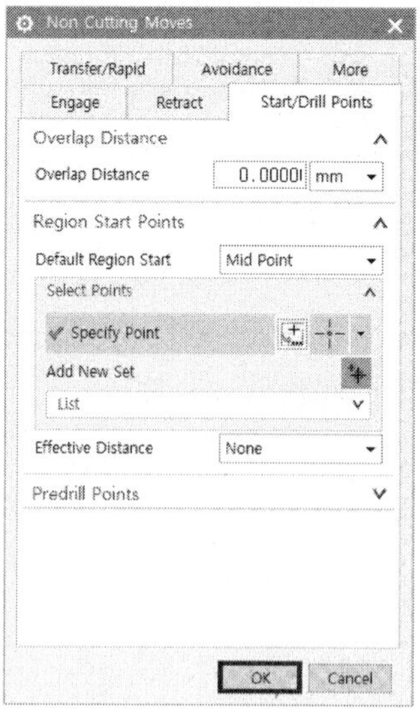

(57) Feeds and Speeds를 클릭한다.

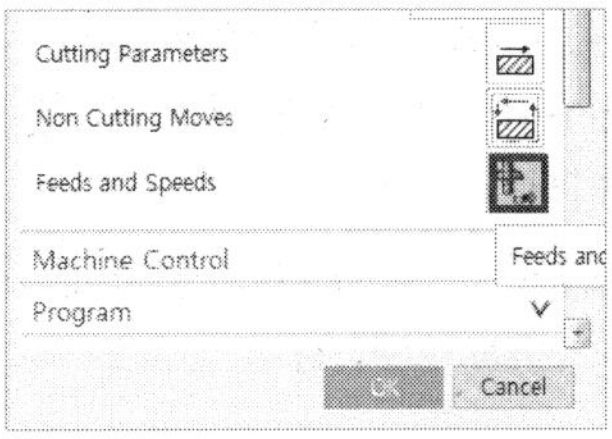

(58) Spindle Speed(회전속도)=900을 입력하고 아이콘을 눌러 Automatic Settings 값을 계산하고, Cut(이송속도)=70을 입력한 후 OK를 클릭한다.

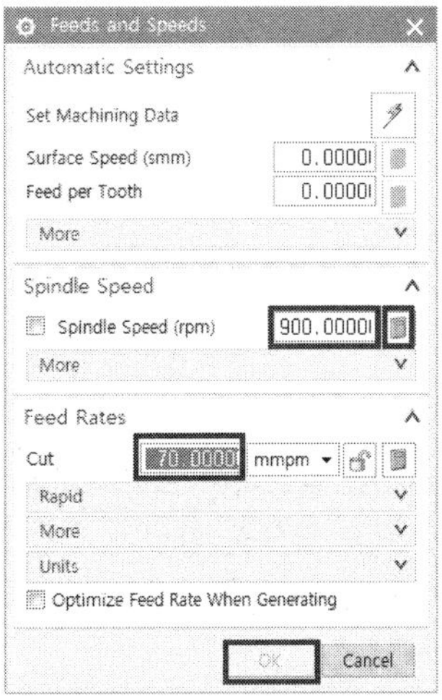

(59) Generate를 클릭하면 그림과 같이 가공 경로가 일부만 생성되어 있는 것을 확인할 수 있다.

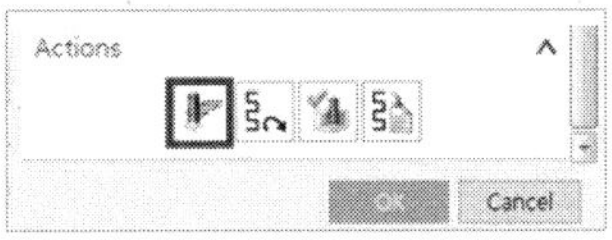

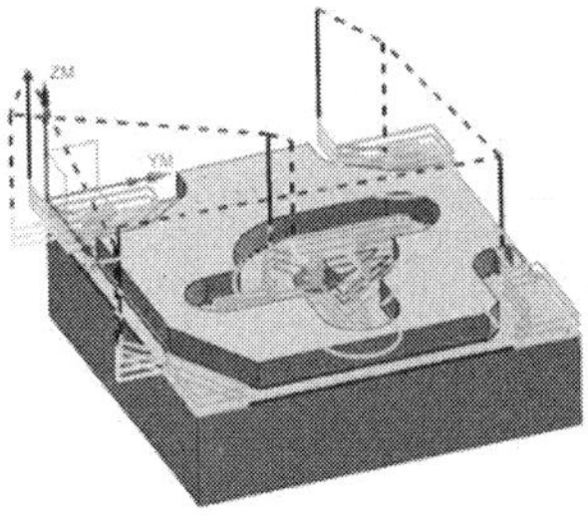

(60) Cutting Parameters를 클릭한다.

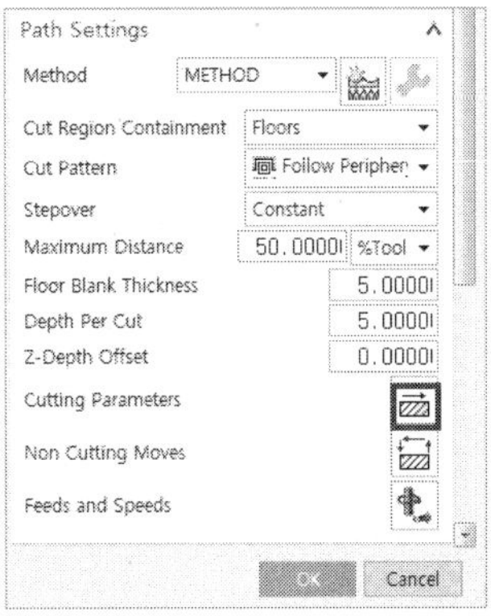

㉑ Containment 탭을 클릭하고 Tool Overhang=90%를 입력한 후 [OK]를 클릭한다.

* Overhang : 공구가 가공물에서 나갈 수 있는 거리 설정

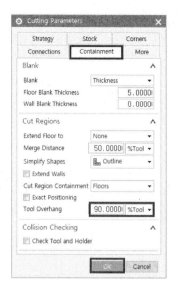

㉒ Generate를 클릭하여 그림과 같이 생성되는 최종 경로를 확인하고 [OK]를 클릭한다.

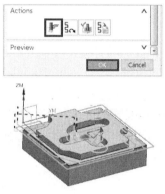

㉓ Geometry View에서 생성한 모든 것을 선택하고 마우스 오른쪽 버튼을 클릭하여 Post Process를 클릭한다.

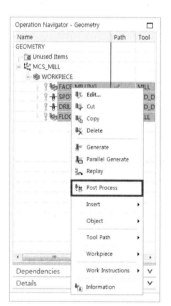

㉔ MILL_3_AXIS를 선택하고 Units =
   Metric/PART로 선택한 후 를
   클릭한다.

㉖ 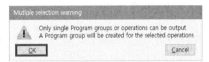를 클릭한다.
   저장경로에 가면 생성되어 있는 것을
   확인할 수 있다.

* 다음과 같은 창이 나타나면 OK한다. NC Data가 생성된다.
   같은 방법으로 나머지 작업을 진행하여 NC Data를 생성하면 된다.

㉖ 생성된 NC 데이터
   저장 경로와 파일 이름을 지정하고 파
   일 형식은 모든 파일 상태에서
   하면 저장된다.

1 작업지시서

NO (공구번호)	작업내용	공구조건		절삭조건			소재 재질
		종류	직경	회전수 (rpm)	이송 (mm/min)	1회 절입량 (mm)	
T01	페이스 밀	페이스 커터	⌀80	800	70		SM50C
T02	센터 드릴	센터 드릴	⌀3	700	50		
T03	드릴	드릴	⌀8	700	50	5	
T04	포켓 가공	평 엔드 밀	⌀10	1000	80	5	

2 SOLIDWORKS 실행

SOLIDWORKS를 실행하고 파일 → 열기를 눌러 모델링 파일을 연다.

3 CAM NC 데이터의 코드 생성하기

1. 작업환경 설정

(1) CAM 작업 피처 트리를 활성화한다.

(2) 가공 정의를 실행한다.

① 기계 사양을 선택한다.
　유효 가공 목록에서 Mill-Metric
　을 클릭하고 선택을 누른다.

② 사용 가능한 공구 목록을 선택한다.
　공구 목록에서 Tool Crib 1(Metric)
　-밀링기능사를 클릭하고 선택을
　누른다.

③ 포스트 프로세서를 선택한다.
　Mill\FANUCOM을 클릭하고 선
　택 버튼을 누른다.
④ 가공 작업환경이 설정되면 확인
　버튼을 누른다.

2. 소재 크기에 따른 좌표 시스템(프로그래밍 원점) 지정

(1) 소재 관리자를 실행한다.

① 재질을 선택한다.

재질 1018을 선택한다.

② 모델링 크기를 박스형상으로 가정할 때
소재 크기를 모델링 크기보다 X, Y, Z
방향으로 얼마나 더 크게 작업할지 값을
입력한다.

바운딩 박스 옵셋 Y+에 1을 입력한다.
소재와 모델링 크기를 동일하게 사용
하는 경우에는 입력하지 않아도 된다.
입력이 완료되면 확인(✓)을 클릭
한다.

(2) 좌표 시스템을 실행한다.

① 고정 좌표계 시스템을 설정할 방법을
선택한다.

사용자 정의를 선택한다.

② 원점의 위치를 선택할 방법을 선택한다.

소재 바운딩 박스 정점을 선택하고 그
래픽화면에 구형상으로 표시된 바운
딩 박스 정점 중 고정 좌표계로 사용
할 정점을 클릭한다. 좌표계의 방향
을 확인하고 필요에 따라 축방향으로
향해 있는 모서리를 선택한 후 방향을
선택한다.

작업이 완료되면 확인(✓)을 클릭한다.

3. 공구 방향 및 가공 가능한 영역 추출

(1) 설정 → 밀 설정을 실행한다.

① 공구 방향 엔티티를 선택한다.
기본 값인 정면을 사용하지 않고 공구방향과 수직인 평면을 선택한다. 모델링의 최상면을 클릭한다.

② 생성할 작업피처를 선택한다.
기본 페이스 작업을 체크하여 소재 크기에 근거한 페이스 피처가 생성되도록 한다. 작업이 완료되면 확인(✓)을 클릭한다.

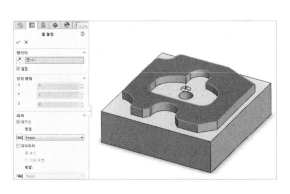

③ CAM 작업 트리에 밀링 파트 설정1 하위 트리에 페이스 피처 1이 등록된다.
CAM 작업 트리에 표시된 이름을 클릭하여 자동으로 페이스 작업을 할 페이스 영역을 그래픽으로 확인한다.

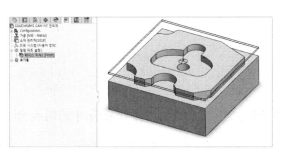

(2) 가공 가능한 영역 추출을 실행한다.

① 테크놀로지 데이터베이스에 등록된 작업 피처 인식 기준에 따라 자동으로 작업 피처가 등록된다.
작업 피처는 작업자가 수동으로 지정할 수도 있지만 자동으로 인식시키면 좀 더 빠르게 작업을 진행할 수 있다. 작업 피처가 인식되는 동안에 메시지 창이 뜨고 완료되면 메시지 창이 사라진다.

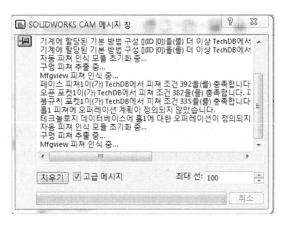

② CAM 작업 트리에 밀링 파트 설정
1 하위 트리에 자동으로 인식된 피
처가 등록된다.

CAM 작업 트리에 표시된 이름을
클릭하여 가공할 영역을 각각의
피처를 클릭해 보면 그래픽상에
인식된 피처를 그래픽으로 확인
한다.

③ 피처 순서를 변경하여 가공 오퍼레
이션 순서를 정한다.

홀1 [drill]을 드래그 앤 드롭을 하
여 페이스 피처1 아래로 이동한다.

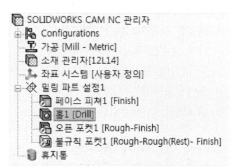

4. 페이스밀 오퍼레이션을 이용하여 페이스 컷 가공 경로 생성

(1) CAM 오퍼레이션 트리를 활성화한다.

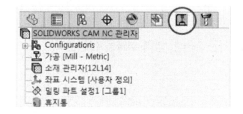

(2) 2.5축 밀 오퍼레이션을 실행한다.

2.5D 가공 오퍼레이션(가공방법 및
조건)을 지정할 수 있는 대화상자가
뜬다.

(3) 페이스 밀 오퍼레이션을 실행하고 공구와 작업피처를 선택한다.

오퍼레이션 : 페이스 밀, 오퍼레이션 파라미터 : Face Mill, 공구 : T01.00-80 페이스 밀,
피처 : 페이스 피처1을 선택 후 확인(✓)을 클릭한다. 다음을 오퍼레이션 설정 순서이다.

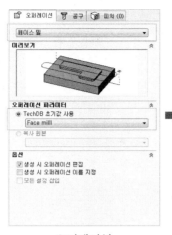

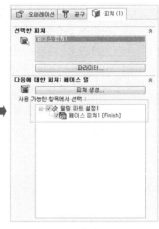

| 오퍼레이션 | 공구 | 피처 |

(4) 작업 지시서를 확인하고 오퍼레이션 파라미터를 입력한다.

① 공구설정 : 공구 종류와 크기를 확인하고 회전수와 이송속도를 입력한다.

정의방법을 오퍼레이션을 선택해야 수동으로 조건을 입력할 수 있다. 회전수=800, XY 이송속도=70, Z 이송속도와 리드인 이송속도를 동일한 이송속도가 되도록 XY 이송속도의 100%로 지정한다.

② 페이싱 : 절삭각도를 설정하고 깊이 파라미터를 입력한다.

절삭방법을 사용자 정의를 선택하면 수동입력을 할 수 있다. 자동각도를 체크를 해지하고 깊이 파라미터의 최초 절삭량=1, 최대 절삭량=1을 입력한다.

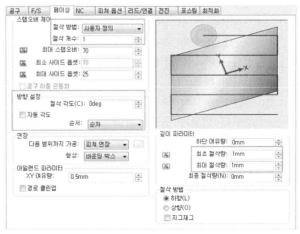

③ NC : 공구의 급속 이송, 클리어런스 높이를 지정한다.

기본값을 사용하여도 되지만 급속이송과 클리어런스 평면이 기준 평면으로부터 너무 가깝지 않도록 값을 확인한다.

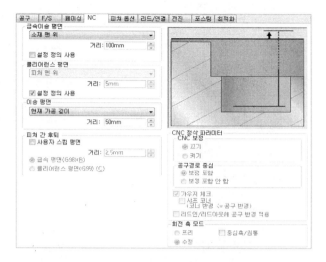

④ 피처 옵션 : 가공 깊이를 확인한다. 수동으로 지정하려면  버튼을 눌러 입력할 수도 있다.

가공 깊이는 작업 피처에서 인식된 값이 자동으로 등록되며 가급적 변경하지 않는다.

⑤ 리드/연결 : 리드인/리드아웃 및 공구 경로 간의 연결방법을 확인한다. 에어컷을 최소화할 수 있는 조건을 입력한다.

리드인 클리어런스는 공구가 공작물에 진입할 때는 X 방향으로 떨어진 거리를 공구직경의 % 값으로 입력한다. 기본값은 50%이지만 작업시간 단축을 위해 10%를 입력한다.

예를 들어, 직경이 80이면 공구의 옆면과 공작물과의 거리가 8mm 떨어진 위치부터 공작물로 접근한다.

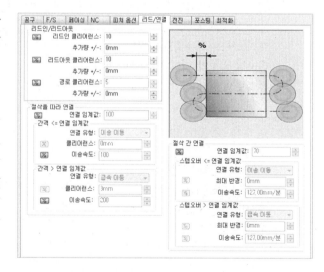

⑥ 전진 : 최초 절삭 시작 평면 위치를 지정한다.
최초로 절삭을 시작하는 면 위치를 피처 맨 위를 선택하면 소재 여유량만큼 절삭한다.

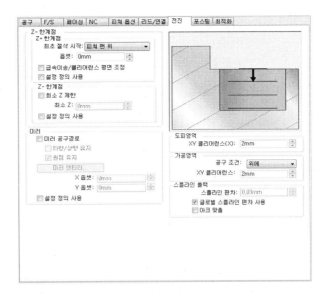

⑦ 포스팅 : 절삭유(Coolant) 항목을 선택한다.
가공 프로그램상에 M08 코드를 출력하지 않는다.

⑧ 미리보기 : 입력된 파라미터에 의한 공구 경로를 그래픽상에서 확인할 수 있다.
그래픽상에서 공구 경로를 확인 후 오퍼레이션 파라미터 창으로 돌아가려면 오퍼레이션 창 우측 상단에 X표를 클릭한다. 오퍼레이션 파라미터를 수정하지 않으려면 대화상자에서 확인 버튼을 눌러 닫는다.

5. 드릴 오퍼레이션을 이용하여 센터 드릴과 드릴 가공 경로 생성

(1) 홀가공 오퍼레이션을 실행한다.
홀가공 오퍼레이션(가공방법 및 조건)을 지정할 수 있는 대화상자가 뜬다.

(2) 센터 드릴 오퍼레이션을 실행하고 공구와 작업피처를 선택한다.
오퍼레이션 : 센터 드릴, 오퍼레이션 파라미터 : Spot drill, 공구 : T02.00−3mm × 60DEG 센터 드릴, 피처 : 홀1 선택 후 확인(✔)을 클릭한다. 다음은 오퍼레이션 설정 순서이다.

오퍼레이션

공구

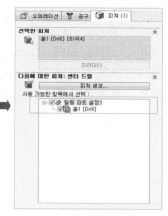

피처

(3) 작업 지시서를 확인하고 오퍼레이션 파라미터를 입력한다.

① 공구설정 : 공구 종류와 크기를 확인하고 회전수와 이송속도를 입력한다.

정의 방법을 오퍼레이션을 선택해야 수동으로 조건을 입력할 수 있다. 회전수=700, Z 이송속도=50으로 지정한다.

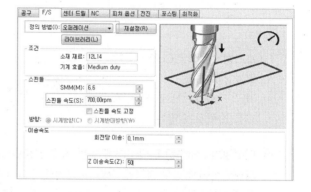

② 센터 드릴 : 홀가공에 대한 파라미터 종류를 선택하고 절입량을 확인한다.

절입량은 테크니컬 데이터베이스에서 설정된 값으로 정해지기 때문에 절입량을 변경하려면 테크니컬 데이터 베이스 → 기본 오퍼레이션 파라미터 → 센터 드릴을 선택하고, Default 항목의 오퍼레이션 값의 최초 절입량과 이후 절입량을 변경한다.

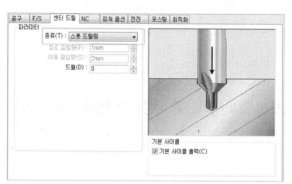

③ NC : 공구의 급속 이송, 클리
어런스 높이를 지정한다.

기본 값을 사용하여도 되지만
급속 이송과 클리어런스 평면
이 기준 평면으로부터 너무 가
깝지 않도록 값을 확인한다. 급
속 이송 평면 높이는 공구 길이
보정 G43 코드가 출력되는 블
록에서의 Z 높이 값으로 100~
150mm 정도를 사용한다. 클
리어런스 평면은 공구 경로 간
연결 시 Z 방향으로 복귀하는 높
이로서 소재 최상면 기준으로
5~10mm 정도의 값을 준다.

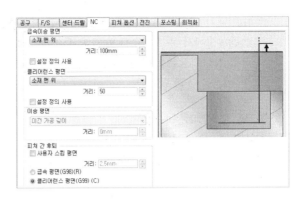

④ 피처 옵션 : 가공 깊이를 확인
한다. 수동으로 지정하려면
버튼을 눌러 값을 변경
한다.

가공 깊이는 작업 피처에서 인
식된 값을 그대로 사용하면 충
돌이 발생하기 때문에 버
튼을 눌러 가공 깊이 3을 입력
하고 깊이 설정 버튼을 누른다.

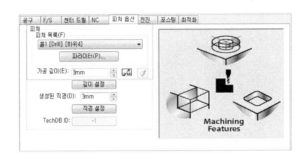

⑤ 전진 : 최초 절삭 시작 평면
위치를 지정한다.

최초로 절삭을 시작하는 면을
피처 맨 위를 선택하면 소재
여유량만큼 절삭한다.

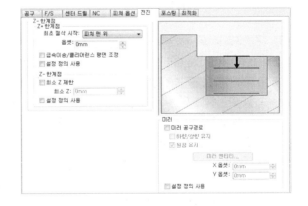

⑥ 포스팅 : 절삭유(Coolant) 항
목을 선택한다.

가공 프로그램상에 M08 코
드를 출력하지 않는다.

⑦ 미리보기 : 입력된 파라미터에 의한 공구 경로를 그래픽상에서 확인할 수 있다.

그래픽상에서 공구 경로를 확인 후 오퍼레이션 파라미터 창으로 돌아가려면 오퍼레이션 창 우측 상단에 X표를 클릭한다. 오퍼레이션 파라미터를 수정하지 않으려면 대화상자에서 확인 버튼을 눌러 닫는다.

(4) 홀가공 오퍼레이션을 실행한다.

홀가공 오퍼레이션(가공방법 및 조건)을 지정할 수 있는 대화상자가 뜬다.

(5) 드릴 오퍼레이션을 실행하고 공구와 작업피처를 선택한다.

오퍼레이션 : 드릴, 오퍼레이션 파라미터 : Pecking, 공구 : T03.00−8mm × 118° 드릴, 피처 : 홀1을 선택 후 확인(✔)을 클릭한다. 다음은 오퍼레이션 설정 순서이다.

오퍼레이션

공구

피처

(6) 작업 지시서를 확인하고 오퍼레이션 파라미터를 입력한다.

① 공구설정 : 공구 종류와 크기를 확인하고 회전수와 이송속도를 입력한다.

정의 방법을 오퍼레이션을 선택해야 수동으로 조건을 입력할 수 있다. 회전수＝700, Z 이송속도＝50으로 지정한다.

② 드릴 : 홀가공에 대한 파라미
터 종류를 선택하고 절입량을
확인한다.

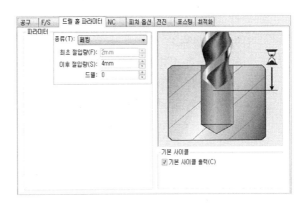

절입량은 테크니컬 데이터 베
이스에서 설정된 값으로 정해
지기 때문에 절입량을 변경하
려면 테크니컬 데이터 베이스
→ 기본 오퍼레이션파라미터
→ 고속 Peck을 선택하고
Default 항목의 오퍼레이션
값의 최초 절입량과 이후 절
입량을 변경한다.

③ NC : 공구의 급속 이송, 클리
어런스 높이를 지정한다.

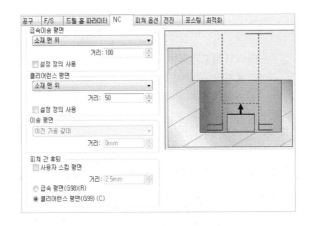

기본 값을 사용하여도 되지만
급속 이송과 클리어런스 평면
이 기준 평면으로부터 너무
가깝지 않도록 값을 확인한
다. 급속 이송 평면 높이는 공
구 길이보정 G43 코드가 출
력되는 블록에서의 Z 높이 값
으로 100~150mm 정도를
사용한다.

④ 피처 옵션 : 가공 깊이를 확인한다.

가공 깊이는 작업 피처에서 인식된 값을 그대로 사용하면 충돌이 발생하기 때문에 피처의
파라미터 버튼을 눌러 값을 입력하여 피처 높이를 변경한다.

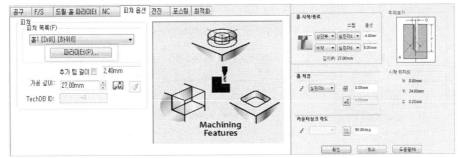

⑤ 전진 : 최초 절삭 시작 평면
   위치를 지정한다.
   최초로 절삭을 시작하는 면 위
   치를 피처 맨 위를 선택하면
   소재 여유량만큼 절삭한다.

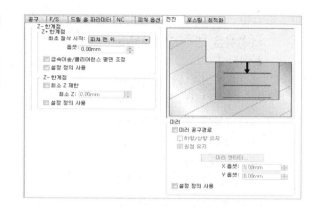

⑥ 포스팅 : 절삭유(Coolant) 항
   목을 선택한다.
   가공 프로그램상에 M08 코
   드를 출력하지 않는다.

⑦ 미리보기 : 입력된 파라미터에 의한 공구 경로를 그래픽상에서 확인할 수 있다.
   그래픽상에서 경로를 확인 후 오퍼레이션 파라미터 창으로 돌아가려면 오퍼레이션 창 우측
   상단에 X표를 클릭한다. 오퍼레이션 파라미터를 수정하지 않으려면 대화상자에서 확인 버
   튼을 눌러 닫는다.

6. 황삭 밀 오퍼레이션을 이용하여 포켓과 윤곽가공 영역에 황삭가공 경로 생성

(1) 2.5축 밀 오퍼레이션을 실행한다.
   2.5D 가공 오퍼레이션(가공방
   법 및 조건)을 지정할 수 있는 대
   화상자가 뜬다.

(2) 황삭 밀 오퍼레이션을 실행하고 공구와 작업피처를 선택한다.
   오퍼레이션 : 황삭 밀, 오퍼레이션 파라미터 : Default, 공구 : T04.00-10.00 플랫 엔드 밀,
   피처 : 오픈 포켓1을 선택 후 확인(✔)을 클릭한다. 다음은 오퍼레이션 설정 순서이다.

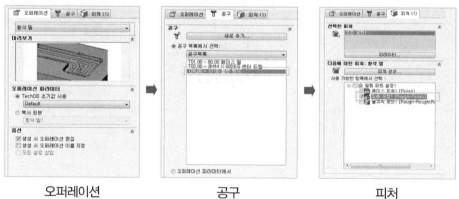

오퍼레이션   공구   피처

(3) 작업 지시서를 확인하고 오퍼레이션 파라미터를 입력한다.

① 공구 설정 : 공구 종류와 크기를 확인하고 회전수와 이송속도를 입력한다.

정의 방법을 오퍼레이션을 선택해야 수동으로 조건을 입력할 수 있다. 회전수＝1000, XY 이송속도＝80, Z 이송속도와 리드인 이송속도를 동일한 이송속도가 되도록 XY 이송속도의 100%로 지정한다.

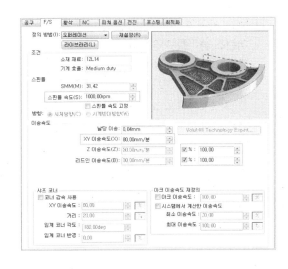

② 황삭 : 가공 전략을 선택하고 가공 전략에 맞는 파라미터를 입력한다.

그림은 정삭가공 공정을 별도로 작업하는 경우이다. 측벽에는 가공 여유량을 입력한다.

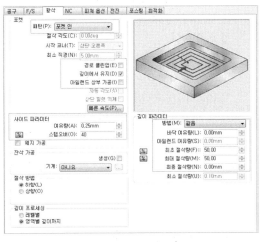

＊정삭 공정 없이 황삭에서 가공여유 없이 가공하려면 그림과 같이 설정한다.

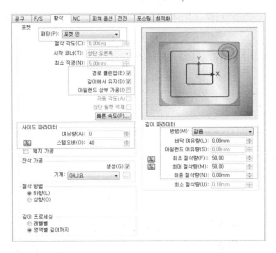

③ NC : 공구의 급속 이송, 클리
   어런스 높이를 지정한다.
   급속 이송 평면 높이는 공구
   길이보정 G43 코드가 출력되
   는 블록에서의 Z 높이 값으로
   100~150mm 정도를 사용
   한다. 클리어런스 평면은 공
   구 경로 간 연결 시 Z 방향으
   로 복귀하는 높이로서 소재
   최상면 기준으로 5~10mm
   정도의 값을 준다.

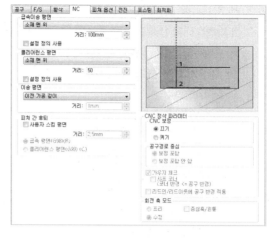

④ 피처 옵션 : 공작물에 진입하
   는 방법을 선택하고 작업거리
   를 입력한다.
   진입방법은 플런지를 선택하
   고 플런지 작업할 위치를 공작
   물로부터 20mm 떨어진 위치
   에서 시작하도록 설정한다.

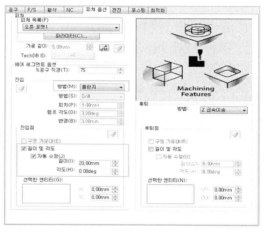

⑤ 전진 : 최초 절삭 시작 평면
   위치를 지정한다.
   최초로 절삭을 시작하는 면 위
   치를 피처 맨 위를 선택하면 소
   재 여유량만큼 절삭한다.

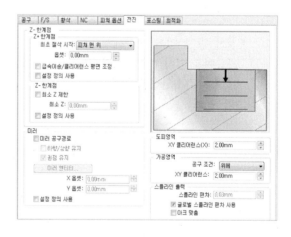

⑥ 포스팅 : 절삭유(Coolant) 항
   목을 선택한다.
   가공 프로그램상에 M08 코
   드를 출력한다.

⑦ 미리보기 : 입력된 파라미터에 의한 공구 경로를 그래픽상에서 확인할 수 있다.

그래픽상에서 공구 경로를 확인 후 오퍼레이션 파라미터 창으로 돌아가려면 오퍼레이션 창 우측 상단에 X표를 클릭한다. 오퍼레이션 파라미터를 수정하지 않으려면 대화상자에서 확인 버튼을 눌러 닫는다.

(4) 2.5축 밀 오퍼레이션을 실행한다.

2.5D 가공 오퍼레이션(가공방법 및 조건)을 지정할 수 있는 대화상자가 뜬다.

(5) 황삭 밀 오퍼레이션을 실행하고 공구와 작업피처를 선택한다.

오퍼레이션 : 황삭 밀, 오퍼레이션 파라미터 : Default, 공구 : T04.00-10.00 엔드 밀, 피처 : 불규칙 포켓1을 선택 후 확인(✔)을 클릭한다.

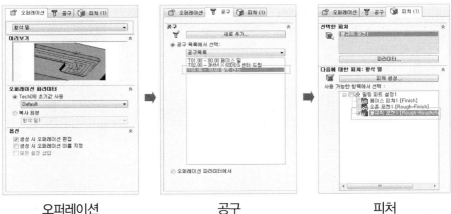

오퍼레이션   공구   피처

(6) 작업 지시서를 확인하고 오퍼레이션 파라미터를 입력한다.

① 공구설정 : 공구 종류와 크기를 확인하고 회전수와 이송속도를 입력한다.

정의 방법을 오퍼레이션을 선택해야 수동으로 조건을 입력할 수 있다. 회전수=1000, XY 이송속도=80, Z 이송속도와 리드인 이송속도를 동일한 이송속도가 되도록 XY 이송속도의 100%로 지정한다.

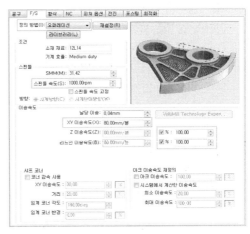

② 황삭 : 가공 전략을 선택하고 가공 전략에 맞는 파라미터를 입력한다.

그림은 정삭 가공 공정을 별도로 작업하는 경우이다. 측벽에는 가공 여유량을 입력한다.

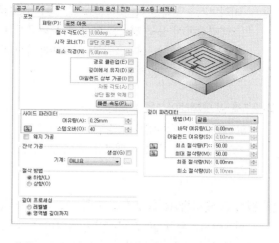

* 정삭 공정 없이 황삭에서 가공여유 없이 가공하려면 그림과 같이 설정한다.

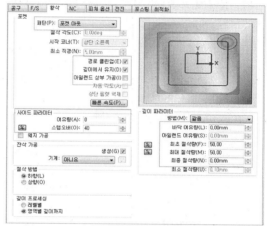

③ NC : 공구의 급속 이송, 클리어런스 높이를 지정한다.

급속 이송 평면 높이는 공구 길이보정 G43 코드가 출력되는 블록에서의 Z 높이 값으로 100~150mm 정도를 사용한다. 클리어런스 평면은 공구 경로 간 연결 시 Z 방향으로 복귀하는 높이로서 소재 최상면 기준으로 5~10mm 정도의 값을 준다.

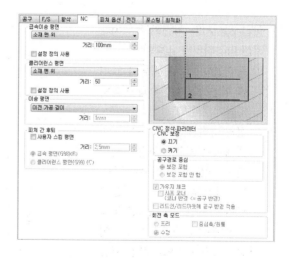

④ 피처 옵션 : 공작물에 진입하는 방법을 선택하고 작업거리를 입력한다.

진입방법은 플런지로 한다. 선택한 엔티티 항목의 왼쪽 박스를 클릭하여 활성화하여 그래픽에서 플런지 작업할 위치(드릴가공작업 위치)의 원호를 선택한다. 사각박스 안에 원의 중심 좌푯값이 자동으로 등록된다. 박스를 클릭하지 않으면 활성화되지 않아 공구가 진입할 위치를 그래픽 화면상에서 선택할 수 없다. 드릴가공 위치로 진입할 필요가 없는 경우에는 헬리컬 가공방법을 사용한다.

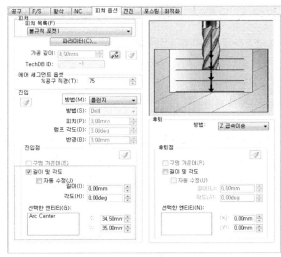

⑤ 전진 : 최초 절삭 시작 평면 위치를 지정한다.

최초로 절삭을 시작하는 면을 면 위치를 피처 맨 위를 선택하면 소재와 모델의 여유량만큼 절삭한다.

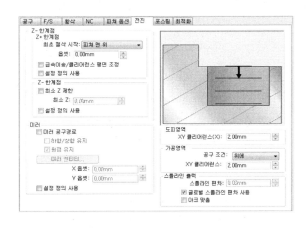

⑥ 포스팅 : 절삭유(Coolant) 항목을 선택한다.

가공 프로그램상에 M08 코드를 출력한다.

⑦ 미리보기 : 입력된 파라미터에 의한 공구 경로를 그래픽상에서 확인할 수 있다.

그래픽상에서 공구 경로를 확인 후 오퍼레이션 파라미터 창으로 돌아가려면 오퍼레이션 창 우측 상단에 X표를 클릭한다. 오퍼레이션 파라미터를 수정하지 않으려면 대화상자에서 확인 버튼을 눌러 닫는다.

7. 정삭 밀 오퍼레이션을 이용하여 포켓과 윤곽가공 영역에 정삭가공 경로 생성

(1) 2.5축 밀 오퍼레이션을 실행한다.
2.5D 가공 오퍼레이션(가공방법 및 조건)을 지정할 수 있는 대화상자가 뜬다.

(2) 황삭 밀 오퍼레이션을 실행하고 공구와 작업피처를 선택한다.
오퍼레이션 : 윤곽 밀, 오퍼레이션 파라미터 : Default, 공구 : T04.00-10.00 엔드 밀, 피처 : 오픈 포켓1, 불규칙 포켓1 선택 후 확인(✔)을 클릭한다. 다음은 오퍼레이션 설정 순서이다.

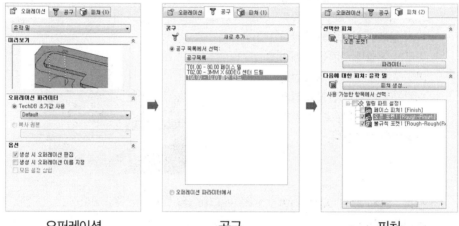

오퍼레이션   공구   피처

(3) 작업 지시서를 확인하고 오퍼레이션 파라미터를 입력한다.

① 공구설정 : 공구 종류와 크기를 확인하고 회전수와 이송속도를 입력한다.
정의 방법을 오퍼레이션을 선택해야 수동으로 조건을 입력할 수 있다. 회전수=1000, XY 이송속도=80, Z 이송속도와 리드인 이송속도를 동일한 이송속도가 되도록 XY 이송속도의 100%로 지정한다.

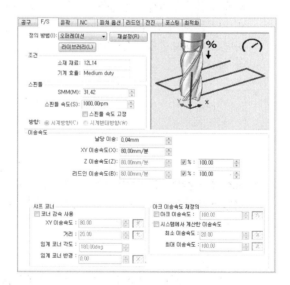

② 윤곽 : 가공 전략을 선택하고 가공 전략에 맞는 파라미터를 입력한다.

정삭가공이기 때문에 가공여유는 모두 0으로 설정한다.

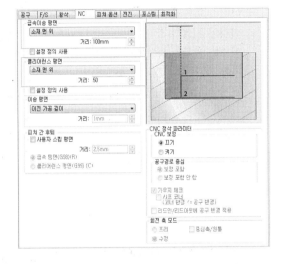

③ NC : 공구의 급속 이송, 클리어런스 높이를 지정한다.

기본 값을 사용하여도 되지만 급속 이송과 클리어런스 평면이 기준 평면으로부터 너무 가깝지 않도록 값을 확인한다. 공구 보정 코드(G41, G42) 출력 여부는 CNC 정삭 파라미터를 결정한다.

④ 피처옵션 : 공작물에 진입하는 방법을 선택하고 작업거리를 입력한다.

피처 형상 변경이 없기 때문에 기본 값을 사용한다.

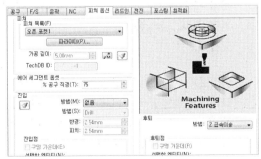

⑤ 리드인 : 공작물 면에 진입하는 방법과 거리를 입력한다.
일반적으로 공작물 면에 수직과 수평방향을 사용하며 값은 공구 직경 50%를 사용한다.

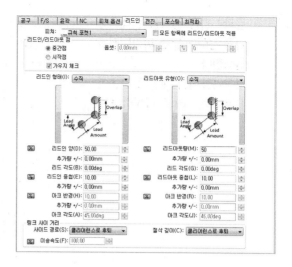

⑥ 전진 : 최초 절삭 시작 평면 위치를 지정한다.
최초로 절삭을 시작하는 면 위치를 피처 맨 위를 선택하면 소재 여유량만큼 절삭한다.

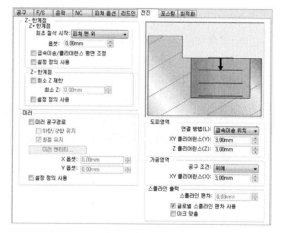

⑦ 포스팅 : 절삭유(Coolant) 항목을 선택한다.
가공 프로그램상에 M08 코드를 출력한다.

⑧ 미리보기 : 입력된 파라미터에 의한 공구 경로를 그래픽상에서 확인할 수 있다.
그래픽상에서 공구 경로를 확인 후 오퍼레이션 파라미터 창으로 돌아가려면 오퍼레이션 창 우측 상단에 X표를 클릭한다. 오퍼레이션 파라미터를 수정하지 않으려면 대화상자에서 확인 버튼을 눌러 닫는다.

8. 공구 경로 확인

작업 오퍼레이션 트리에 각 공정을 클릭하여 그래픽상에서 공구 경로를 확인하고 수정 여부를 판단한다.

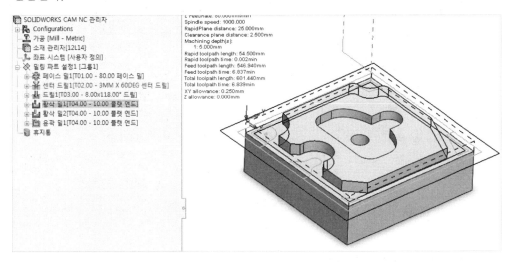

9. NC 코드 시뮬레이션 확인

포스트 프로세서 작업 후에 생성된 NC 데이터를 시뮬레이션을 이용하여 검사한다. 이는 실제 기계 가공 전에 생성된 NC를 텍스트로 확인한다.

NC 데이터에 의해 표시된 공구경로를 이용하여 공구경로 좌푯값을 확인한다. 프로그램의 시작과 끝, 공구 교환 시 Z 높이 등을 확인한다.

(1) 공구경로 시뮬레이션을 확인한다.

    ① 공구경로 시뮬레이션을 실행한다.

    ② 내비게이션 항목에서 시뮬레이션
       실행방법을 선택한다.
       빠른 시간 내에 한꺼번에 확인하려
       면 끝을 선택하고, 공정별로 확인
       하려면 오퍼레이션을 선택한다.

③ 표시 옵션항목에서 공작물과 공구의 표시방법을 선택한다.

소재 : 반투명 표시, 공구 : 음영 표시, 대상 파트 : 음영 표시, 표시 업데이트 위치 : 공구
경로 끝을 선택한다.

④ 충돌 검증 옵션을 선택한다.

세 가지 충돌 검증방법 모두 충돌
시 일시 정지 옵션을 선택한다.

⑤ 차이표시(과미삭)를 선택한다.

형상 표시가 "파란색"이나 "붉은색" 부분이 있는지 확인하여 가공조건을 변경한다.

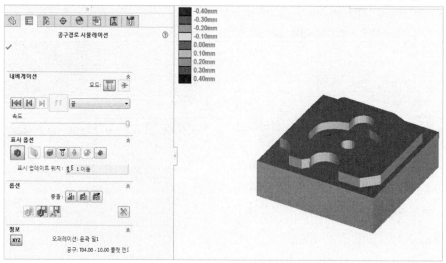

(2) NC 프로그램의 시뮬레이션을 확인한다.

① 포스트 프로세스를 실행한다.
아이콘을 실행하여 파일 형식을 NC로 선택하고 프로그램 번호 파일 이름을 입력하고 저장을 누른다.

② 생성방법을 선택한다.
빠른 시간 내에 한꺼번에 생성하려면 재생을 선택하고, 한 블록씩 프로그램을 확인하면서 생성하려면 스텝을 눌러 NC 프로그램을 생성한다.

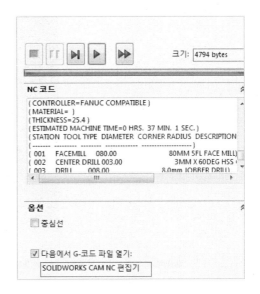

③ NC 프로그램 검증방법을 선택한다.
다음에서 G코드 파일 열기를 체크하여 포스트 프로세스 종료 후 바로 NC 시뮬레이션이 실행되도록 한다.

④ NC 시뮬레이션을 할 장비형태를 선택한다.
ISO 밀링을 선택한다. NC 프로그램이 표시된 창에서는 언제든지 프로그램을 편집할 수 있다.

⑤ 백 플로트 창을 띄운다.

백 플로트 탭을 클릭하고 Fanuc 밀링을 선택한다. 백 플로트 창을 클릭하면 NC 프로그램 창 우측에 공구 경로 화면이 뜬다.

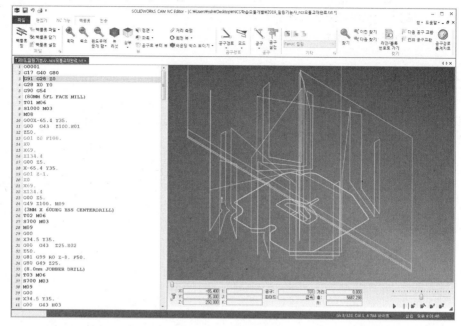

⑥ 공구 경로 값을 확인한다.

공구번호를 선택한 후 그래픽에 표시된 공구 좌푯값을 확인한다.

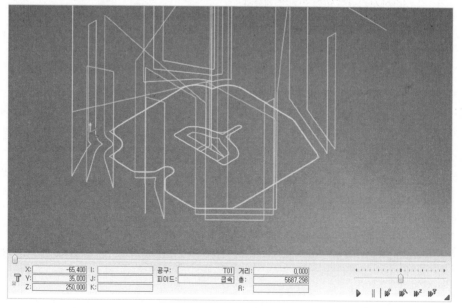

⑦ 애니메이션을 확인한다.

애니메이트/끝까지 보이기를 선택하여 공구 경로 시뮬레이션을 확인한다.

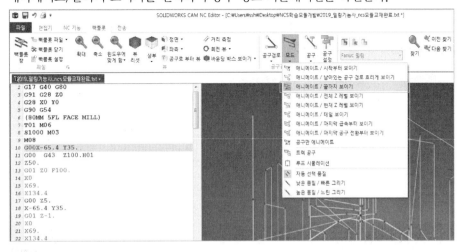

1 Edgecam 파일 불러오기

① IGES File 실행 – 파일명은 O2020으로
  개인폴더에 저장

② New Milling Part 실행

③ 불러오기(개인 폴더에서 파일 확인)

④ 모든 요소 체크 → 확인

⑤ 변환 → 다이나믹 체크

⑥ 전체 드래그 → 엔터 → 엔터

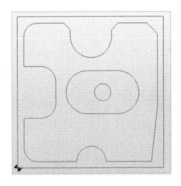

② Edgecam 모재 설정하기

① 모재/지그 → 자동모재설정 체크 → Z 최소
(공작물 높이)

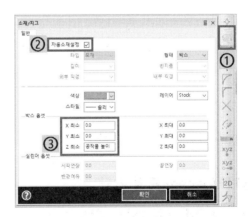

② 형상 → 점 생성 → 호의 중심점 클릭 →
원 클릭 → 엔터

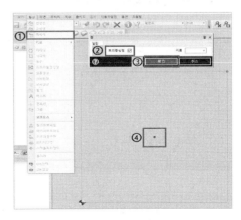

③ 평면도 클릭 → 등각도 클릭

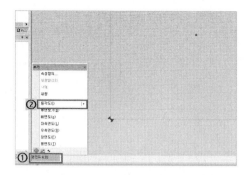

④ 변환 → Z(−5) → 점 클릭 → 엔터

⑤ 가공 모드 – 포스트 선택
   (밀링_화낙_센트롤_공용)

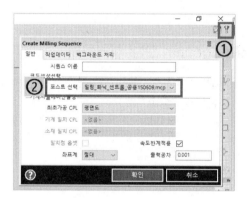

❸ Edgecam 드릴 가공

① 홀가공 → 점 클릭 → 엔터

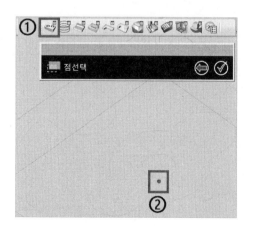

② 일반 → 다음 수치로 수정

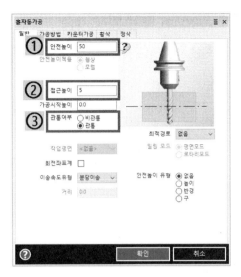

③ 가공방법 → 다음 수치로 수정

④ 황삭 → 다음 수치로 수정

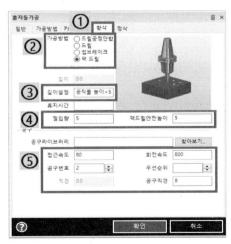

⁴ Edgecam 형상 외각 가공

① 형상 자동 가공 → 외각 더블클릭 → 엔터

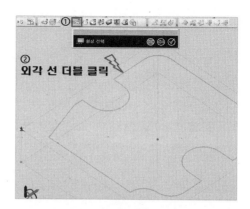

② 다음 내용으로 수정 → 엔터 → 엔터

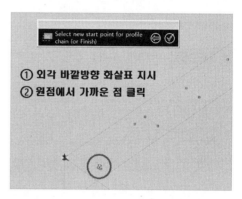

③ 공구 다음 수치로 수정

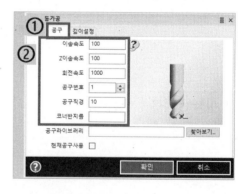

④ 깊이설정 → 다음 수치로 수정

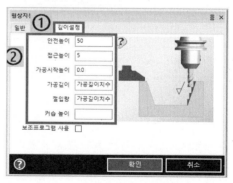

⑤ 형상 가공(화살표) → 형상 가공 → Multiple
Passes 편집

⑥ 툴패스 시작거리 : 엔드 밀 진입 시작점(5)
→ 툴패스 간격 : 엔드 밀 절삭 간격(5)

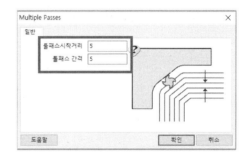

5 Edgecam 형상 내각 가공 1

① 형상 자동 가공 → 내각 더블클릭 → 엔터

② 다음 내용으로 수정 → 엔터 → 엔터

③ 공구 → 다음 수치로 수정

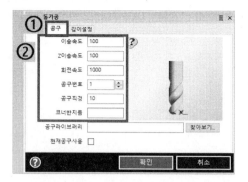

④ 깊이설정 → 다음 수치로 수정

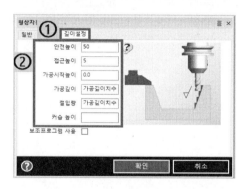

⑤ 형상가공 → 형상 가공 더블클릭 – Multiple Passes 편집

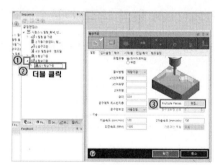

⑥ 툴패스 시작거리 : 엔드 밀 진입 시작점(5)
  → 툴패스 간격 : 엔드 밀 절삭 간격(5)

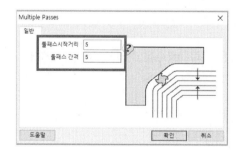

⑥ Edgecam 형상 내각 가공 2

① 시작/끝 → 다음 내용으로 수정

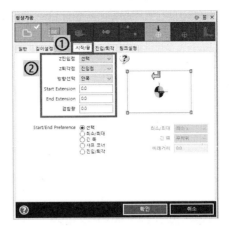

② 진입/퇴각 → 다음 내용으로 수정

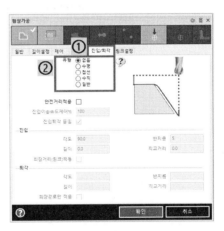

③ 링크설정 → 다음 내용으로 수정

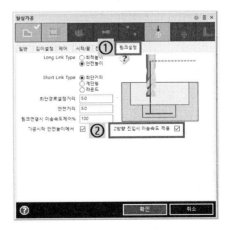

④ 드릴 중심점 클릭

⑦ Edgecam NC 데이터 출력

① NC → 다음 내용으로 수정 → 확인 → 예
→ 확인

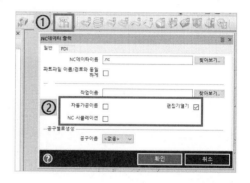

② 다음 내용으로 수정

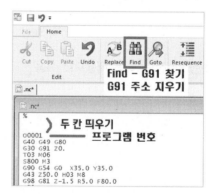

1 GV-CNC 다운로드 과정

① 큐빅테크 홈페이지 접속 후 고객지원 항목을 클릭(http://www.cubictek.co.kr)

② '다운로드' 항목 클릭

③ '시뮬레이션' 항목 클릭

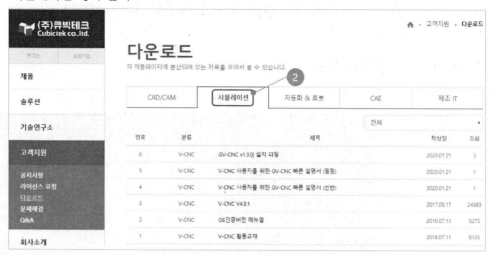

④ GV_CNC 항목 클릭하여 다운로드 진행

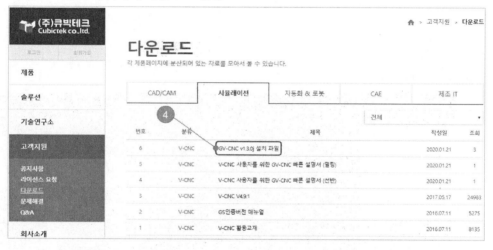

⑤ '라이선스 요청' 항목 클릭

(로그인이 필요한 작업이므로 아이디가 없을 경우 회원가입을 해야 한다)

⑥ PC정보를 입력하여 요청

(제품은 V-CNC로 하되, 제목을 GV-CNC로 작성)

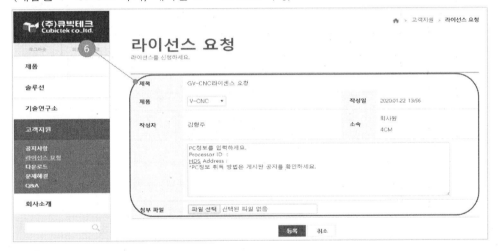

※ 본 제품은 1개월만 사용 가능하며, 1회 추가 신청이 가능하다(최대 2개월 사용 가능).

❷ GV–CNC 시뮬레이션 과정

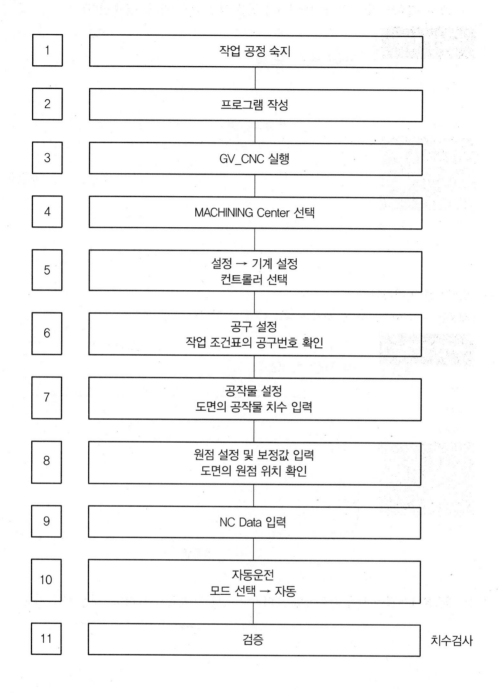

1	작업 공정 숙지
2	프로그램 작성
3	GV_CNC 실행
4	MACHINING Center 선택
5	설정 → 기계 설정 컨트롤러 선택
6	공구 설정 작업 조건표의 공구번호 확인
7	공작물 설정 도면의 공작물 치수 입력
8	원점 설정 및 보정값 입력 도면의 원점 위치 확인
9	NC Data 입력
10	자동운전 모드 선택 → 자동
11	검증 치수검사

1. 기계 설정

① 주 메뉴바 → 설정 → 기계 설정을 클릭한다.

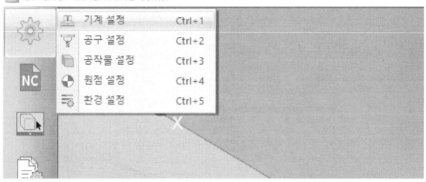

② 메인 설정 화면 중 기계 탭이 활성화된다.

③ 컨트롤러 Sentrol-M을 선택한다.

④ 적용 버튼을 눌러 기계 설정을 완료한다.

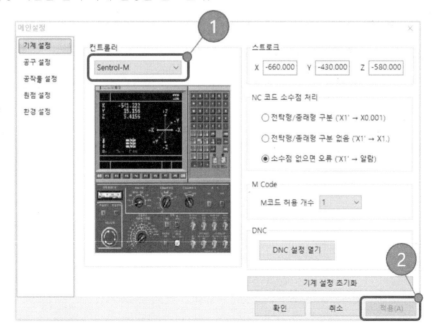

2. 공작물 생성

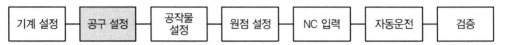

① 공구 설정 탭을 선택한다.
② 추가 및 제거 버튼을 이용하여 공구를 설정한다.

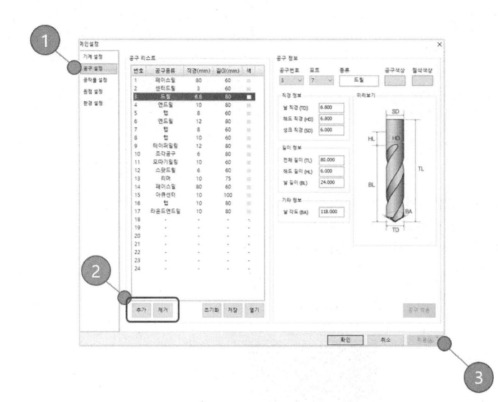

3. 원점 설정

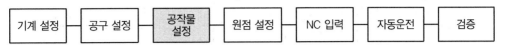

① 공작물 설정 탭을 선택한다.
② 공작물 종류 및 크기를 설정한다.
- 일반적인 자격증 시험은 직육면체 형태와 크기는 가로 100, 세로 100, 높이 20을 사용한다.
- 일반적인 자격증 시험 기준으로 기본 값이 이미 세팅되어 있기 때문에 자격증 응시를 위한 세팅은 별도의 설정변경이 필요 없다.

③ 생성 버튼을 눌러 공작물을 생성한다.

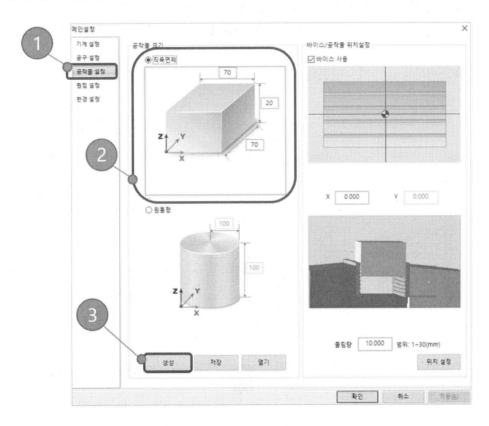

4. 원점 설정 및 보정값 입력

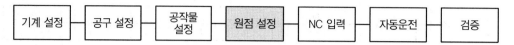

① 원점 설정 탭을 선택한다.

② 원점 설정 방법을 선택한다.

③ 도면을 참조하여 원점 위치를 선택한다.

    • 일반적인 자격증 시험은 좌측 하단 모서리를 주로 원점으로 사용한다.

④ 기준 공구를 선택한다.

⑤ 원점의 정보가 저장될 공작물 좌표계 번호를 선택한다.

⑥ 값 복사를 누른다.

⑦ 해당 공작물 좌표계에 값 복사가 올바르게 이루어졌는지 확인한다.

⑧ '공구 간 차이 값을 공구옵셋에 자동 입력' 항목의 체크박스에 체크하여 공구 보정값이 들어갈 수 있도록 한다.

⑨ 확인 버튼을 눌러 창을 닫는다.

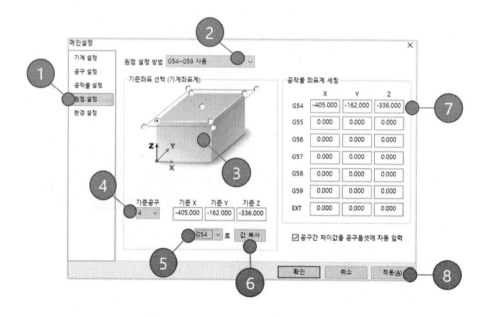

5. NC Data 입력

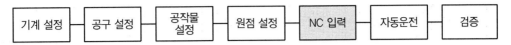

(1) NC 파일 열기

① 주 메뉴바 → NC 파일 → NC 열기

② 저장된 NC 파일을 찾아 파일을 클릭하고 열기 버튼을 누른다.

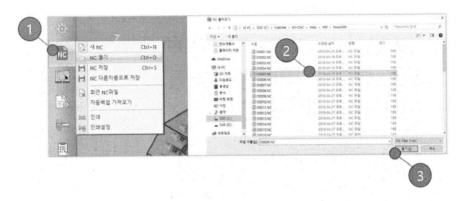

(2) NC 파일 저장하기

① 주 메뉴바 → NC 파일 → NC 저장

② 파일이름을 9000 미만의 숫자 4자리로 입력하고 저장을 누른다.

6. 자동운전

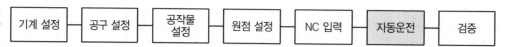

① 컨트롤러 조작기 → 모드 선택 → 자동 → 해제 버튼
② 컨트롤러 조작기 → 자동 개시

7. 검증

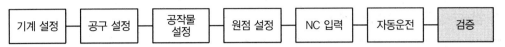

① 주 메뉴바 → 검증

② 치수 측정 방향 및 측정 모드를 선택하고 화면에 나타난 포인트를 클릭하여 측정한다.

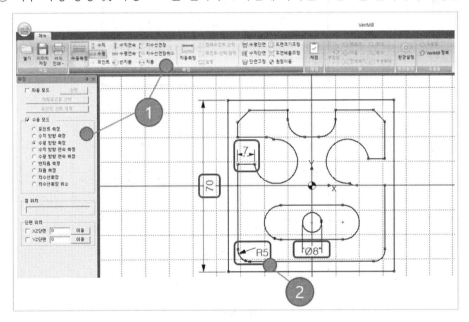

❸ GV–CNC 시뮬레이션 예제 NC 코드

1. 컴퓨터응용밀링기능사 예제

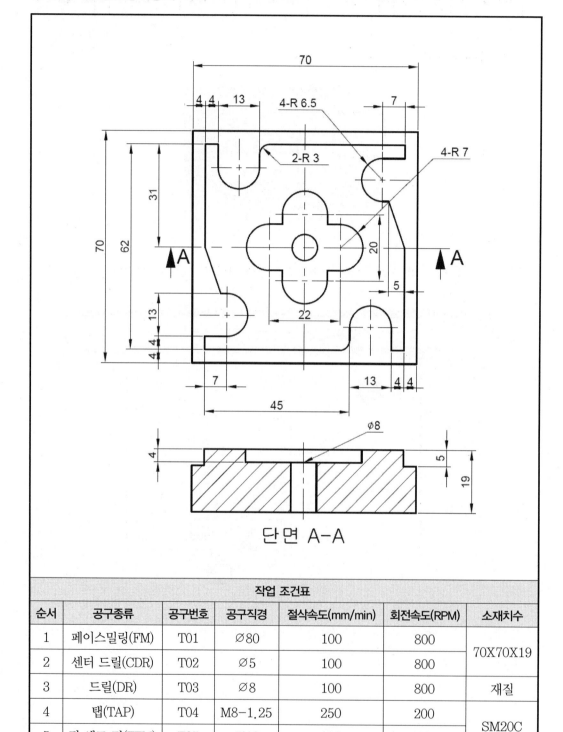

단면 A–A

작업 조건표

순서	공구종류	공구번호	공구직경	절삭속도(mm/min)	회전속도(RPM)	소재치수
1	페이스밀링(FM)	T01	Ø80	100	800	70X70X19
2	센터 드릴(CDR)	T02	Ø5	100	800	
3	드릴(DR)	T03	Ø8	100	800	재질
4	탭(TAP)	T04	M8–1.25	250	200	SM20C
5	평 엔드 밀(FEM)	T05	Ø10	100	1500	

```
%                                          G03 X28.0 R7.0
O0039                                      G01 Y35.0
G17 G40 G49 G80                            G01 Z10.0
G91 G28 Z0.0                               G40 G00 X-20.0 Y-20.0
G28 X0.0 Y0.0                              G01 Z-5.0
G54 G90 G00 X0.0 Y0.0 Z150.0               G41 G01 D05
G91 G28 Z0.0                               X4.0
T02 M06                                    Y66.0
G90 G00 X35.0 Y35.0 Z150.0                 X66.0
S800 M03                                   Y4.0
G43 Z50.0 H02                              X4.0
G00 Z10.0                                  Y8.0
G99 G83 Z-5.0 R3.0 Q3.0 F100               X11.0
G00 Z50.0                                  G03 Y21.0 R6.5
G49 G80 Z150.0                             G01 X9.0
M05                                        X4.0 Y35.0
G91 G28 Z0.0                               Y66.0
T03 M06                                    X8.0
G90 G00 X35.0 Y35.0 Z150.0                 Y59.0
S800 M03                                   G03 X21.0 R6.5
G43 Z50.0 H03                              G01 Y63.0
G00 Z10.0                                  G02 X24.0 Y66.0 R3.0
G99 G83 Z-30.0 R3.0 Q3.0 F100              G01 X66.0
G00 Z50.0                                  Y62.0
G49 G80 Z150.0                             X59.0
M05                                        G03 Y49.0 R6.5
G91 G28 Z0.0                               G01 X61.0
T05 M06                                    X66.0 Y35.0
G90 G00 X35.0 Y35.0 Z150.0                 Y4.0
S1500 M03                                  X62.0
G43 Z50.0 H05                              Y10.0
G01 Z10.0                                  G03 X49.0 R6.5
G01 Z-4.0 F100 M08                         G01 Y7.0
G41 D05                                    G02 X46.0 Y4.0 R3.0
Y28.0                                      G01 X45.0
X46.0                                      G01 Z10.0
G03 Y42.0 R7.0                             G40 G00 X-20.0
G01 X24.0                                  Z50.0
G03 Y28.0 R7.0                             G49 G80 Z150.0 M09
G01 X28.0                                  M05
Y25.0                                      M30
G03 X42.0 R7.0                             %
G01 Y45.0
```

2. 컴퓨터응용가공산업기사 예제

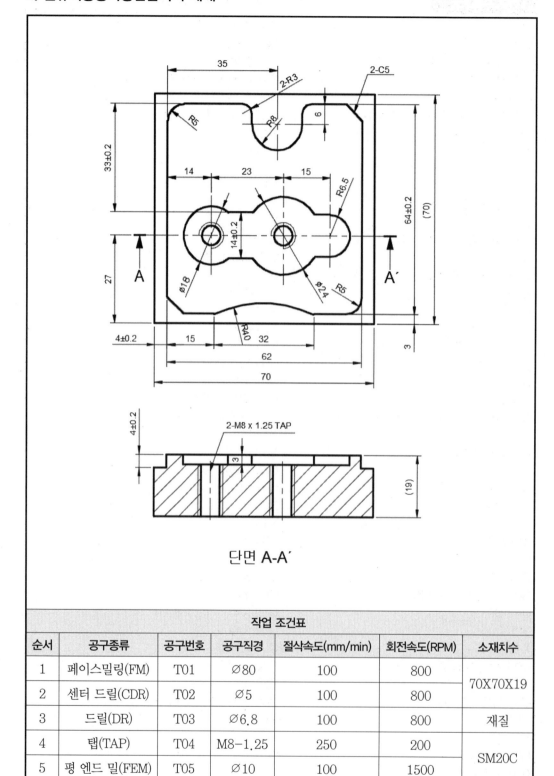

단면 A-A′

작업 조건표

순서	공구종류	공구번호	공구직경	절삭속도(mm/min)	회전속도(RPM)	소재치수
1	페이스밀링(FM)	T01	Ø80	100	800	70X70X19
2	센터 드릴(CDR)	T02	Ø5	100	800	
3	드릴(DR)	T03	Ø6.8	100	800	재질
4	탭(TAP)	T04	M8-1.25	250	200	SM20C
5	평 엔드 밀(FEM)	T05	Ø10	100	1500	

```
%
O0002
G40 G49 G80
G91 G30 Z0. M19
T02 M06
S800 M03
G54 G17 G90 G00 X18. Y27.
G43 G00 Z50. H02
Z10.
G81 G98 X18. Y27. Z-3. R3. F200.
X41. Y27.
G80
G00 Z200.
G49
M05
G40 G49 G80
G91 G30 Z0. M19
T03 M06
S800 M03
G90 G00 X18. Y27.
G43 G00 Z50. H03
Z10.
G83 G98 X18. Y27. Z-25. Q5. R3. F80.
X41. Y27.
G80
G00 Z200.
G49
M05
G40 G49 G80
G91 G30 Z0. M19
T04 M06
S200 M03
G90 G00 X18. Y27.
G43 G00 Z50. H04
Z10.
G84 G98 X18. Y27. Z-25. R3. F125.
X41. Y27.
G80
G00 Z200.
G49
M05
G40 G49 G80
G91 G30 Z0. M19
T05 M06
S1500 M03
G90 G00 X-10. Y-10.
G43 G00 Z50. H05
Z10.
G01 Z-4. F100.
X-2.
Y73.
X39.

Y61.
Y73.
X72.
Y-3.
X-10.
Y-10.
G41 G01 X4. D05
Y62.
G02 X9. Y67. R5.
G01 X28.
G02 X31. Y64. R3.
G01 Y61.
G03 X46. R8.
G01 Y64.
G02 X49. Y67. R3.
G01 X61.
X66. Y62.
Y8.
G02 X61. Y3. R5.
G01 X51.
G03 X19. R40.
G01 X9.
X4. Y8.
G01 Y35.
G01 X-10.
G40 G01 X-10. Y-10.
G00 Z200.
G90 G00 X18. Y27.
G43 G00 Z50. H05
Z10.
G01 Z-3. F80.
G41 G01 X53. D05
G03 I-12.
G40 G01 X41. Y27.
X18.
G41 G01 X27. D05
G03 I-9.
G40 G01 X18. Y27.
G41 G01 Y20. D05
G01 X41.
Y20.5
X56.
G03 Y33.5 R6.5
G01 X41.
Y34.
X18.
G40 G01 X18. Y27.
G00 Z200.
G49
M05
M02
```

CHAPTER

06

C O M P U T E R **N** U M E R I C A L C O N T R O L

장비조작 및 운전

머시닝센터의 조작판(Operation Panel)은 프로그램이나 데이터를 입력하고 편집하는 키보드, 화면과 화면 아래에 있는 메뉴 선택 키, 기계를 조작하는 스위치와 버튼이 있는 기계 조작판으로 구성되어 있다. 기능과 조작 스위치의 종류는 제조회사에 따라 차이가 있다.

S E C T I O N 01 │ S&T중공업 머시닝센터(SENTROL-TNV-40)의 조작 및 운전

---

1 머시닝센터의 조작판(TNV-40)

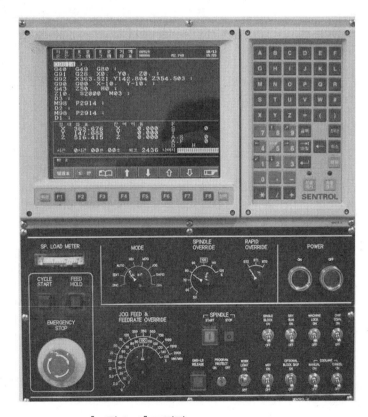

[그림 6-1] 조작판

1. 조작판의 화면

(1) 화면 표시

[그림 6-2]에서 화면의 왼쪽 위에는 다음과 같은 정보를 표시한다.

① 선택 모드명 : 현재 선택 중인 조작 모드명을 표시한다.

② 화면 표시명 : 현재 선택 중인 표시 화면명을 표시한다.

③ 선택된 소 메뉴명 : 각종 선택 화면에서 다시 소 메뉴가 있을 때 표시된다. 소 메뉴가 없는 경우는 아무것도 표시되지 않는다.

④ 선택 좌표계 이름 표시 : 현재 표시 중인 선택된 좌표계 이름을 표시한다.

⑤ 선택된 프로그램번호와 시퀀스번호의 표시 : 현재 선택 중인 프로그램번호, 실행 중 또는 종료된 블록의 시퀀스번호를 표시한다. 다른 시퀀스번호가 있는 블록이 실행될 때까지 이 표시는 변하지 않는다.

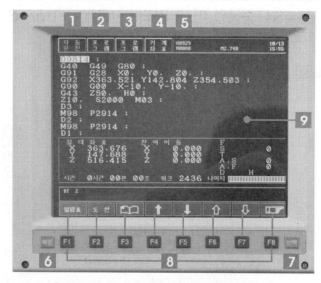

[그림 6-2] 조작판의 화면과 메뉴 선택 키

(2) 메뉴 선택 키

[그림 6-2]의 메뉴 선택 키는 화면과 선택 키로 되어 있으며, 어떤 조작을 하든지 우선 이 키들을 누름으로써 시작된다.

⑥ 화면 : 화면 키를 누르면 초기 메뉴가 표시된다.

⑦ 선택 : 선택 키를 누르면 초기 메뉴가 표시된다.

⑧ F1~F8 : 기계 조작의 종합적인 기능을 가지고 있는 키로서 Function Key 또는 F-키라고 하며 화면 또는 선택 키를 누른 후에 이들의 소 메뉴를 보고자 할 때, 선택해서 누른다.

2. 조작판의 키보드

[그림 6-3]의 키보드는 다음과 같이 프로그램을 입력할 때 사용한다.

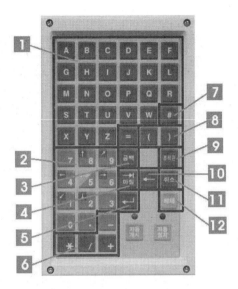

[그림 6-3] 조작판의 키보드

① 영문자(A ~ Z) : 프로그램 이름이나 어드레스(Address) 등의 영문자를 입력할 때 사용한다.

② 숫자(0 ~ 9), 이동방향(↓2 ↑8 ←4 →6), 멈춤(STOP5) : 프로그램 작성 중에 숫자 입력이나 파라미터 번호를 지정할 때, 숫자나 소수점을 입력하기 위해 사용한다. 이동 방향 키는 원점 복귀나 수동 운전 시 X, Y, Z 각 축의 이동 방향을 지정할 때 사용한다. 멈춤 키는 수동 운전 시, 이동 방향 키로 축 이동을 시킨 후, 멈출 때 사용한다.

③ 공백(공 백) : 문자나 숫자 등의 사이를 띄울 때 사용한다.

④ 마침(마침) : 프로그램의 한 블록의 마침(EOB)을 나타내는 " ; "을 입력할 때 사용한다.

⑤ 입력(←) : 입력준비 라인(Line)의 데이터를 프로그램 영역에 입력할 때 사용한다. 컴퓨터의 엔터(Enter) 키와 같다.

⑥ 연산자(+ - * /) : 커스텀 매크로 문을 작성할 때 사용한다.

⑦ #(#) : 커스텀 매크로에 변수를 시정할 때 사용한다.

⑧ 괄호(( )) : 주석문을 작성할 때 사용한다.

⑨ 조작판(조작판) : 조작판 화면이 나타날 때마다 그 화면 안에서 메뉴를 바꿀 때 사용한다.

⑩ 삭제(←) : 입력준비 라인(Line)의 데이터를 한 문자씩 삭제한다.

⑪ 취소(취 소) : 입력준비 라인(Line)의 데이터를 전부 삭제한다.

⑫ 해제(해 제) : 알람을 해제하거나 프로그램 실행 도중에 일시 정지해서 편집하거나 다시 프로그램을 실행할 때 사용한다.

3. 기계 조작판

[그림 6-4]의 기계 조작판은 전원의 ON, OFF 버튼, 기계를 작동할 때 사용되는 핸들, 버튼, 스위치 등으로 구성되어 있다.

[그림 6-4] 기계 조작판

(1) 모드 스위치(Mode Switch)

어떤 작업을 할 것인지 결정하는 스위치이다. 모드 스위치로는 원점 복귀, 급속 이송, 조그 이송, 핸들 운전, 반자동운전, 자동운전, 편집, DNC 운전 등을 선택할 수 있다.

① 원점 복귀(Zero Return)

원점 복귀 모드에서는 각 축을 기계 원점으로 복귀시킨다. 조작판 원점 방향 축 버튼을 누르면 자동으로 기계 원점으로 복귀하고 원점 복귀 완료 램프가 점등된다. 전원을 투입하고 반드시 기계 원점을 실행시켜야 하는 증분(Incremental) 방식과 전원을 차단해도 기계 원점이 보존되는 절대(Absolute) 방식의 두 가지가 있다.

② 급속(Rapid) 이송

공구 또는 테이블을 G00의 이동 속도로 급속 이송시킨다. 급속 이송속도는 파라미터에 입력되어 있다.

③ 조그(Jog) 이송

공구 또는 테이블 이송을 외부 이동 속도 조절 스위치의 속도로 이동시킨다. 엔드 밀의 직선 절삭, 페이스 밀의 직선 절삭 등 간단한 수동 작업을 한다.

④ 핸들(MPG)

MPG(Manual Pulse Generator)라고도 표시하며 핸들을 이용하여 X, Y, Z축을 이동시킬 수 있다. 핸들의 한 눈금당 이동량은 0.001, 0.01, 0.1mm/pulse의 세 종류가 있다.

⑤ 반자동(MDI : Manual Data Input)

프로그램 및 데이터 입력/편집을 할 때 선택한다.

공구 교환 및 주축 정회전 프로그램 예
G91 G30 Z0.0 M19 ; T01 M06 ; S1200 M03 ;

⑥ 자동운전(Auto)

메모리에 등록된 프로그램을 자동운전한다.

⑦ 편집(Edit)

프로그램을 신규로 작성할 수 있고, 메모리에 등록된 프로그램을 수정이나 삭제할 수 있다. 프로그램의 신규 작성이나 이미 등록된 프로그램을 수정하기 위해서는 먼저 프로그램 보호 키를 작동해야 한다.

⑧ DNC(Direct Numerical Control)

DNC 운전을 할 때 사용한다.

⑨ 프로그램 보호 키(Program Protect Key)

프로그램 신규 작성과 편집(수정, 삽입, 삭제) 및 파라미터 데이터의 변경은 프로그램 보호 키를 OFF한 상태에서만 할 수 있다.

⑩ 자동 개시(Cycle Start) 버튼

자동 개시 버튼은 자동, 반자동, DNC 운전 모드에서 프로그램을 실행하여 기계를 작동한다.

⑪ 이송 정지(Feed Hold) 버튼

자동 개시의 실행으로 진행 중인 프로그램을 정지시킨다. 이송 정지 상태에서 자동 개시 버튼을 누르면 현재 위치에서 재개한다. 그리고 이송 정지 상태에서는 주축 정지, 절삭유 등은 이송 정지 직전의 상태로 유지된다. 단, 나사 절삭 기능인 G33, G74, G84의 실행 중에는 이송 정지 버튼을 작동하여도 즉시 정지하지 않고 나사를 절삭한 다음에 정지한다.

⑫ 비상 정지(Emergency Stop) 버튼

돌발적인 충돌이나 위급한 상황에서 작동한다. 누르면 기계가 정지하고, 주 전원을 차단한 효과를 나타낸다. 해제 시 비상 정지 버튼을 돌리면 튀어나오면서 해제된다.

⑬ 조그 이송 및 이송속도 조절(Jog Feed & Feedrate Override) 스위치

자동, 반자동 모드에서 명령된 이송속도를 외부에서 변화시키는 기능이다. 시제품을 가공할 때 입력된 프로그램의 이송속도가 맞지 않을 경우, 이송속도 조절 스위치를 사용하여 이송속도를 가감하면서 최적의 조건이 되도록 조절한다. 변환 범위는 일

반적으로 0~150%이며 10%의 간격이고 100% 적용 시는 프로그램 이
송속도로 가공이 된다.

⑭ 주축속도 조절(Spindle Override) 스위치

모드에 관계없이 주축속도(rpm)를 외부에서 변화시키는 기능이다.

⑮ 급속 이송속도 조절(Rapid Override) 스위치

급속 이송속도를 RT2, RT1, RT0로 조절한다.

⑯ 행정 오버 해제(EMG–Limit Switch Release) 버튼

기계 이동 영역의 끝부분에 설치되어 있는 리밋스위치(Limit Switch)까지
기계가 이동하면 행정 오버 알람이 발생된다. 이때 알람을 해제하려면 조작
판의 행정 오버 해제 버튼을 누른 상태에서 행정 오버된 축을 반대 방향으로
이동시켜야 한다. 이 알람이 발생하면 전원을 다시 투입한 상태가 된다.

⑰ 싱글 블록(Single Block) 스위치

싱글 블록 스위치가 ON 된 상태에서 자동 개시 버튼을 누르면 프로그램이
한 블록씩 실행된다. 스위치가 OFF 된 경우에 자동 개시 버튼을 누르면
프로그램이 연속적으로 실행된다. 시제품을 안전하게 가공할 때 사용한다.

⑱ M01(Optional Program Stop) 스위치

프로그램에 명령된 M01을 선택적으로 실행되게 한다. 조작판의 M01
스위치가 ON일 때에는 프로그램에서 M01의 실행으로 프로그램이 정지
하고, OFF일 때에는 M01을 실행해도 기능을 발생시키지 않고 다음 블
록을 실행한다.

M01 사용 프로그램
N05 T01 M06 ;
N06 M01 ;
N07 G00 G90 X20.0 Y20.0 ;
M01 스위치가 ON 되면 N06 블록에서 프로그램 실행이 정지되고, OFF 되면 정지하지 않는다.

⑲ 옵셔널 블록 스킵(Optional Block Skip) 스위치

선택적으로 프로그램에 명령된 "/"에서 " ; "까지를 건너뛰게 할 수 있다.
스위치가 ON 되면 "/"에서 " ; "까지를 건너뛰고, OFF되면 "/"가 없는 것
으로 간주한다.

옵셔널 블록 스킵 사용 예
N01 / G28 G91 X0.0 Y0.0 Z0.0 ;
N02 G54 G90 G00 X0.0 Y0.0 Z150.0 ;
N03 G43 Z50.0 H01 / M08 ;
위 프로그램을 실행할 때 옵셔널 블록 스킵 스위치가 ON이면 N01 블록과 N03 블록의 M08을 실행 하지 않는다.

⑳ 드라이 런(dry run) 스위치

드라이 런 스위치가 ON 되면 프로그램에 명령된 이송속도를 무시하고 조작판에서 Jog Feed Override로 선택한 이송속도로 된다. 일반적으로 시험 운전이나 이미 가공된 부분을 다시 실행하는 경우, 이 스위치를 작동하여 빨리 진행하게 할 때 사용한다.

㉑ 절삭유 ON/OFF 스위치

수동으로 ON/OFF할 수 있고, 자동운전 시 절삭유 ON으로 명령된 것(M08)을 무시(CANCEL ON)시킬 수 있다.

4. 원점 복귀 조작하기

(1) 전원 투입하기

① 기계 뒤에 있는 강전반 박스의 전원 스위치를 먼저 ON한다. 이때 강전반의 박스 안에 있는 팬이 회전하는 소리가 난다.

② 조작판에 있는 전원 투입(ON) 버튼을 누르면 전원이 투입된다.

③ 전원 투입 후 시스템이 준비상태가 될 때까지 기다린다. 이때 비상 정지 버튼이 ON 상태이면 버튼을 오른쪽으로 돌려 비상 정지를 해제한다.

(2) 전원 차단하기

① 작업을 모두 끝내고 전원을 끌 때는 NC가 해제 상태인 것을 확인한다. 즉, 각 보조 기능 등이 OFF 또는 완료 상태인 것을 확인한다.

② 조작판에 있는 전원 스위치의 OFF 버튼을 누른다.

③ 기계 뒤에 있는 강전반 박스에 있는 전원 스위치를 끄면 모든 전원이 차단된다. 비상 정지 버튼은 돌발적인 충돌이나 위급한 상황에서 작동한다. 비상 정지 버튼을 누르면 기계는 알람 상태로 되고, 주 전원을 차단한 효과를 나타낸다. 해제 시 버튼을 화살표 방향으로 돌리면 된다.

(3) 원점 복귀 조작하기

기계 원점이란 머시닝센터 본체에 고정된 기계 좌표계의 원점이다. 기계 원점은 프로그램 작성 및 기계 조작 시 기준이 되는 점이므로, 기계를 운전하기 위하여 전원을 투입한 후에는 반드시 원점 복귀를 하여야 한다.

① 수동 원점 복귀

기계에 전원을 투입한 후, 제일 먼저 수동 원점 복귀를 실시한다. 공구위치가 기계 원점 위치에 너무 가까이 있으면 원점 복귀 에러가 발생하므로 기계 원점에서 150mm 이상 떨어진 안전한 위치에서 조작한다. 그리고 공구가 공작물, 지그 등에 충돌하지 않도록 Z축을 먼저 원점 복귀한 다음, X축과 Y축을 원점 복귀한다. [그림 6-5]는 원점 복귀 화면이다.

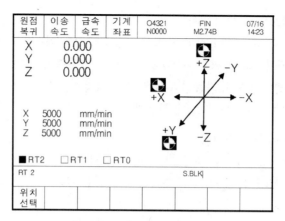

[그림 6-5] 원점 복귀 화면

X축 : ←4 , →6

Y축 : ↙1 , ↗9

Z축 : ↓2 , ↑8

[그림 6-6] 키보드의 축 버튼

- 모드 스위치를 회전시켜 원점 복귀(ZRN)를 선택한다.
- 급속속도를 확인하고 급속 이송(RAPID OVERRIDE) 스위치는 저속(RT2)에 위치 시킨다.
- [그림 6-6]과 같이 키보드에서 Z축 원점방향(↑8) 키를 누른다. Z축이 원점 복귀 동작을 시작한다.
- 키보드에서 X축과 Y축 원점방향(←4, ↙1) 키를 누른다. X축과 Y축이 원점 복귀 동작을 시작한다.
- 축의 원점 복귀 중에는 화면상에 ✪ 표시가 깜박거리며, 원점 복귀가 완료된 축은 ✪ 표시가 고정된다.

② 자동 원점 복귀(G28)

모드 스위치를 자동(AUTO) 또는 반자동(MDI)에 위치시키고 G28을 이용하여 각 축을 기계 원점까지 복귀시킬 수 있다. 자동 원점 복귀(G28)를 사용하면 급속 이송으로 중간점을 경유하여 기계 원점까지 자동으로 원점 복귀한다. 단, Machine Lock 스위치 ON 상태에서는 원점 복귀를 할 수 없다.

명령 방법	G28	G90 G91	X_ Y_ Z_ ;

■ 명령 워드의 의미

G90 : 절대 명령, G91 : 증분 명령

X_ Y_ Z_ : 원점 복귀할 축과 경유점의 좌표

- G28 G90 X0. Y0. Z0. ; 명령은 절대(공작물) 좌표계의 X0. Y0. Z0.인 점을 경유하여 기계 원점으로 복귀한다. G90을 사용할 때는 공작물과 충돌을 일으키는 경우가 있으므로 중간 경유점의 좌표를 주의하여야 한다.
- G28 G91 X0. Y0. Z0. ; 명령은 경유점이 현재 좌표에서 X축, Y축, Z축 방향으로 0만큼 증분한 좌표, 즉 현재의 좌표에서 기계 원점으로 복귀한다.
- 자동 원점 복귀는 공구와 공작물과의 충돌을 고려하여 G91을 사용하여 Z축을 먼저 원점 복귀한 후에 X, Y축을 원점 복귀한다.

  예 G28 G91 Z0. ;

  　　 G28 X0. Y0. ;

③ 제2원점 복귀(G30)

중간점을 경유하여 파라미터에 설정된 제2 원점 위치로 급속 이송속도로 복귀한다.

명령 방법	G30	G90 G91	P__ X__ Y__ Z__ ;

- 명령 워드의 의미

  P_ : 제2, 제3, 제4원점 중의 하나를 선택

  X_ Y_ Z_ : 원점 복귀할 축과 중간점의 좌표

- P2, P3, P4 : 제2, 3, 4원점을 선택하고 P를 생략하면 제2원점이 선택된다.
- 제2원점 복귀는 공구 교환 지점으로 활용된다.

② 머시닝센터 장비 운전

1. 장비 시운전

(1) 핸들 운전 조작하기

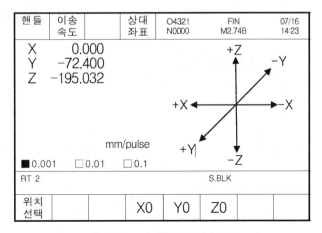

[그림 6-7] 핸들 운전 화면

① 모드 스위치로 핸들(MPG) 운전을 선택한다.

② 축 선택(AXIS SELECT) 스위치를 사용하여 이동시킬 축(X, Y, Z)을 선택한다.

③ 펄스 선택(RANGE) 스위치로 핸들의 한 눈금당 이동량(0.001, 0.01, 0.1mm)을 선택한다.

④ [그림 6-7]의 위 치 선 택 (F1) 키를 연속해서 누르면 절대좌표 → 기계좌표 → 상대좌표 → 잔여이동으로 화면의 좌표 표시가 변한다.

⑤ 핸들을 "+" 방향(시계방향)과 "−" 방향(반시계방향)을 확인하여 돌린다.

(2) 수동 운전 조작하기

① 모드 스위치로 수동(JOG) 운전을 선택한다. [그림 6-8]은 수동 운전 화면이다.

② F2 키로 절삭속도 메뉴를 선택한다.

③ 절삭속도를 조절한다.

④ 키보드에서 축 이송 키를 누른다. 키를 누른 다음 손을 놓아도 계속 이송된다. 동작 중인 축 이외의 축 이송 키를 눌러도 계속 동시에 이송된다(X축 +/− 방향 : →6 / ←4 , Y축 +/− 방향 : ↗9 / ↙1 , Z축 +/− 방향 : ↑8 / ↓2).

⑤ 정지시킬 때는 STOP(STOP 5) 키 또는 해제(해 제) 키를 누른다.

⑥ 만일 유효 행정을 넘었을 경우 OT(Over Travel) 알람이 발생하는데, 이 경우에는 해제(해 제) 키를 눌러 알람을 해제한 후, 안전한 방향의 이송 축과 행정 오버 해제(EMG-LS RELEASE) 버튼을 누르고 축 이송을 한다.

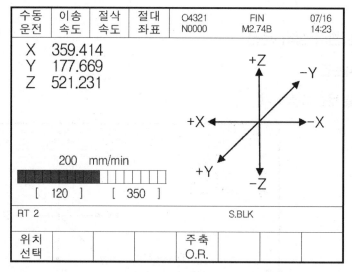

[그림 6-8] 수동 운전 화면

(3) 급속 이송 조작하기

① 모드 스위치로 급속 이송(RAPID)을 선택한다.

② 급속 조절(RAPID OVERRIDE) 스위치를 저속(RT2)에 위치시킨다.

③ 키보드에서 이송할 축 버튼을 누른다. 키를 누르고 있는 동안에는 급속 이송이 되지만, 손을 떼면 곧바로 정지한다. 공구 또는 주축이 공작물이나 바이스 등에 충돌하지 않도록 주의하여 안전하게 조작한다.

④ 축 버튼은 X축 +/− 방향은 →6 / ←4 , Y축 +/− 방향은 ↗9 / ↙1 , Z축+/− 방향은 ↑8 / ↓2 이다.

⑤ 만일 유효 행정을 넘었을 경우 OT(Over Travel) 알람이 발생하는데, 이 경우에는 해제 (해 제) 키를 눌러 알람을 해제한 후, 안전한 방향의 이송 축과 행정 오버 해제 (EMG-LS RELEASE) 버튼을 누르고 축 이송을 한다.

(4) 반자동운전 조작하기

① 모드 스위치로 반자동(MDI)을 선택한다.

② [그림 6-9]와 같이 실행시킬 프로그램을 키보드를 이용하여 입력한다.

프로그램 예
G30 G91 Z0.0 T01 M06 ;
S600 M03 ;

③ 자동 개시(CYCLE START) 버튼을 누른다. T01 공구로 교환되고, 주축이 600rpm 으로 정회전한다.

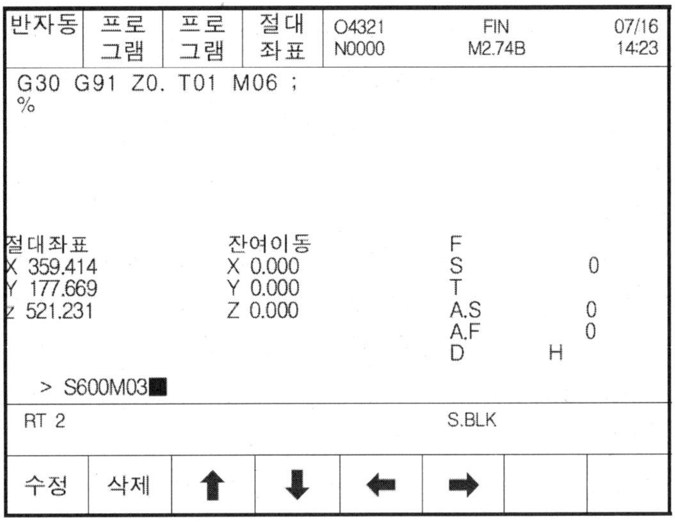

반자동	프로 그램	프로 그램	절 대 좌 표	O4321 N0000	FIN M2.74B	07/16 14:23

```
G30  G91  Z0.  T01  M06 ;
%




절대좌표            잔여이동          F
X 359.414          X 0.000         S              0
Y 177.669          Y 0.000         T
Z 521.231          Z 0.000         A.S            0
                                   A.F            0
                                   D       H

  > S600M03■

RT 2                               S.BLK
```

수정	삭제	↑	↓	←	→		

[그림 6-9] 반자동운전 화면

(5) 편집하기

① 모드 스위치로 편집(EDIT)을 선택한다. [그림 6-10]은 편집의 초기 화면이다.

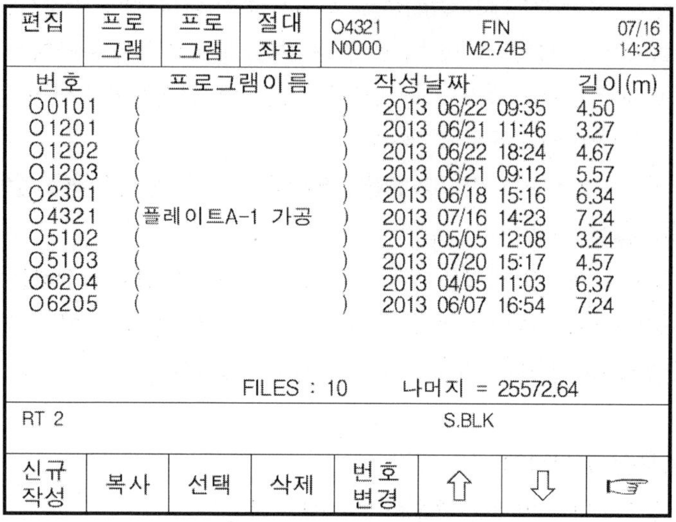

편집	프로그램	프로그램	절대좌표	O4321 N0000	FIN M2.74B	07/16 14:23

```
번 호          프로그램이름              작성날짜         길이(m)
O0101   (                    )  2013 06/22 09:35   4.50
O1201   (                    )  2013 06/21 11:46   3.27
O1202   (                    )  2013 06/22 18:24   4.67
O1203   (                    )  2013 06/21 09:12   5.57
O2301   (                    )  2013 06/18 15:16   6.34
O4321   (플레이트A-1 가공     )  2013 07/16 14:23   7.24
O5102   (                    )  2013 05/05 12:08   3.24
O5103   (                    )  2013 07/20 15:17   4.57
O6204   (                    )  2013 04/05 11:03   6.37
O6205   (                    )  2013 06/07 16:54   7.24



              FILES : 10      나머지 = 25572.64
```

RT 2					S.BLK		
신규 작성	복사	선택	삭제	번호 변경	⇧	⇩	☞

[그림 6-10] 편집 화면 1

② `프로그램` (`F4`) → `일람표` (`F1`) → `신규작성` (`F1`) 키를 누른다.

③ 프로그램번호를 타자하고, 프로그램을 입력한다.

(6) 프로그램 편집 시 유의사항

① 입력방법

프로그램 편집 화면은 [그림 6-11]과 같이 입력 준비 라인 위치와 프로그램 영역이 구분되어 있다. 예를 들어, X355.949Y148.647Z382.592를 타자하면 먼저 입력 준비라인에 X355.949Y148.647Z382.592가 표시되고, 입력(↵) 키를 누르면 프로그램 영역으로 X355.949Y148.647Z382.592가 입력된다. 그리고 EOB(;)는 자동으로 표시된다.

② 워드 삽입

프로그램을 타자하고 입력(↵) 키를 누르면 현재 커서 위치 앞쪽으로 워드를 삽입시킬수 있다. 예를 들어, G43 Z50. H01 M03 ; 에서 H01과 M03 사이에 S480을 삽입하려면 먼저 커서 이동(← → ↑ ↓) 키를 이용하여 M03 앞에 커서를 놓고 S480을 타자한 후 입력(↵) 키를 누르면 G43 Z50. H01 S480 M03 ; 과 같이 입력할 수 있다.

③ 워드 수정

수정하고자 하는 워드에 커서를 이동하고 수정할 데이터를 타자한 후 `수정` (`F1`)을누른다. 예를 들어, G30 G91 Z0. T02 M06 ; 에서 T02를 T01로 수정하려면 먼저 커서 이동(← → ↑ ↓) 키를 이용하여 T02에 커서를 놓고 T01을 타자한 후 `수정`(`F1`)을 누르면 G30 G91 Z0. T01 M06 ; 과 같이 수정할 수 있다.

④ 워드 삭제

삭제하고자 하는 워드에 커서를 이동하고 <u>삭제</u>(F2) 키를 누른다. 예를 들어, G01 Z0. S500 F360 ; 에서 S500을 삭제하려면 먼저 커서 이동(← → ↑ ↓) 키를 사용하여 S500에 커서를 놓고 <u>삭제</u>(F2) 키를 누르면 G01 Z0. F360 ; 과 같이 삭제할 수 있다.

편집	프로그램	프로그램	절대좌표	O4321 N0000	FIN M2.74B	07/16 14:23

```
%
O4321(플레이트A-1 가공) ;
G28 G91 Z0. ;
G28 G91 X0. Y0. ;
G92 G90     ;
G30 G91 Z0. T01 M06 ;
G00 G90 X170. Y36. ;
G43 Z5. H01 S480 M03 ;
G01 Z0. F360 ;
    X-60. ;
G00 Z5. ;
    X170. Y74. ;
G01 Z0. ;
> X355.949Y148.647Z382.592 ■
```

RT 2   S.BLK

수정	삭제	검색	↑	↓	←	→	☞

[그림 6-11] 편집 화면 2

(7) 공구 경로 확인하기

작성한 가공 프로그램을 실제 공작기계에서 확인하지 않아도 된다. 즉, 작성한 프로그램의 내용을 이 그래픽 기능으로 화면상에 나타낼 수 있고 공구의 급속 이송, 절삭 이송의 경로를 확인할 수 있다. 또한 일부분을 자세히 보기 위하여 보고 싶은 부분만 확대할 수도 있다.

① 편집에서 프로그램을 선택한다.
② ☞(F8) 키를 눌러 <u>도안</u>(F2)을 선택한다. ☞(F8) 키를 연속해서 누르면 F-키의 메뉴가 [그림 6-12]와 같이 반복된다.

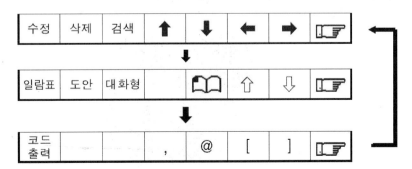

[그림 6-12] F-8 키의 메뉴 이동 화면

③ 도안 (F2) 키를 누른 후 스케일링 (F6) 키를 누르면 자동으로 그래픽이 실행되어 도안을 확인할 수 있다. 스케일링 중 프로그램에 이상이 있으면 경보 화면에서 알람 내용이 표시된다.

④ 스케일링이 완료된 후 신속확인 (F7) 키를 누르면 내부적으로 결정된 표준 크기로 신속하게 도안을 작성한다.

⑤ 신속 확인이 끝나면 확대설정 (F3) 키를 사용하여 의심되는 형상을 확대하여 확인한다.

(8) 공구 교환하기

머시닝센터의 공구 교환은 반자동운전 또는 자동운전에서 프로그램의 명령으로 공구를 교환한다.

① 모드 스위치로 반자동(MDI) 운전을 선택한다.

② G30 G91 Z0. T05 M06 ; (예 5번 공구 교환)과 같이 입력한다.

③ 자동 개시(CYCLE START) 버튼을 누른다.

④ 5번 공구로 교환된다.

(9) 공구 교체하기

새로운 공구를 사용하거나 사용하던 공구가 마모 또는 부러졌을 경우에는 공구를 교체해야 한다.

① 모드 스위치로 반자동(MDI) 운전을 선택한다.

② 예를 들어, 5번 공구를 교체할 경우 G30 G91 Z0. T05 M06 ; 과 같이 입력한다.

③ 자동 개시(CYCLE START) 버튼을 누른다.

④ 키보드의 조작판 키를 누르고, CHECK MODE 항목이 나오면 CHCKMODE (F1) 키를 눌러 CHECK MODE 항목이 체크(○ → ●)되게 한다.

⑤ [그림 6-13]에서 주축의 툴 언클램프(Tool Unclamp) 버튼을 눌러 마모 또는 부러진 공구의 툴홀더(생크)를 탈거한다.

⑥ 공구를 교체한 후 같이 주축의 툴 언클램프(Tool Unclamp) 버튼을 눌러 툴홀더(생크)를 끼운다.

(참고) 조작판 키를 연속해서 누르면 조작판 화면의 메뉴가 [그림 6-14, 15, 16]과 같이 반복해서 표시된다.

[그림 6-13] 툴 언클램프 버튼

핸들	조작판		기계 좌표	O4321 N0000	FIN M2.74B	07/16 14:23

○AUX.F.LOCK   ○CHECK MODE   □POWER OFF
□MANUAL ABS   ●MAGA. READY   ○SP.TOOL CLR
□Z AXIS NEGL   ●TOOL SW. UP   ○TOOL UNCLAMP
                 ○TOOL SW. DN   ○DOOR OPEN
                 ○MAG.STCPCW   ○DOOR CLOSE
                 ○MAG.STCPCCW   □EXTER/MIST
                 ●EXCHANG.CW
                 ●EXCHANG.CCW

RT 2   S.BLK

CHCKMODE	MAG.RDY	TOOL UP	TOOLDOWN	STEP CW	STEPCCW	EXCH CW	EXCHCCW

[그림 6-14] 조작판 화면 1

핸들	조작판		기계 좌표	O4321 N0000	FIN M2.74B	07/16 14:23

○AUX.F.LOCK   ○CHECK MODE   □POWER OFF
□MANUAL ABS   ●MAGA. READY   ○SP.TOOL CLR
□Z AXIS NEGL   ●TOOL SW. UP   ○TOOL UNCLAMP
                 ○TOOL SW. DN   ○DOOR OPEN
                 ○MAG.STCPCW   ○DOOR CLOSE
                 ○MAG.STCPCCW   □EXTER/MIST
                 ●EXCHANG.CW
                 ●EXCHANG.CCW

RT 2   S.BLK

POWROFF	TOOLCLR	TOOLUNCL	DOOROPEN	DOORCLOS	EXT/MIST		

[그림 6-15] 조작판 화면 2

핸들	조작판		기계 좌표	O4321 N0000	FIN M2.74B	07/16 14:23

○AUX.F.LOCK   ○CHECK MODE   □POWER OFF
□MANUAL ABS   ●MAGA. READY   ○SP.TOOL CLR
□Z AXIS NEGL   ●TOOL SW. UP   ○TOOL UNCLAMP
                 ○TOOL SW. DN   ○DOOR OPEN
                 ○MAG.STCPCW   ○DOOR CLOSE
                 ○MAG.STCPCCW   □EXTER/MIST
                 ●EXCHANG.CW
                 ●EXCHANG.CCW

RT 2   S.BLK

AUX LOCK	MANUABS	ZAXSNEGL					

[그림 6-16] 조작판 화면 3

❸ 공구 원점 세팅

머시닝센터 가공은 매거진(Magazine)의 많은 공구들을 순차적으로 교환하면서 여러 공정을 일관되게 작업할 수 있는 것이 특징이다. 그러나 일반적으로 프로그램을 작성할 때는 공구 길이를 생각하지 않고 프로그램을 작성하지만 실제 가공에 필요한 여러 종류의 공구들은 길이가 다르다.

이렇게 차이가 나는 공구 길이를 공작물 가공 전에 미리 측정하여 보정(Offset) 화면에 미리 등록해 놓는 과정이 공구 원점 세팅(공구 길이 측정)이다. 그리고 해당 공구를 사용할 때에는 프로그램에서 공구 길이 보정(G43, G44)을 명령하면 CNC가 자동으로 공구 길이를 보정하여 가공한다.

1. 공구 길이 보정방법

공구 길이 보정과 공구 길이 보정 취소 명령은 공구가 충돌하는 상황이 발생될 수 있으므로, Z축의 이동 명령과 같이 명령하고, 공구 길이 값보다 크게 명령해야 한다.

명령 방법	G00 G01	G43 G44	Z_ H_ ;

■ 명령 워드의 의미

　Z_ : 공구 길이 보정 시작 블록의 Z축 이송 끝점의 좌표

　H_ : 공구 길이 보정번호(해당 공구의 공구번호 기입)

[그림 6-17]에서 T01을 기준 공구로 사용하고 T02, T03의 공구 길이를 측정했을 때 다음과 같다면

공구번호	공구 길이	차이 값
T01	145.734	0
T02	123.237	−22.497
T03	174.426	28.692

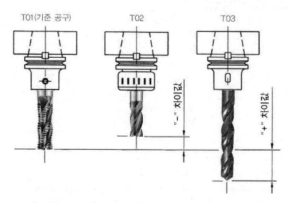

[그림 6-17] 기준 공구와 공구 길이의 차이값

보정 화면의 공구 길이 보정은 다음과 같이 하면 된다.

T01에 대한 보정

   G43 Z H01 ; (H01에 0 설정, G44 Z H01 ; (H01에 0 설정)

T02에 대한 보정(−22.497)

   G43 Z H02 ; (H02에 −22.497 설정, G44 Z H02 ; (H02에 +22.497 설정)

T03에 대한 보정(+28.692)

   G43 Z H03 ; (H03에 +28.692 설정, G44 Z H03 ; (H03에 −28.692 설정)

---

(1) 공구 길이 보정 취소

공구 길이 보정으로 실행된 공구의 보정값을 취소하기 위하여 다음과 같이 명령한다.

명 령 방 법	G00 G01	G49_ Z_ ;

■ 명령 워드의 의미

  Z_ : 이동되는 Z축 좌표

(2) 공구 길이 보정량 입력방법

① 보정 화면에 직접 입력하는 방법 : 각 공구의 상대적인 공구 길이 값을 측정하여 보정
화면의 해당 번호에 직접 입력하는 방법으로 간편하여 많이 사용한다.

② 프로그램에 의해 입력하는 방법(G10) : 공구의 길이 보정량을 프로그램화하여 입력할
수도 있다.

명 령 방 법	G10 L10 P_ R_ ;

■ 명령 워드의 의미

  L10 : 공구 길이 보정량(보정 화면 H값) 입력

  P_ : 보정번호

  R_ : 공구 길이 보정량(절대 명령 G90인 경우는 보정량 값으로 등록하고, 증분 명령
       G91인 경우는 이미 설정된 보정량에 명령된 보정량을 가감산한다.)

G10에 의한 보정량 입력 및 변경 기능은 자동화 라인이나 대량 생산 공장에서 미세하
게 변하는 치수를 자동으로 변화시키면서 가공할 때 주로 사용한다. 하나의 프로그램
에서 보정량의 변화로 다듬질 여유를 주어 가공할 때도 간단하게 사용할 수 있다.

(3) 공구 원점 세팅(공구 길이 측정) 방법

기준 공구에 의한 공구 원점 세팅(공구 길이 측정)방법은 다음과 같다.

[그림 6-18]은 보정 화면이다.

핸들	보정	일반	상대 좌표	O4321 N0000	FIN M2.74B	07/16 14:23

NO	DATA	NO	DATA
H001	53.248	D 001	50.000
H002	0.000	D 002	0.000
H003	23.254	D 003	1.500
H004	48.241	D 004	4.250
H005	52.421	D 005	5.000
H006	60.324	D 006	5.250
H007	2.124	D 007	6.000
H008	0.000	D 008	6.000
H009	0.000	D 009	0.000
H010	11.214	D 010	10.000
H011	21.000	D 011	10.000
H012	42.248	D 012	7.500

NO. H001 = 53.248 ■

RT 2   S.BLK

| 상대 | 워크 | ← | → | ↑ | ↓ | ⇧ | ⇩ |

[그림 6-18] 보정 화면

① 머시닝센터의 전원을 공급한 후, 비상 정지 버튼을 해제시킨다. 원점 복귀(ZRN)를 선택한 다음에 Z축(↑8)을 먼저 원점 복귀시키고, 완료되면 X(←4), Y(↙1) 축을 원점 복귀시킨다.

② 공구를 ATC 매거진에 장착한다(예 8번 공구에 장착).

- ATC 매거진에 해당 공구가 없을 때

  반자동(MDI) 선택→ 화면에 G30 G91 Z0. T08 M06 입력→ 입력(↵) → 자동 개시(CYCLE START)→ 조작판에서 CHCKMODE(F1)–(○→●) → 주축에 있는 툴 언클램프(Tool Unclamp) → 공구 장착

- ATC 매거진에 해당 공구가 있을 때

  반자동(MDI) 선택 → 화면에 G30 G91 Z0. T08 M06 입력 → 입력(↵) → 자동 개시(CYCLE START)

③ [그림 6-19] 하이트 프리세터를 테이블 위에 놓고 핸들(MPG) 운전에서 MPG 핸들 사용하여 Z축을 내려 T08 공구가 하이트 프리세터 상면을 터치하여 다이얼 눈금이 0(zero)이 되게 한다.

④ 위치선택(F1) 키를 눌러 화면에서 상대 좌표를 선택한다. 상대 좌표의 Z축을 0으로 세트하기 위해 Z0 (F6) 키를 누른다. Z축의 좌표가 0 세트된다.

[그림 6-19]
하이트 프리세터

⑤ 화면(또는 선택)을 누르고 보정(F5) 메뉴를 선택한 다음, 일반(F1) 메뉴를 선택하면 보정 화면이 뜬다.

⑥ 커서 이동(← → ↑ ↓ ⇧ ⇩) 키를 이용하여 기준 공구의 보정번호인 H008로 이동한다. 데이터에 보정량 0을 입력한다(기준 공구이기 때문에 보정량이 0이 된다). 상대 (F1)를 선택한다.

⑦ MPG에서 Z축을 선택하여 핸들을 돌려 공구를 안전한 위치로 올린다. 반자동(MDI) 운전에서 다음 설정할 공구를 교환한다(예 1번 공구).

⑧ 핸들(MPG) 운전에서 Z축을 내려 T01 공구가 하이트 프리세터 상면을 터치하여 다이얼 눈금이 0(zero)이 되게 한다. 보정 (F5) 메뉴를 선택한 다음, 커서 이동 (← → ↑ ↓ ⇧ ⇩) 키를 이용하여 설정할 공구번호의 위로 이동하고 설정입력 (F2)을 선택한다.

보정량이 자동으로 커서가 선택한 보정 번호의 보정량으로 설정된다.

⑨ 필요한 보정 횟수만큼 ⑦~⑧까지 반복한다.

2. 공구 지름 보정(G40, G41, G42)

공구의 측면 날을 이용하여 절삭하는 경우 실제 절삭량은 프로그램의 명령보다 공구 반지름만큼 더 절삭이 된다. 이와 같이 공구 반지름만큼 발생하는 편차를 프로그램에 공구 지름 보정 기능을 사용하여 자동으로 보정하는 기능이다.

명령 방법	G41	G00	X_ Y_ D_ ;
	G42	G01	
	G40	G00	X_ Y_ ;
		G01	

■ 명령 워드의 의미

　D_ : 공구 지름 보정 번호(해당 공구의 공구번호를 기입한다.)

(1) 공구 지름 보정의 가공 경로

[그림 6-20], [그림 6-21]은 공작물의 바깥쪽과 안쪽을 가공할 때 공구 지름 보정 G41, G42에 따른 공구 경로 방향이다.

공구 지름 보정과 취소 프로그램 예
N06 G00 X-10. Y-10. ;
N07 Z-10. ;
N08 G42 Y5. D06 ; (공구 지름 우측 보정, 보정번호 06번 명령)
N09 G01 X100. F100 ;
N10 Y200. ;
N11 G40 G00 X120. ; (공구 지름 보정 취소)

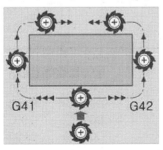

[그림 6-20] 바깥쪽 가공 시
공구 지름 보정 방향

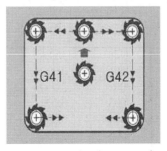

[그림 6-21] 안쪽 가공 시
공구 지름 보정 방향

(2) 공구 지름 보정량 설정

공구 지름 보정량은 공구 지름을 알고 있기 때문에 다음과 같이 간단히 설정된다.

① 공구 지름 보정량 설정방법

ⓐ 편집(EDIT), 자동(AUTO) 운전, 반자동(MDI) 운전, 핸들(MPG) 운전 중의 한 모드에서 화면(또는 선택)을 누른 후, [그림 6-22]에서 보정 (F5)을 선택한 다음, 일반(F1)을 누른다. [그림 6-23]과 같이 보정 화면이 표시된다.

위치	이송 속도	명령 지시	프로 그램	보정	진단	설정	경보

[그림 6-22] 메뉴의 보정 키(F5)

ⓑ 커서를 이동(← → ↑ ↓ ⇧ ⇩)키로 그림과 같이 설정할 공구 지름 보정번호 위로 이동한다.

NO	DATA		NO	DATA
H001	0.000		D001	0.000
H002	0.000		D002	0.000
H003	0.000		D003	0.000
H004	0.000		D004	0.000
H005	0.000		D005	0.000
....			....	

[그림 6-23] 보정 화면

ⓒ 설정할 보정량을 입력한다. 절대치 입력방법과 증분치 입력방법이 있다.

ⓓ 필요한 공구 지름 보정 횟수만큼 ⓑ부터 ⓒ까지 반복한다.

- 공구 길이 보정량을 알고 있는 경우도 공구 지름 보정량 설정 방법처럼 간단히 설정할 수 있다.

- 만일, 입력한 숫자가 틀린 경우 삭제(←) 키는 한 문자씩, 취소 (취소) 키는 모든 문자를 삭제할 수 있다. 또한 "I"(I)를 숫자 다음에 같이 입력하면 증분치 입력이 되므로 −값을 입력하면 감산이 된다.

- 절대치 입력 : 보정량 →6 . 을 입력한 후 입력(↵) 키를 누른다.
  [그림 6-23, 24] 참고

NO	DATA		NO	DATA
H001	0.000		D001	6.000
H002	0.000		D002	0.000
H003	0.000		D003	0.000
H004	0.000		D004	0.000
H005	0.000		D005	0.000
....			....	

[그림 6-24] 보정량 6.0 입력 후의 화면(절대치 입력)

• 증분치 입력 : 보정량 ↓2 . |을 입력한 후 입력(←┘) 키를 누른다.
  [그림 6-25, 26] 참고

NO	DATA	NO	DATA
H001	0.000	D001	6.000
H002	0.000	D002	0.000
H003	0.000	D003	0.000
H004	0.000	D004	0.000
H005	0.000	D005	0.000
………		………	

[그림 6-25] 증분치 보정량 입력 전의 보정 화면

NO	DATA	NO	DATA
H001	0.000	D001	8.000
H002	0.000	D002	0.000
H003	0.000	D003	0.000
H004	0.000	D004	0.000
H005	0.000	D005	0.000
………		………	

[그림 6-26] 증분치 보정량 입력 후의 보정 화면

4 NC 프로그램 검증과 DNC 운전

1. NC 시뮬레이터를 이용한 호환 검증

NC 시뮬레이터를 이용하여 NC 프로그램이 호환되는지 다음과 같이 검증한다. 시뮬레이션에서 이상 없이 가공이 되면 NC 프로그램과 장비는 호환이 된다.
① NC 시뮬레이터 실행
② 기계 설정 → 장비(NC 컨트롤러)를 선택한다. [그림 6-27] 참고
③ 공작물 설정 → 110×110×26을 입력한다.
④ 공구 설정 → 각 공구를 공구번호에 맞게 설정하고 공구 보정값 자동 입력 선택을 한다.
⑤ 원점 설정 → 원점을 설정한다.
⑥ NC 코드 → NC 코드 파일을 불러온다.
⑦ 모의 가공하기 [그림 6-28, 29, 30, 31] 참고
⑧ 검증 → 치수검사(좌표 확인, 거리 측정, 도면 생성), 비교검사, 공구 경로를 확인한다.
  [그림 6-32, 33] 참고

[그림 6-27] 기계 설정 화면

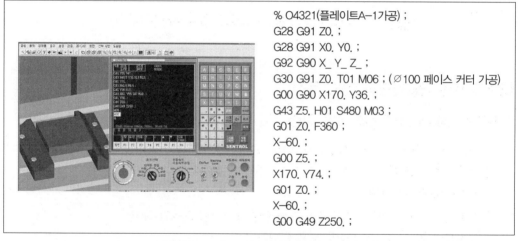

```
% O4321(플레이트A-1가공) ;
G28 G91 Z0. ;
G28 G91 X0. Y0. ;
G92 G90 X_ Y_ Z_ ;
G30 G91 Z0. T01 M06 ; (∅100 페이스 커터 가공)
G00 G90 X170. Y36. ;
G43 Z5. H01 S480 M03 ;
G01 Z0. F360 ;
X-60. ;
G00 Z5. ;
X170. Y74. ;
G01 Z0. ;
X-60. ;
G00 G49 Z250. ;
```

[그림 6-28] 모의 가공 – 페이스 커터

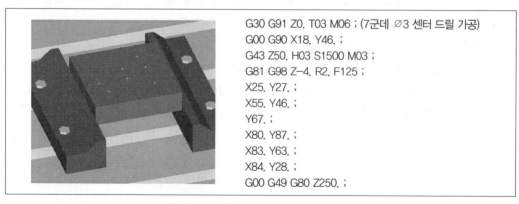

```
G30 G91 Z0. T03 M06 ; (7군데 ∅3 센터 드릴 가공)
G00 G90 X18. Y46. ;
G43 Z50. H03 S1500 M03 ;
G81 G98 Z-4. R2. F125 ;
X25. Y27. ;
X55. Y46. ;
Y67. ;
X80. Y87. ;
X83. Y63. ;
X84. Y28. ;
G00 G49 G80 Z250. ;
```

[그림 6-29] 모의 가공 – 센터 드릴

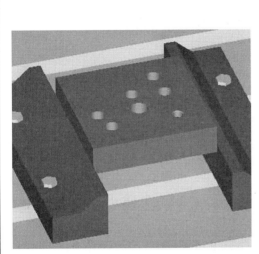

G30 G91 Z0. T04 M06 ; (1군데 ∅8.5 드릴 가공)
G00 G90 X84. Y28.
G43 Z50. H04 S935 M03 ;
G83 G98 Z−33. R2. Q5. F130 ;
G00 G49 G80 Z250. ;
G30 G91 Z0. T05 M06 ; (1군데 ∅10 드릴 가공)
G00 G90 X55. Y46. ;
G43 Z50. H05 S790 M03 ;
G83 G98 Z−34. R2. Q5. F126 ;
G00 G49 G80 Z250. ;
G30 G91 Z0. T06 M06 ; (5군데 ∅10.5 드릴 가공)
G00 G90 X18. Y46. ;
G43 Z50. H06 S725 M03 ;
G83 G98 Z−35. R2. Q5. F120 ;
X25. Y27. ;
X55. Y67. ;
X80. Y87. ;
X83. Y63. ;
G00 G49 G80 Z250. ;
G30 G91 Z0. T10 M06 ; (5군데 M12×1.5 탭 가공)
G00 G90 X18. Y46. ;
G43 Z50. H10 S132 M03 ;
G84 G98 Z−35. R2. F198 ;
X25. Y27. ;
X55. Y67. ;
X80. Y87. ;
X83. Y63. ;
G00 G49 G80 Z250. ;
G30 G91 Z0. T11 M06 ; (카운터 싱크 가공)
G00 G90 X84. Y28. ;
G43 Z50. H11 S600 M03 ;
G82 G98 Z−3. R2. P1000 F110 ;
G00 G49 G80 Z250. ;
G30 G91 Z0. T12 M06 ; (카운터 보어 가공)
G00 G90 X55. Y46. ;
G43 Z50. H12 S560 M03 ;
G82 G98 Z−14. R2. P1000 F110 ;
G00 G49 G80 Z250. ;

[그림 6−30] 모의 가공−센터 드릴

```
G30 G91 Z0. T07 M06 ; (∅12 엔드 밀 막깎기 가공)
G00 G90 X-10. Y-10. ;
G43 Z50. H07 S800 M03 ;
Z-8. ;
G01 X-1. F140 ;
Y39. ;
X6. ;
X-1. F280 ;
Y111. F140 ;
X33. ;
       ⋮
       ⋮
X110. F280 ;
Y-1. F140 ;
X-10. ;
G00 Z3. ;
X55. Y67.
G01 Z-6. F140 ;
Y31.
G00 G49 Z250. ;
```

[그림 6-31] 모의 가공 – 윤곽 막깎기

```
G30 G91 Z0. T08 M06 ; (∅12 엔드 밀 다듬질 가공)
G00 G90 X-10. Y-10. ;
G43 Z50. H08 S900 M03 ;
Z-8. ;
G41 X6. D08 ;
G01 Y24. F160 ;
X18. Y36. ;
       ⋮
X55. Y46. ;
G01 Z-6. F160 ;
G41 X62. D08 ;
Y61.343 ;
G03 X48. R-9. ;
G01 Y55.747 ;
G03 X48.5 Y35.913 R12. ;
G01 Y31. ;
G03 X61.5 R6.5 ;
G01 Y35.913 ;
G03 X62. Y55.747 R12. ;
G01 Y56. ;
G00 Z50. ;
G40 G49 Z250. ;
M05 ;
M02 ;
%
```

[그림 6-32] 모의 가공 – 윤곽 다듬질

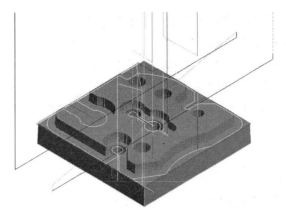

[그림 6-33] 검증 – 공구 경로

2. DNC 운전

(1) DNC 운전 조작

DNC를 선택하면 DNC 운전에 들어간다. DNC 운전 모드에서 자동 개시 버튼을 누르면, 프로그램 입력 상태가 되며, 한 블록 수신이 되는 대로 실행한다. 수신 프로그램은 그 길이와 함께 DNC 화면에 표시되고 실행이 끝난 블록은 화면에서 사라진다.

DNC	프로그램	프로그램	절대좌표	O4321 N0000	FIN M2.74B	07/16 14:23
절대좌표 X 359.419 Y 177.669 Z 521.231		잔여이동 X 0.000 Y 0.000 Z 0.000		F S T A.S A.F D	0 0 0 H	
RT 2				S.BLK		
일람표	위치표시					

[그림 6-34] DNC 운전 화면

(2) DNC 운전 시 유의사항

① DNC 운전을 시작하기 전에 미리 모든 통신을 종료해야 한다. DNC 운전은 리셋 상태가 되면 수신된 프로그램이 지워지고 통신도 종료한다.

두 번째 "%" 코드를 입력하면 통신을 종료한다.

② 보조 프로그램 호출은 메모리 내에 등록되어 있는 프로그램만을 호출할 수 있다.

③ GOTO 등의 매크로 제어 명령은 사용할 수 없다.

④ 반복 재개(REWIND)는 할 수 없다.

⑤ DNC로 입력된 프로그램은 편집할 수 없다.

⑥ 2진 코드 운전은 할 수 없다.

⑦ 편집 또는 자동운전 모드에서 프로그램이 선택되지 않은 상태에서는 도안을 표시하지 못한다.

5 가공 경로 검증 및 가공하기

1. 도안 조작하기

작성한 NC 프로그램의 내용을 그래픽 기능으로 화면상에 나타낼 수 있다.

그리고 공구의 급속 이송, 절삭 이송 경로를 확인할 수 있다. 또한 일부분을 자세히 보기 위하여 보고 싶은 부분만 확대할 수 있다. 가공 경로와 공구 경로를 표시하는 화면 조작방법은 다음과 같다.

(1) 도안 화면의 선택

① 모드(MODE) 스위치에서 편집(EDIT)을 선택한다.

② 화면에서 도안 (F2)을 선택한다.

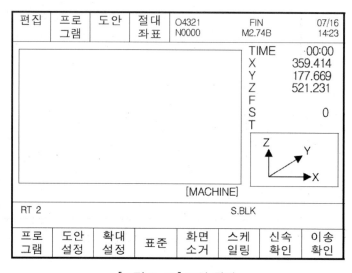

[그림 6-35] 도안 화면

(2) 가공 경로 확인

① 도안 화면에서 도안설정 (F2)을 선택하여 ↑(F7), ↑ (F8)을 사용하여 묘사 평면 X-Y-Z를 선택한다.

② 자동 스케일 결정을 하기 위해 스케일링(F6)을 선택한다(파트 프로그램을 작성 후 또는 수정 후 처음으로 도안 표시를 하려면 화면에 표시되는 스케일을 결정해야 하기 때문에 반드시 스케일링을 1회 해야 한다)

③ 신속확인(F7)을 누르면 프로그램에서 명령된 이송속도를 무시하고 고속으로 묘사된다. 즉, 파트 프로그램의 검증을 신속하게 할 수 있다.

④ 이송확인(F8)을 누르면 프로그램에서 명령된 이송속도로 묘사된다. 한 블록씩 확인하고 싶을 때는 기계 조작판의 싱글 블록 스위치를 ON하면 된다.

2. 공작물의 가공 원점 설정

공작물의 가공 원점 설정은 [그림 6-36]과 같이 터치 센서(Touch Sensor)와 [그림 6-37]과 같이 엔드 밀을 이용하는 방법이 있다. 터치 센서나 엔드 밀을 사용해서 공작물을 원점 세팅하는 방법은 같지만 터치 센서를 사용하면 정밀하고 쉽게 작업을 할 수가 있다. 일반적으로 간단한 공정의 작업에서는 엔드 밀을 사용한다.

(1) 공작물 원점 세팅하기

① 머시닝센터에 전원을 공급한 다음에 비상 정지 버튼을 해제한다.

② 운전 선택(MODE) 스위치에서 원점 복귀(ZRN) 운전을 선택한 다음에 Z축을 먼저 원점 복귀시키고, 완료되면 X, Y축을 원점 복귀시킨다.

③ 공작물을 테이블(또는 밀링바이스)에 고정한다.

④ 공작물 원점 X, Y값 설정하기

ⓐ 반자동(MDI) 운전에서 기준 공구(T08 : Ø12 엔드 밀)로 공구 교환한 다음 주축을 500rpm으로 정회전시킨다.
  • 8번 공구 교환 : 반자동(MDI) 운전 → 화면에 G30 G91 Z0. T08 M06 입력 → 입력(↵) → 자동 개시(CYCLE START)
  • 주축 500rpm으로 정회전 : 반자동(MDI) 운전 → 화면에 S500 M03 입력 → 입력(↵) → 자동 개시(CYCLE START)

ⓑ 핸들(MPG) 운전 선택 후 MPG 핸들을 사용하여 엔드 밀을 X축 방향의 공작물 측면에 터치시킨다. 터치하기 바로 전에 핸들의 펄스 영역(Pulse Range)을 0.01에 선택하고 천천히 이동시켜 터치한다.

ⓒ 터치된 상태에서 위치선택 (F1) 키를 눌러 상대좌표를 선택한다. 상대좌표의 X축을 0으로 세트하기 위해 X0 (F4) 키를 누른다. 상대 좌표 X축의 좌표가 0.000으로 세트된다.

ⓓ MPG 핸들을 사용하여 엔드 밀을 공작물의 Y축 단면에 터치시킨다.

ⓔ Y0 (F5) 키를 누르면 상대좌표 Y축의 좌표가 0.000으로 세트된다.

ⓕ 주축 정지([SPINDLE STOP]) 버튼을 눌러 주축을 정지시킨 후 MPG 핸들을 이용해 엔드 밀이 공작물에 간섭받지 않도록 Z축을 위로 이동시킨다.

ⓖ [MPG] 핸들을 사용하여 X축, Y축을 이동시켜 X축, Y축의 상대좌표가 0이 되게 한다.

ⓗ 엔드 밀의 중심과 공작물 원점이 일치하도록 공구 반지름만큼 X6. Y6. 으로 이동시킨다.

ⓘ [위치선택] ([F1]) 키를 눌러 화면에서 기계좌표를 선택한 다음, "−" 부호를 뺀 X, Y 기계좌표 값을 메모장에 기록한다. 이 값이 기계원점에서 공작물 원점까지 X, Y축의 거리 값이다.

⑤ 공작물 원점 Z값 세팅하기

ⓐ 주축을 정지한 후 높이가 100mm인 하이트 프리세터를 공작물 위에 고정한다.

ⓑ [MPG] 핸들을 사용하여 Z축을 내려 엔드 밀을 하이트 프리세터 상면에 터치하여 다이얼 눈금이 0(zero)이 되게 한다.

ⓒ [Z0] ([F6]) 키를 누르면 상대좌표 Z축의 좌표가 0.000으로 세트된다.

ⓓ [위치선택] ([F1]) 키를 눌러 화면에서 기계좌표를 선택한 다음, "−" 부호를 뺀 Z축 기계좌표값에 하이트 프리세터 높이 100을 더한 값을 메모장에 기록한다. 이 값이 기계원점에서 공작물 원점까지 Z축의 거리 값이다.

ⓔ [화면]을 누르고, [보정]([F5])을 선택한 다음에 일반([F1])을 누른다. 보정화면이 표시된다.

ⓕ 커서 이동([←][→][↑][↓][⇧][⇩]) 키로 커서를 설정할 공구 길이 보정번호 위로 이동한다(예 T08의 공구 길이 보정 번호 H008).

ⓖ T08이 기준 공구이므로 0을 타자한 후 입력([↵]) 버튼을 누른다. 데이터에 0.000이 입력된다. 나머지 공구들도 공구 길이 보정한다.

ⓗ 편집([EDIT])에서 가공할 프로그램의 공작물 좌표계 설정(G92)의 X, Y, Z값을 수정한다. −G92 G90 X355.949 Y148.647 Z382.592 ;

(a) X축 기준면 터치　　　(b) Y축 기준면 터치　　　(c) Z축 기준면 터치

[그림 6–36] 공작물 원점 설정(터치 센서와 하이트 프리세터 사용)

| (a) X축 기준면 터치 | (b) Y축 기준면 터치 | (c) Z축 기준면 터치 |

[그림 6-37] 공작물 원점 설정(엔드 밀 사용)

3. 자동운전 중 응용 조작하기

(1) 자동운전 중 일시 정지

자동운전 중 이송 정지(FEED HOLD) 버튼을 눌러 프로그램의 실행을 일시적으로 정지하여 가공 중인 공작물의 형상이 작업지시서와 도면의 형상과 일치하는지 등의 가공 상태를 파악할 수 있다.

① 이송 정지(FEED HOLD)
- 공구 이송이 즉시 정지된다.
- 프로그램의 다음 블록이 실행하는 것을 정지시킨다.
- 토출 중인 절삭유 및 회전 중인 주축은 계속 동작된다.

② 자동 개시(CYCLE START)
- 정지된 공구 이송이 다시 재개된다.
- 프로그램의 실행이 원래대로 재개된다.

자동 운전	프로 그램	프로 그램	절대 좌표	O4321 N0000	FIN M2.74B	07/16 14:23

```
G41 X6. D08 ;
G01 Y24. F160 ;
    X18. Y36. ;
G03 X8. Y46. R-10. ;
G01 X6. ;
    Y94. ;
G02 X16. Y104. R10. ;
G01 X20. ;
```

절 대 좌 표		잔 여 이 동		F	100
X	-7.010	X	15.234	S	2200
Y	58.000	Y	-4.000	T	10
Z	-6.000	Z	0.000	A.S	0
				A.F	98
				D 10 H 10	

시간 0시간 01분 53초   워크 2962   나머지 ▐█████▌│││││

RT 2   S.BLK

| 일람표 | 도안 | 📖 | ⬆ | ⬇ | ⇧ | ⇩ | ☞ |

[그림 6-38] 자동운전 화면

(2) 이송속도 조절

자동운전 중 절삭공구의 심한 소음과 떨림이 있을 경우 표면 거칠기가 나빠진다. 이때 프로그램에서 지정한 이송속도를 가공 중에 조절할 수 있다. [그림 6-39]는 이송속도 조절 화면이다.

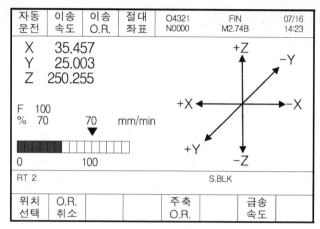

[그림 6-39] 이송속도 조절 화면

① 화면 또는 선택을 누른 다음 이송속도(F2)를 선택한다.

② 이송 O.R.(F5)을 선택한다.

③ 조작판의 FEEDRATE OVERRIDE 스위치로 이송속도를 조절한다.

④ O.R.취소 (F2) 버튼을 누르면 이송속도 조절이 취소된다. 조절량을 100%로 고정할 때 누른다. 다시 누르면 이전의 조절량이 유효하게 된다.

(3) 주축 회전수 조절

자동운전 중 절삭공구의 심한 소음과 떨림이 있을 경우 표면 거칠기가 나빠진다. 이때 프로그램에서 지정한 주축 회전수를 가공 중에 조절할 수 있다.

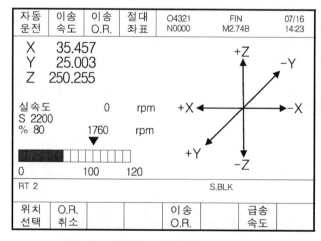

[그림 6-40] 주축 회전수 조절 화면

① 이송속도 조절 화면에서 主축O.R.(F5)을 선택한다.

② 조작판의 SPINDLE OVERRIDE 스위치로 이송속도를 조절한다.

③ O.R.취소(F2) 버튼을 누르면 주축 회전수 조절이 취소된다. 조절량을 100%로 고정할 때 누른다. 다시 누르면 이전의 조절량이 유효하게 된다.

④ 이송속도 조절을 다시 할 경우에는 이송O.R.(F5)을 선택한 다음 조절하면 된다.

(4) 싱글 블록 운전

싱글 블록 운전 중에는 한 블록이 실행될 때마다 자동운전이 정지되므로 그때마다 자동 개시(CYCLE START) 버튼을 누르면 다음 블록이 실행된다.

① 조작판에 있는 SINGLE BLOCK 스위치를 ON 한다.

② 싱글 블록 운전을 종료할 때는 조작판의 SINGLE BLOCK 스위치를 OFF 한다.

(5) 드라이 런 운전

프로그램에서 지정된 이송속도를 무시하고 별도로 지정된 속도로 이송할 수 있으며 프로그램을 점검할 때 사용한다. 조작판에 있는 DRY RUN 스위치를 ON 한 다음 이송속도 조절방법에 의하여 운전한다.

4. 장비조작 시 주의사항

(1) 안전 및 유의사항

① 가공을 하기 전에 프로그램을 충분히 검토하여 기계에서 알람이나 충돌이 발생하지 않도록 한다.

② 작업 중에 공작물이 튀어나가지 않도록 확실하게 고정하고 반드시 확인한다.

③ 가공을 시작하기 전에 사용될 공구의 상태를 세밀히 점검한다.

④ 조작반의 각종 스위치의 상태를 확인한다.

⑤ 시제품 가공 시 자동운전을 시작할 때에는 싱글 블록(Single Block) 스위치가 ON 상태인 것을 꼭 확인하여 가공한다.

⑥ 과대 절삭으로 공구가 소음과 떨림이 발생될 때는 이송속도와 회전수를 같은 비율로 낮춘다.

⑦ 가공 중에는 공구와 화면을 항상 주시한다. 정상이 아니라고 판단되면 즉시 FEED HOLD 버튼이나 비상 정지 버튼을 누를 수 있도록 한다.
  FEED HOLD 버튼을 누른 후 가공 재시작은 Cycle Start 버튼을 누른다.

⑧ 운전 중에 부주의로 조작반의 버튼이나 S/W를 건드리지 않도록 주의한다.

⑨ 운전이 끝나면 머시닝센터의 주축을 안전한 위치로 이동시키고, 테이블을 중앙에 이동시킨다.

⑩ 기계를 청소하고 주변을 정리 · 정돈한 다음, 비상 정지 버튼을 누르고 전원을 차단한다.

(2) 장비의 조작에 관한 주의사항

① 수동 운전

수동 운전을 할 때는 공구나 공작물의 현재 위치를 파악하고 이동 축, 이동 방향 및 이송속도 등의 선택을 확인하여 운전한다.

② 수동 원점 복귀

수동 원점 복귀가 필요한 기계는 전원 투입 후에는 반드시 수동 원점복귀를 한다. 수동 원점 복귀를 하지 않고 기계를 동작시키면 예기치 않은 동작을 할 수 있다.

③ 핸들 운전

핸들로 이송을 하는 경우 큰 배율을 선택해 핸들을 돌리면 공구나 테이블의 이송속도가 빨라진다. 주의해서 동작시키지 않으면 공구나 기계가 파손되거나 작업자가 다칠 가능성이 있다.

④ 오버라이드(Override) 무효

나사 절삭, Rigid Tap의 태핑 중에 Macro 변수에 의한 Override 무효 지정이나 Override Cancel 등에 의해 Override가 무효로 되는 경우에는 예기치 않은 속도가 되고 공구나 기계 및 공작물이 파손되거나 작업자가 다칠 가능성이 있다.

⑤ Origin/Preset 조작

프로그램 실행 중에 Origin/Preset 조작을 하지 않는다. 프로그램 실행 중에 조작을 하면 그 후의 프로그램 실행에 있어서 기계가 예기치 않은 동작을 한다.

⑥ 공작물 좌표계 이동(Shift)

Machine Lock, Mirror Image 등에 의해서 공작물 좌표계가 이동(Shift)되는 경우가 있다.

(3) 알람 발생 조치법

장비 온도

장비 온도에 의해 401 알람이 발생되면 다음의 조치를 취한다.

• 알람 표시 : 401 THERMAL SENSOR ALARM : MAIN UNIT 내부의 온도가 70℃ 이상이 되면 알람(Alarm)이 표시된다.

• 해제 방법 : 온도가 70℃ 이하로 내려가면 자동적으로 해제된다.

5. 장비 유지보수

(1) 장비의 일상 점검

기계 생산업체에서 만든 장비 점검표를 충분히 이해한 다음에 장비를 점검한다.

〈표 6-1〉 장비의 일상 점검 사항

구분		내용
일일 점검	외관 점검	• 장비 외관의 청소 및 변색 상태 점검 • 습동유, 절삭유의 누수 상태 등 점검
	압력 점검	공압 조정 유닛(Service Unit) 압력계의 적정 압력 점검[그림 6-41]
	유량 점검	• 급유기의 습동유 유량, 급유 모터(Lubrication Motor)[그림 6-42], 분당 급유량, 급유 압력 점검 • 리니어 가이드, 볼 스크루의 급유 상태 점검
	작동 상태 점검	• 주축의 회전 상태 점검 • X, Y, Z축 이송 확인 • 자동 공구 교환장치(ATC) 작동 상태 점검
월별 점검	팬(Fan) 모터 점검	• 각 부분의 팬 모터 회전 상태 점검 • 각 부분의 팬 모터와 날개의 먼지 및 이물질 제거
	필터(Filter) 점검	• 공압 조정 유닛(Service Unit)의 필터 점검 • 기계 강전반(Cabinet)의 필터(Filter) 점검[그림 6-43] • NC 조작판의 필터(Filter) 점검
	그리스 주입	지정된 작동부에 그리스의 주입 상태 점검
	백래시(Backlash) 점검	X, Y, Z축의 백래시(Backlash) 점검 및 보정
매년 점검	기계 수평 점검	기계 본체의 수평 점검 및 보정
	기계 정도 검사	기계 제작회사의 점검표에 의한 각부 기능 검사 및 조정
	전선의 절연 상태 점검	전선의 절연 상태 점검 및 보수

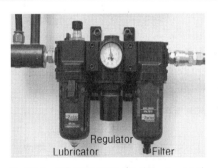
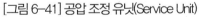

[그림 6-41] 공압 조정 유닛(Service Unit)

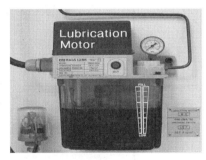

[그림 6-42] 급유기(Lubricator)

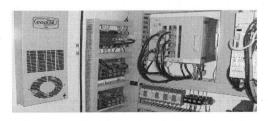

[그림 6-43] 강전반 내부의 팬 모터와 필터

(2) 장비 보수에 관한 주의사항

① Absolute Encoder용 전지의 교환

Absolute Encoder의 전지 전압이 낮아지면 알람이 표시되며 바로 전지를 교환하여야 한다. 전지 교환 작업은 보수 및 안전에 관한 교육을 받은 작업자만 할 수 있다. 강전반 문을 열고 전지(Battery) 교환을 할 때에는 고전압 회로 부분에는 닿지 않도록 주의하여 작업하고, 커버가 벗겨져 있는 부분에 닿으면 감전된다.

② 퓨즈(Fuse) 교환

퓨즈의 교환 작업은 퓨즈가 끊어진 원인을 없애고 나서 퓨즈를 교환해야 한다. 그러므로 퓨즈 교환 작업은 보수 및 안전에 관한 교육을 받은 작업자만 할 수 있다. 강전반 문을 열고 퓨즈 교환을 할 때에는 고전압 회로 부분에는 닿지 않도록 주의하여 작업하고, 커버가 벗겨져 있는 부분에 닿으면 감전된다.

6 머시닝센터 가공 작업지시서와 측정

1. 작업지시서(참고 자료)

작 업 지 시 서

작성일자		작성번호	O4321
작 성 자	홍 길 동 (인)	도면번호	A-1
작 업 명	플레이트 가공	장 비 명	TNV-40A

공 정

구멍 가공 후에 윤곽 가공을 한다.

소 재 치 수	110×110×26	소 재 재 질	SM20C

가공 조건표

연번	가공명	공구명	공구규격	공구번호	절삭조건 회전수 (RPM)	절삭조건 이송속도 (mm/min)	가공시간
1	윗면 가공	페이스커터	Ø100, FMAC4000-A	T01	480	360	
2	센터드릴 가공	센터드릴	Ø3, HSS	T03	1500	125	
3	Ø8.5, 드릴 가공	드릴 1	Ø8.5, HSS	T04	935	130	
4	Ø10, 드릴 가공	드릴 2	Ø10, HSS	T05	790	126	
5	Ø10.5, 드릴 가공	드릴 3	Ø10.5, HSS	T06	725	120	
6	막깎기 윤곽 가공	엔드밀	Ø12, 2날, 초경, TiAlN	T07	800	140	
7	다듬질 윤곽 가공	엔드밀	Ø12, 4날, 초경, TiAlN	T08	900	160	
8	태핑	스파이럴 탭	M12×1.5, HSS, TiN	T10	132	198	
9	카운터 싱킹	카운터 싱크	20M, 90°, HSS, TiN	T11	600	110	
10	카운터 보링	카운터 보어	15M, HSS, TiN	T12	560	110	
11							

작 업 시 유의사항	이상 발생 시 조치사항

2. 도면(참고 도면)

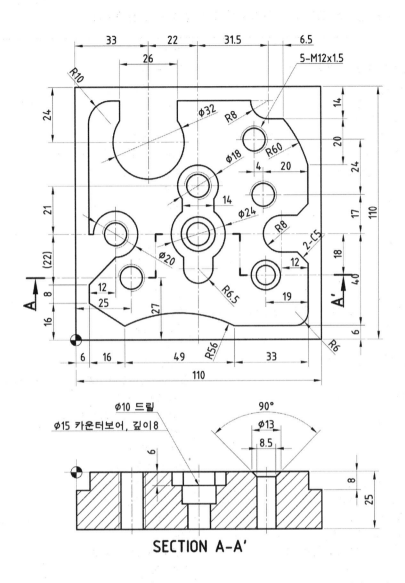

SECTION A-A'

3. NC 프로그램

NC 프로그램 검증은 도면과 작업지시서의 공정 순으로 검증한다.

```
%                                              X6. ;
O9010(플레이트 A-1 가공) ;                        X-1. F280 ;
G28 G91 Z0. ;                                   Y111. F140 ;
G28 G91 X0. Y0. ;                               X33. ;
G92 G90 X_ Y_ Z_ ;                              Y86. ;
G30 G91 Z0. T01 M06 ; (∅100 페이스 커터 가공)      Y111. F280 ;
G00 G90 X170. Y36. ;                            X105. F140 ;
G43 Z5. H01 S480 M03 ;                          Y96. ;
G01 Z0. F360 ;                                  X110. ;
X-60. ;                                         Y46. ;
G00 Z5. ;                                       X91. ;
X170. Y74. ;                                    X110. F280 ;
G01 Z0. ;                                       Y-1. F140 ;
X-60. ;                                         X-10. ;
G00 G49 Z250. ;                                 G00 Z3. ;
G30 G91 Z0. T03 M06 ; (7군데 ∅3 센터 드릴 가공)     X55. Y67.
G00 G90 X18. Y46. ;                             G01 Z-6. F140 ;
G43 Z50. H03 S1500 M03 ;                        Y31.
G81 G98 Z-4. R2. F125 ;                         G00 G49 Z250. ;
X25. Y27. ;                                     G30 G91 Z0. T08 M06 ; (∅12 엔드 밀 다듬질 가공)
X55. Y46. ;                                     G00 G90 X-10. Y-10. ;
Y67. ;                                          G43 Z50. H08 S900 M03 ;
X80. Y87. ;                                     Z-8. ;
X83. Y63. ;                                     G41 X6. D08 ;
X84. Y28. ;                                     G01 Y24. F160 ;
G00 G49 G80 Z250. ;                             X18. Y36. ;
G30 G91 Z0. T04 M06 ; (1군데 ∅8.5 드릴 가공)        G03 X8. Y46. R-10. ;
G00 G90 X84. Y28.                               G01 X6. ;
G43 Z50. H04 S935 M03 ;                         Y94. ;
G83 G98 Z-33. R2. Q5. F130 ;                    G02 X16. Y104. R10. ;
G00 G49 G80 Z250. ;                             G01 X20. ;
G30 G91 Z0. T05 M06 ; (1군데 ∅10 드릴 가공)         Y95.327 ;
G00 G90 X55. Y46. ;                             G03 X46. R-16. ;
G43 Z50. H05 S790 M03 ;                         G01 Y104. ;
G83 G98 Z-34. R2. Q5. F126 ;                    X78.5 ;
G00 G49 G80 Z250. ;                             G03 X86.5 Y96. R8. ;
G30 G91 Z0. T06 M06 ; (5군데 ∅10.5 드릴 가공)       G01 X93. ;
G00 G90 X18. Y46. ;                             G02 X103. Y76. R60. ;
G43 Z50. H06 S725 M03 ;                         G01 Y59. ;
G83 G98 Z-35. R2. Q5. F120 ;                    X98. Y54. ;
X25. Y27. ;                                     X91. ;
X55. Y67. ;                                     G03 Y38. R8. ;
```

```
X80. Y87. ;
X83. Y63. ;
G00 G49 G80 Z250. ;
G30 G91 Z0. T10 M06 ; (5군데 M12×1.5 탭 가공)
G00 G90 X18. Y46. ;
G43 Z50. H10 S132 M03 ;
G84 G98 Z-35. R2. F198 ;
X25. Y27. ;
X55. Y67. ;
X80. Y87. ;
X83. Y63. ;
G00 G49 G80 Z250. ;
G30 G91 Z0. T11 M06 ; (카운터 싱크 가공)
G00 G90 X84. Y28. ;
G43 Z50. H11 S600 M03 ;
G82 G98 Z-3. R2. P1000 F110 ;
G00 G49 G80 Z250. ;
G30 G91 Z0. T12 M06 ; (카운터 보어 가공)
G00 G90 X55. Y46. ;
G43 Z50. H12 S560 M03 ;
G82 G98 Z-14. R2. P1000 F110 ;
G00 G49 G80 Z250. ;
G30 G91 Z0. T07 M06 ; (∅12 엔드 밀 막깎기 가공)
G00 G90 X-10. Y-10. ;
G43 Z50. H07 S800 M03 ;
Z-8. ;
G01 X-1. F140 ;
Y39. ;
```

```
G01 X98. ;
X103. Y33. ;
Y12. ;
G02 X97. Y6. R6. ;
G01 X71. ;
G03 X22. R56. ;
G01 X6. Y16. ;
Y24. ;
G00 G40 X-10. ;
Z3. ;
X55. Y46. ;
G01 Z-6. F160 ;
G41 X62. D08 ;
Y61.343 ;
G03 X48. R-9. ;
G01 Y55.747 ;
G03 X48.5 Y35.913 R12. ;
G01 Y31. ;
G03 X61.5 R6.5 ;
G01 Y35.913 ;
G03 X62. Y55.747 R12. ;
G01 Y56. ;
G00 Z50. ;
G40 G49 Z250. ;
M05 ;
M02 ;
%
```

4. 공작물 형상의 이상 유무 파악

작업지시서와 도면에 의해 공작물 형상의 이상 유무를 다음과 같이 파악한다.

(1) 작업지시서와 도면을 준비한다.

〈표 6-2〉 가공조건표

연번	가공명	공구명	공구규격	공구 번호	절삭조건		가공 시간
					회전수 (rpm)	이송속도 (mm/min)	
1	윗면 가공	페이스 커터	∅100, FMAC400-A	T01	480	360	
2	센터 드릴 가공	센터 드릴	∅3, HSS	T03	1,500	125	
3	∅8.5, 드릴 가공	드릴 1	∅8.5, HSS	T04	935	130	
4	∅10, 드릴 가공	드릴 2	∅10, HSS	T05	790	126	
5	∅10.5, 드릴 가공	드릴 3	∅10.5, HSS	T06	725	120	
6	먹깎기 윤곽 가공	엔드 밀	∅12, 2날, 초경 TiAlN	T07	800	140	
7	다듬질 윤곽 가공	엔드 밀	∅12, 4날, 초경 TiAlN	T08	900	160	
8	태핑	스파이럴 탭	M12×1.5, HSS, TiN	T10	132	198	
9	카운터 싱킹	카운터 싱크	20M×90°, HSS, TiN	T11	600	110	
10	카운터 보링	카운터 보어	15M, HSS, TiN	T12	560	110	

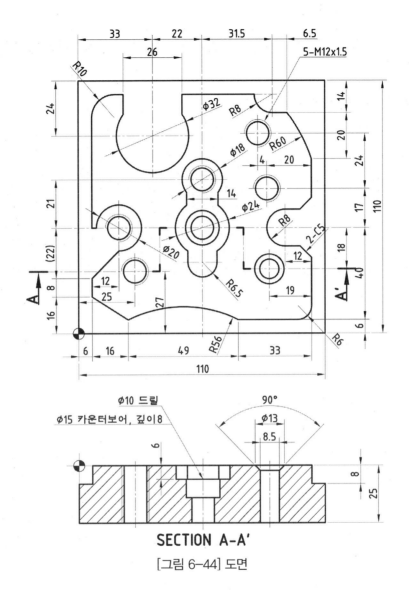

[그림 6-44] 도면

(2) 작업지시서의 공정에 따라 도면을 보고 공작물 형상의 이상 유무를 파악한다.

① 페이스 커터에 의한 평면가공이 잘 되었는지 확인한다.

② 탭 가공이 잘 되었는지 확인한다.

③ 카운터 싱크가공이 잘 되었는지 확인한다.

④ 카운터 보어가공이 잘 되었는지 확인한다.

⑤ 바깥쪽과 안쪽의 윤곽가공이 잘 되었는지 확인한다.

(3) 공작물 형상에 이상이 없으면 각 요소별로 측정기를 사용하여 측정한다.

1 장비 및 조작판(WIA-VX500)

2 장비 운전 및 세팅하기(VX500)

1. 전원 켜기

(1) 에어 컴프레서(Air Compressor) 켜기(ON)

에어 컴프레서를 켜서 기계에 에어를 주입 해준다.

① 메인 전원을 ON 한다.

전원은 기계 정면 기준으로 오른쪽에 있다.

② 컨트롤러 켜기(POWER ON)

전원을 켠 후 POWER ON 버튼을 누른다.

③ 공작물 물리기

④ 공작물을 바이스에 물리기
공작물을 바이스에 물린 후 공작물의 수평을
맞춘다(고무망치 사용).

2. 원점 복귀

① 원점 복귀를 위해 REF 모드로 변경해 준다.

② ALL ZERO RETURN 버튼을 누른다.
−X, +Y, +Z에 불이 들어오면 원점
복귀완료

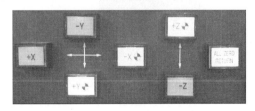

3. 기준공구 세팅방법

(1) 방법 1

① MDI 모드로 변경한다.

② PROG 버튼을 누른다.

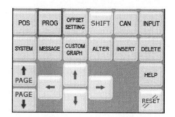

③ G91 G28 Z0. M19

  T01 M06 [EOB] [INSERT]

사이클 START 버튼을 눌러 실행시킨다.

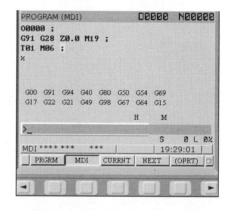

④ S7000 M03 [EOB] [INSERT]

사이클 START 버튼을 눌러 실행시킨다.

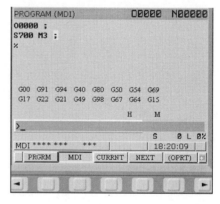

⑤ HANDLE 모드로 변경한다.

⑥ 핸들의 X100으로 X, Y, Z축을 이용하여
공작물의 X축에 가까이 놓아둔다.
공작물에 가까워지면 X10으로 이송속도
를 줄여 X를 터치한다.

⑦  POS 버튼을 누른다.

⑧ REL 버튼을 누른다(상대좌표).

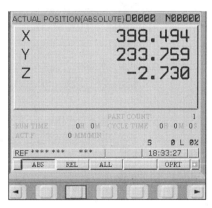

⑨ X_U 버튼을 누른 후 ORIGIN 버튼을 누른다.

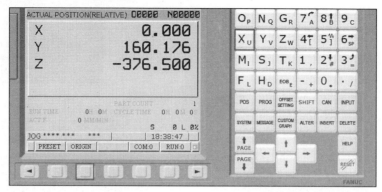

⑩ 핸들의 X100으로 X, Y, Z축을 이용하여 공
작물의 Y축에 가까이 놓아둔다.
공작물에 가까워지면 이송속도를 줄여 Y를
터치한다.

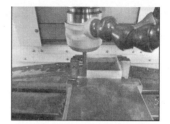

⑪ Y_V 버튼을 누른 후 ORIGIN 버튼을 누른다. Z축을 +방향으로 이동한다.

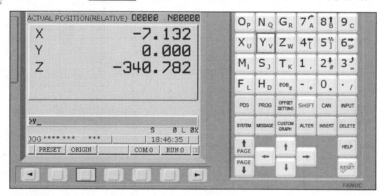

⑫ 핸들을 이용하여 X5.000 및 Y5.000으로 맞춘다.

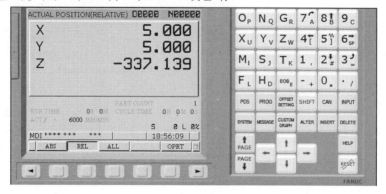

⑬ Z축을 이용하여 공작물에 터치한다.
측정 기능이 없는 기계는 기계 좌푯값을 기
록한다.

⑭ X_U , ORIGIN / Y_V , ORIGIN / Z_W , ORIGIN 버튼을 차례대로 누른다.

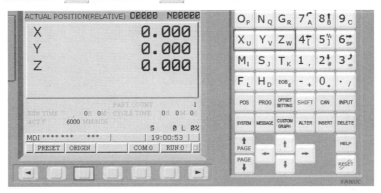

⑮ OFFSET SETTING 버튼을 누른다.

⑯ WORK 버튼을 누른다.

⑰ 01(G54)의 X에 커서를 위치시킨다.

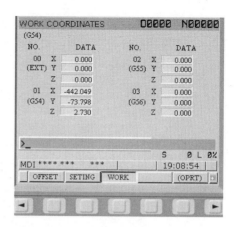

⑱ X_U 누른 후 0.0을 입력하고, MEASUR 버튼을 누른다.

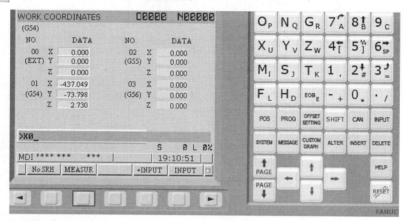

⑲ Y_V 버튼을 누른 후 0.0을 입력하고, MEASUR 버튼을 누른다.

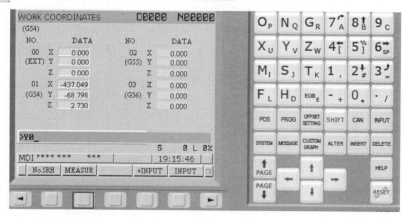

⑳  버튼을 누른 후 0.0을 입력하고, MEASUR 버튼을 누른다.

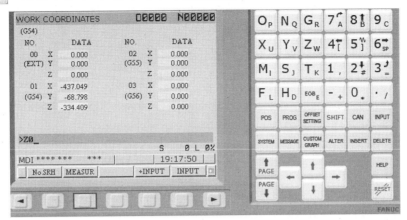

㉑ 기계에 따라서 공작물 좌표계를 설정 후 상대
좌표계가 바뀌는 현상이 간혹 발생한다. 파라
미터에서 설정이 가능하나 상대좌표를 확인
한다.

특히, Z축 기준공구 세팅법으로 세팅 시 Z축
의 상대좌표가 중요하다.

POS 버튼을 누른 후 X_U, ORIGIN / Y_V,
ORIGIN / Z_W, ORIGIN 버튼을 차례대
로 누른다.

이때 X, Y, Z가 0.000이 된다.

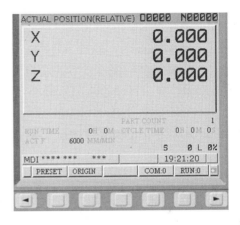

이로써 공작물 좌표계 설정이 완료되었다. 나머지 공구는 드릴만 설명하기로 한다.
센터 드릴, 드릴, 페이스 커터 등의 세팅법은 같기 때문에 생략하며, 머시닝센터의 세팅법
에는 여러 가지가 있으나 그중에서 G54를 이용한 기준공구 세팅법으로 설명을 하였고,
G90 G92 X---Y---Z--- 세팅법은 G54 세팅법에서 기계좌표의 부호 반대 값을 취
하면 된다.

(2) 방법 2

예를 들어, 기계 좌표계가 X-123.123
　　　　　　　　　　　　　　　Y-234.234
　　　　　　　　　　　　　　　Z-345.345로 되어 있으면

G91 G28 X0. Y0. Z0.
G90 G92 X123.123 Y234.234 Z345.345로 프로그램 수정 후 사용하면 된다.

(3) 방법 3

기준공구 세팅 시 G54의 Z축을 000.000으로 하였다면 기계원점 복귀 시 상대 좌표계를 Z0.으로 입력 후 상대 좌표계의 Z축을 0으로 하지 않고 공작물 Z축 터치 후 Z 입력 후 C.입력(INP.C)을 누르면 된다.

(4) 방법 4

기준공구에 해당하는 공구를 교환하여 공작물에 Z축을 터치 후 툴 프리세트로 공구 길이를 측정하여 각각의 공구 길이를 입력하는 방법이 있다.

예를 들어, 기준공구로 공작물의 Z축에 터치 후 기준공구를 툴 프리세트로 측정한다. 공작물 터치 시 기계 좌표가 Z-555.555라면 툴 프리세트로 공구 길이 측정 값은 111.111이며 G54 Z-666.666이 된다. 그렇다면 H001= 111.111이 입력되어야 한다. 나머지 공구 또한 툴 프리세트에 측정한 값 그대로 원하는 H 값에 입력만 하면 된다.

(5) 방법 5

G54를 프로그램에 자동으로 입력하여 사용하는 방법도 있다.

G90 G10 L2 P01 X-123.123 Y-123.123 Z-222.222를 프로그램에 입력하면 자동으로 G54 좌표계가 X-123.123 Y-123.123 Z-222.222로 바뀐다.

4. 나머지 공구 세팅하기(이후 다른 공구의 세팅방법도 같다)

① MDI 모드로 변경한다.

② PROG 버튼을 누른다.

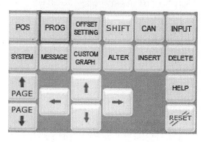

③ G91 G28 Z0. M19

　　T02 M06

사이클 스타트 버튼을 눌러 실행시킨다.

④ S700 M03

사이클 START 버튼을 눌러 실행시킨다.

또는 핸들운전에서 START와 SELECT
버튼을 동시에 누르면 회전한다.

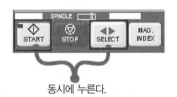

동시에 누른다.

⑤ HANDLE 모드로 변경한다.

⑥ Z축을 이용하여 공작물에 터치한다.
　　측정 기능이 없는 기계는 기계 좌푯값을 기록
　　한다(공작물 끝단이므로 X2. Y2.으로 약간
　　이동 후 터치).

⑦ [OFFSET SETTING], [OFFSET] 버튼을 누르고 커서를 002 QEOM(H)으로 옮긴다.

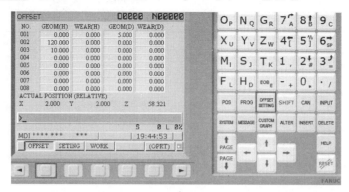

⑧ Z 입력 후 INP. C. 버튼을 누른다(상대 좌표계의 Z값이 입력됨을 알 수 있다).

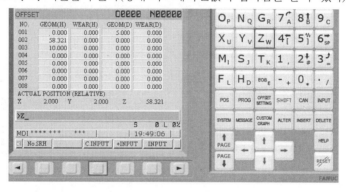

5. 기계에서 컴퓨터 NC 데이터를 불러들이는 방법

EDIT 모드로 변경하고, [(OPRT)] 버튼, [▶] 버튼을 누른다. [READ] 버튼, [EXEC] 버튼을 차례대로 누르면 'LKS' 표시가 나타나며 이때 NC 데이터를 전송한다.

① EDIT 모드로 돌린다.

② [PROG] 버튼을 누른다.

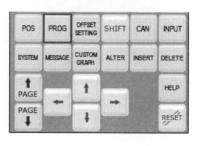

③ (OPRT) 버튼을 누른다.

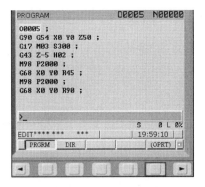

④ ► 버튼을 누른다.

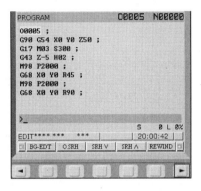

⑤ READ 버튼을 누른다.

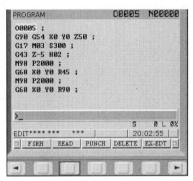

⑥ EXEC 버튼을 누른다.

6. 컴퓨터에서 NC 데이터를 기계 쪽으로 보내는 방법

컴퓨터 바탕화면에 있는 NC Link Free 프로그램을 실행시킨다. Open을 클릭하여 NC 데이터를 선택하고 열기를 클릭한다. Send code을 클릭해서 Start를 클릭한다.

① NC Link Free 실행

② Open 클릭

③ NC 데이터 열기

④ Send code 클릭

⑤ Start 클릭

⑥ 데이터 전송

7. 실행

NC 데이터 전송이 끝나면 AUTO 모드로 변경하고 START 버튼을 누른다.

① 모드를 AUTO로 돌린다.

② 사이클 스타트 버튼을 눌러 실행시킨다.

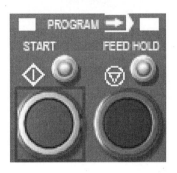

1 전원 켜기

① 기계 뒷면 전원을 ON으로 돌린다.

② 조작기 NC ON 버튼을 누른다.

2 원점 복귀

원점 복귀 시에는 핸들운전을 이용하여 각 축을 −로 이동 후 원점 복귀를 실시한다.

① 모드를 REF · RTN으로 돌린다.

② Z축으로 놓고 +를 눌러 원점 복귀시킨다.

③ Y축으로 놓고 +를 눌러 원점 복귀시킨다.

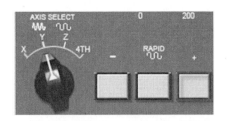

④ X축으로 놓고 +를 눌러 원점 복귀시킨다.

❸ 공작물 세팅하기

① 모드를 MDI로 돌린다.

② PROG 버튼을 누른다.

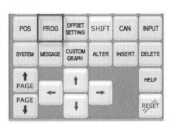

③ G91G30Z0.M19 [EOB/E] T1 M6 자타

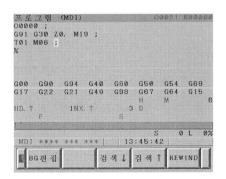

④  버튼을 누른다.

⑤ S300 M3을 입력한다.

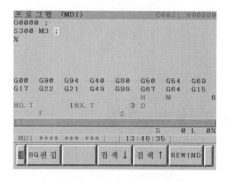

⑥ 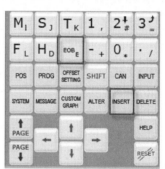 버튼을 누른다.

⑦ CYCLE START 버튼을 누른다.

⑧ 모드를 HANDLE로 돌린다.

⑨ 핸들의 X, Y, Z축을 정하여 공작물 근처로
   옮긴다.

⑩ X축 먼저 X10으로 터치한다.

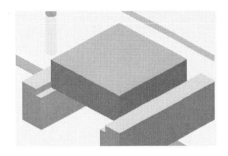

⑪  POS 버튼을 누른다.

⑫ 상대 좌표를 누른다.

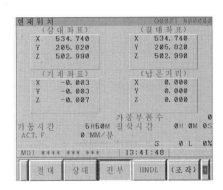

⑬ X_U 버튼을 누른다.

⑭ ORIGIN 버튼을 누른다.

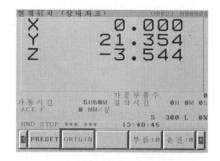

⑮ 핸들의 X, Y, Z축을 이용해서 Y축 공작물 근처로 옮긴다.

⑯ 핸들을 Y에 두고 X10으로 Y축면에 터치 한다.

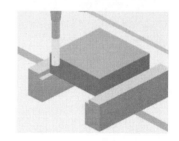

⑰ Y_V 버튼을 누른다.

⑱ ORIGIN 버튼을 누른다.

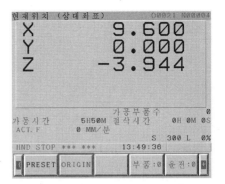

⑲ Z축을 조금 올린 후 X5, Y5로 이동

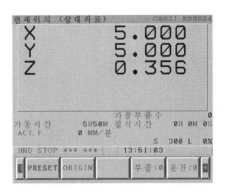

⑳ 핸들을 Z축 −방향으로 내려 터치한다.

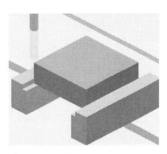

㉑ Zw 버튼을 누른다.

㉒ 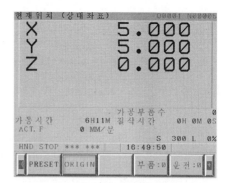 버튼을 누른다.

㉓ X, ORIGIN / Y, ORIGIN 버튼을 누른다.

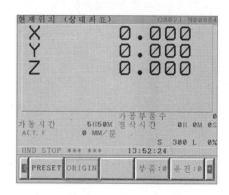

㉔ OFFSET SETTING 버튼을 누른다.

㉕ 좌표계를 누른다.

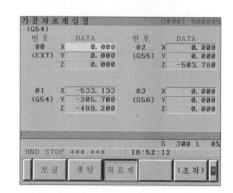

㉖ G54에 커서를 두고 X0 측정 을 누르면
기계 좌표계의 X값이 입력된다.

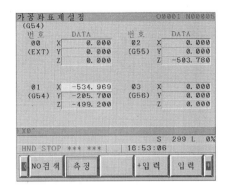

㉗ Y0 측정을 누른다.

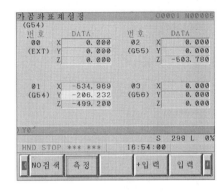

㉘ Z0 측정을 누른다.

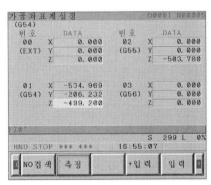

㉙ POS 버튼을 누른다.

㉚ 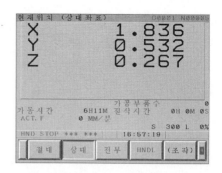 좌표 버튼을 누른다.

㉛ **X**, ORIGIN / **Y**, ORIGIN / **Z**, ORIGIN
버튼을 누른다.

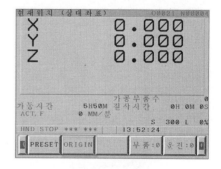

㉜ Z를 +방향으로 살짝 올린 후 공구 회전을
정지시킨다.

㉝ 모드를 MDI로 돌린다.

㉞ PROG 버튼을 누른다.

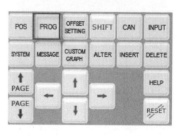

㉟ G91 G30 Z0. M19 ;

　　T02 M06 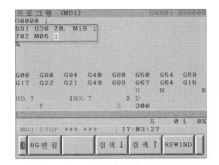 버튼을 누른다.

㊱ 2번 공구로 교체된 모습

㊲ 모드를 HANDEL로 돌린다.

㊳ START를 눌러 공구를 회전시킨다.

㊴ 핸들을 Z(-)방향으로 터치한다.

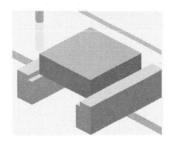

⑩  을 누른다.

㊶ 보정 의 002에 커서를 이동한다.

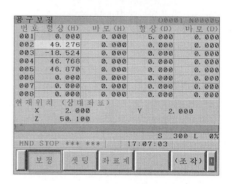

㊷ Z_W 를 누른다.

㊸ 002에서 Z를 누른 후 C.입력 버튼을 누르면
   상대 좌표가 입력되었다.

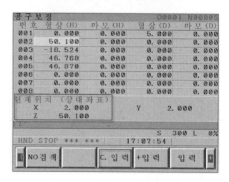

㊹ Z를 살짝 올린 후 STOP을 누른다.

㊺ 모드를 MDI로 돌린다.

㊻ 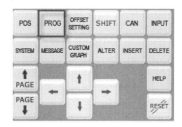 PROG 버튼을 누른다.

㊼ G91 G30 Z0. M19 ;
  T3 M6 EOB_E , INSERT 버튼을 누른다.

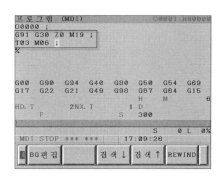

㊽ EOB_E , INSERT 버튼을 차례로 누른다.

㊾ 3번 공구로 교체된 모습

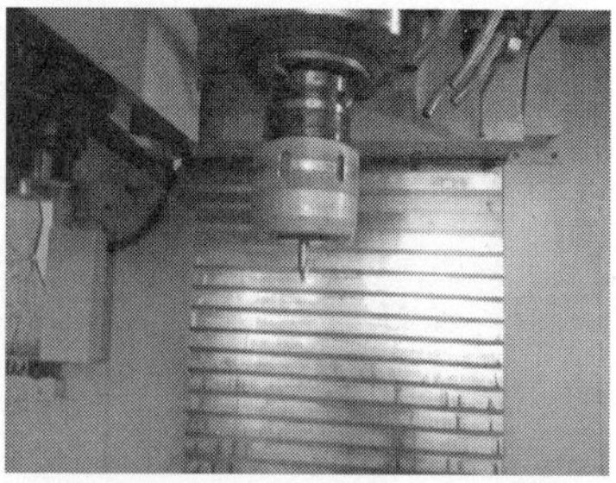

(50) 모드를 HANDLE로 돌린다.

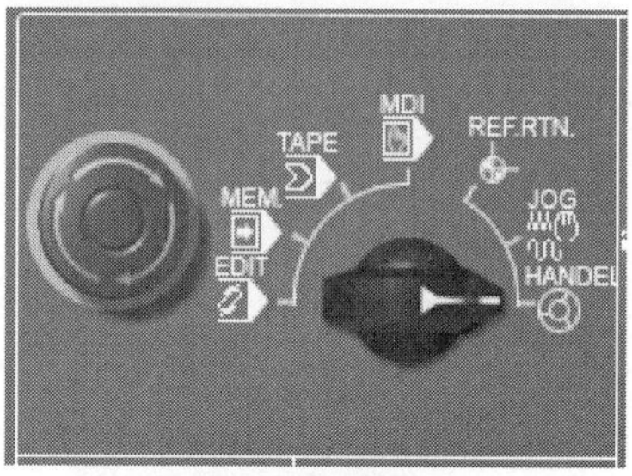

(51) START를 눌러 공구를 회전시킨다.

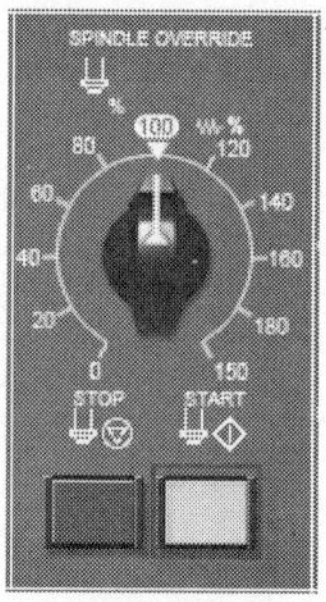

(52) 핸들을 Z방향(−)로 돌려 터치한다.

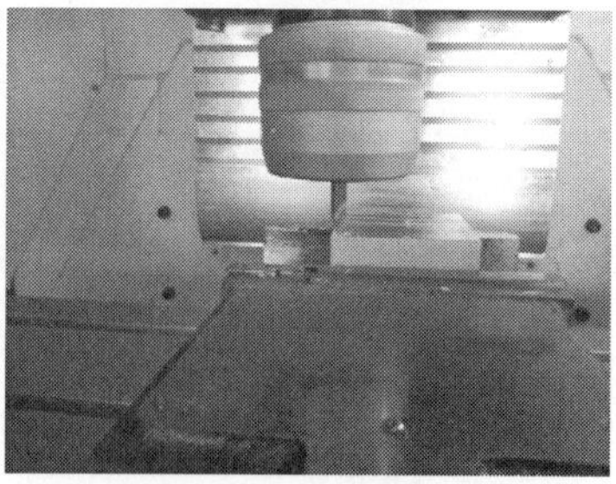

(53) OFFSET SETTING 버튼을 누른다.

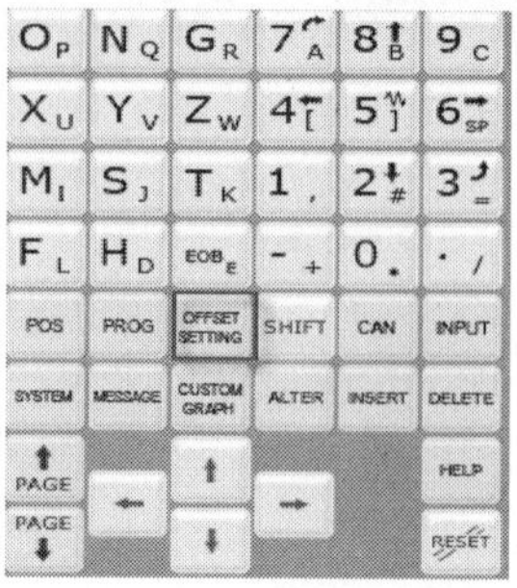

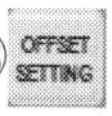

(54) 보정 을 누르고, 3번에 커서를 위치시킨다.

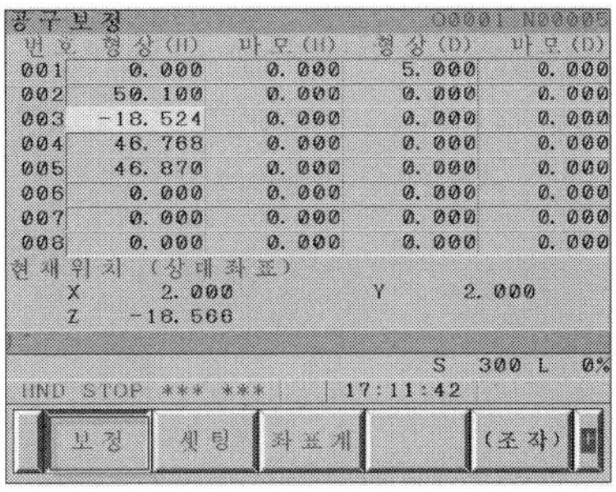

(55) Z를 누르고 C.입력 을 누른다.

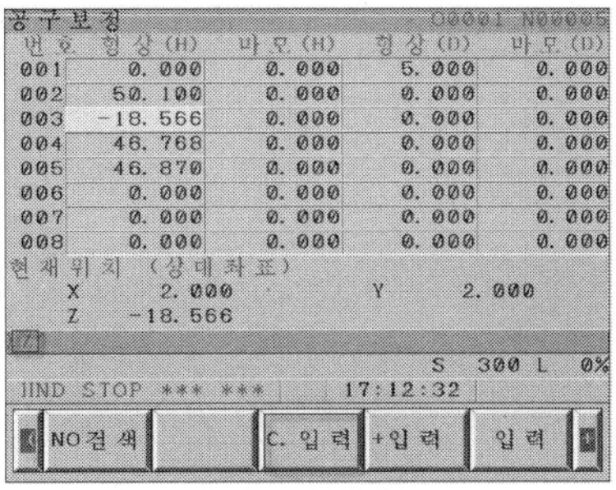

(56) STOP을 눌러 공구회전을 정지시킨다.

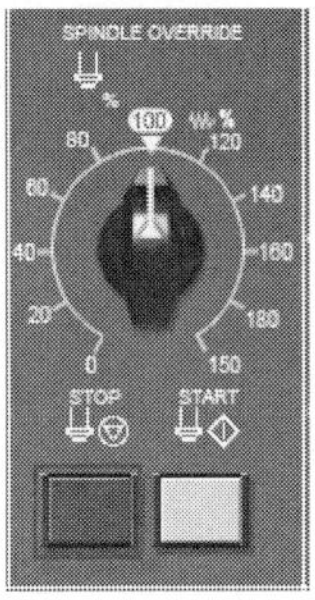

4 프로그램 전송하기(Rs232c)

① 모드를 EDIT로 돌린다.

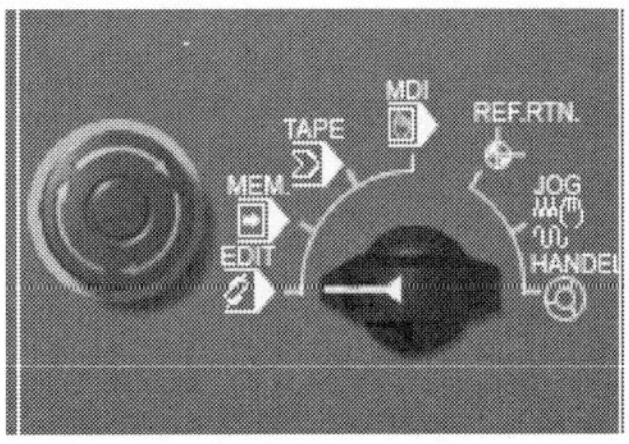

② PROG 을 누른다.

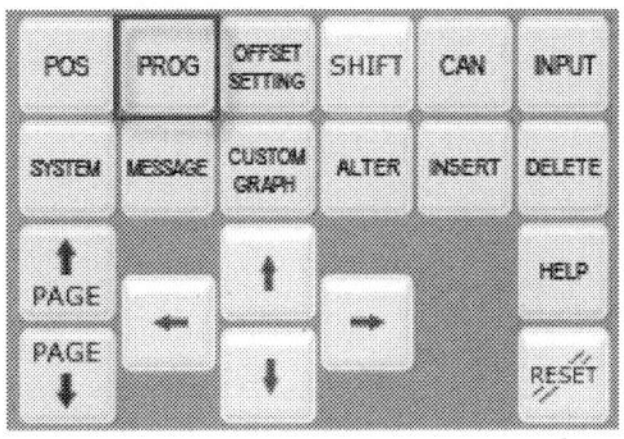

③ (조 작) 버튼을 누른다.

④ 화면 아래 우측 ► 버튼을 누른다.

⑤ READ 버튼을 누른다.

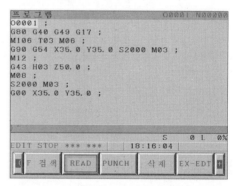

⑥ 실 행 버튼을 누르면 LSK가 깜박인다.

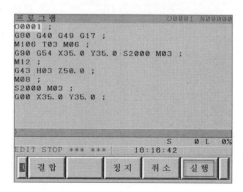

⑦ LC Link 프로그램을 실행한다.

⑧ START NC LINK를 누른다.

⑨ CLOSE를 누른다.

⑩ 파일 열기를 클릭한다.

⑪ 파일 형식에서 ALL Files를 클릭한다.

⑫ 프로그램 선택 후 열기를 클릭한다.

⑬ 프로그램 처음과 끝에 %를 입력한다.

⑭ Send code를 선택하고 Start 버튼을 누른다.

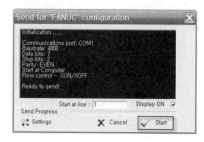

5 프로그램 전송하기(CARD 방식)

① 모드를 MDI로 돌린다.

② [OFFSET SETTING] 버튼을 누른다.

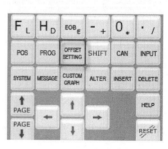

③ 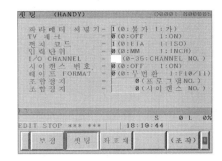을 누른다. I/O채널 RS232C=0 또는 11

④ I/O CHANNEL=4를 입력한다.

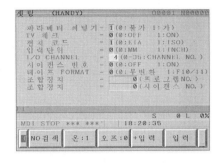

⑤ 모드를 EDIT로 돌린다.

⑥ PROG 버튼을 누른다.

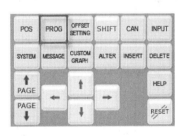

⑦ ▶ 버튼을 누른다.

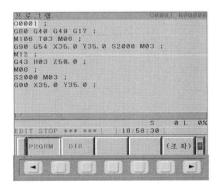

⑧ 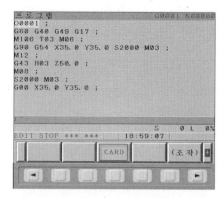 ▶ , CARD 버튼을 누른다.

⑨ 메모리카드의 프로그램 목록이 나오면 (조 작) 버튼을 누른다.

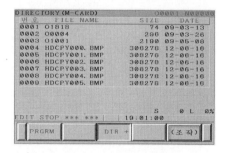

⑩ F READ 버튼을 누른다.

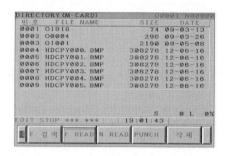

⑪ 3 입력 후 F 설정 버튼을 누른다.

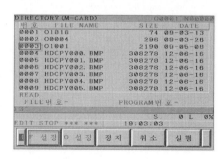

⑫ 실 행 버튼을 누른다.

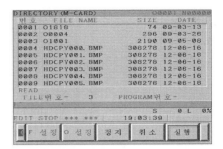

⑬ 기존의 프로그램이 있기 때문에 알람이 발
생한다. EDIT에서 O1001 프로그램을 삭
제 후 03~08번까지 재실행한다.

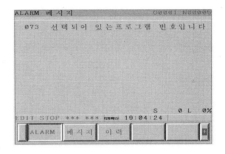

⑭ 완료되면 FILE 번호가 자동으로 4번이
된다.

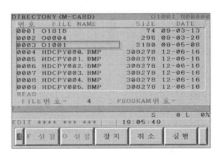

6 자동운전하기

① 모드를 EDIT로 돌린다.

② PROG 버튼을 누른다.

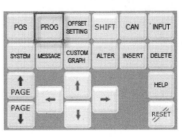

③ [PRGRM] 프로그램을 확인한다.

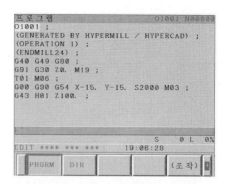

④ 모드를 MEM으로 돌린다.

⑤ 프로그램을 체크한다.

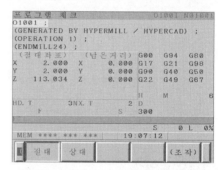

⑥ SINGLE BLOCK 스위치를 올린다.

⑦ CYCLE START 버튼을 누른다.

선택에 따라서 M01을 ON 한다.
절삭유를 자동으로 하고 자동운전을 완료하면 된다.

⑦ 수동 공구 교환하기

① 모드를 HANDLE로 돌린다.

② DOOR OPEN 버튼을 누른다.

③ 문을 연다.

④ 공구를 손으로 단단히 잡는다.

⑤ 표시된 버튼을 눌러 빼낸다.

⑥ 홈에 맞추어 끼운 뒤 버튼을 누른다.

⑧ NC OFF 및 파워 OFF

① NC OFF를 누른다.

② OFF로 돌린다.

1 메인전원 ON 및 원점 복귀

① NC 파워를 ON를 한다.

② 비상정지 버튼을 시계방향으로 회전시켜 해
　제 후 MACHINE READY 버튼을 누른다.

③ 모드를 원점 복귀로 돌린다.

④ 급송 이송속도를 50%로 돌린다.

❷ 공구 교환하기 및 스핀들 공구 빼기

① MODE를 MDI(반자동)로 돌린다.

② PROG → G91G30Z0.0M19 ; T01M06 ;

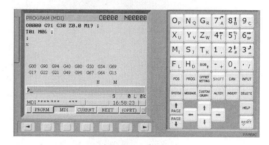

③ CYCLE START 버튼을 누른다.

④ DOOR OPEN 버튼을 누른다(공구를 교환
하기 위해서 닫혀 있는 문을 열어야 함).
버튼을 누르면 불이 켜진다.

⑤ 스핀들에 부착된 BT척을 손으로 잡는다. 무거
우므로 주의해야 하며 핸들이나 JOG운전으
로 Z-방향 이동 후 실시하면 좋다.

⑥ TOOL UNCLAMP 버튼을 누르면 고정되
  어 있는 공구가 스핀들과 분리된다.

❸ 새 공구 교환하기

① 공구 스탠드에 공구를 고정하고 훅 스패너를
  이용하여 반시계방향으로 반 회전시켜 풀어
  준다(안전을 위함).

② 분해된 콜릿에 사용 완료한 공구를 빼내고 새
  공구를 조립한다.

※ 새 공구 교환 후 시계방향으로 감으면서 조여
  준다(안전에 유의하여 반만 감고 다시 반을
  감아주는 식으로 본인의 앞으로 조여 준다).
  나머지 공구도 같은 방법으로 실시한다.

※ 스핀들에 키 홈에 맞게 맞추어 조립하고 위에서
  엔드 밀을 분리하였을 때와 같이 "TOOL
  UNCLAMP" 버튼을 누른다.
  나머지 공구도 같은 방법으로 진행한다.

국가기술자격 출제기준 및 실전도면

SECTION 01 | 기능사(컴퓨터응용밀링)

1 컴퓨터응용밀링기능사 실기 출제기준

직무분야	기계	중직무분야	기계제작	자격종목	컴퓨터응용밀링기능사

○ 직무내용 : 부품을 가공하기 위하여 가공 도면을 해독하고 작업계획을 수립하며 적합한 공구를 이용하여 평면, 곡면, 홈, 구멍, 나사 등을 밀링과 머시닝센터를 운용하여 가공, 공작물을 측정하여 필요시 수정하고, 장비를 점검, 정비, 관리하는 등의 직무 수행

○ 수행준거
  1. 도면분석을 통하여 작업계획을 수립하고, 밀링과 머시닝센터를 운용할 수 있다.
  2. 가공조건을 고려하여 작업공정과 절삭공구를 결정하고, 밀링과 머시닝센터를 사용하여 가공할 수 있다.
  3. 용도에 맞는 측정기를 선정하여 검사를 수행할 수 있다.
  4. 장비지침서에 의하여 장비를 점검하고 이상유무를 판단한 후 조치할 수 있다.

실기검정방법	작업형	시험시간	3시간 정도

주요항목	세부항목	세세항목
1. 작업준비	1. 수동공구 및 동력공구 사용하기	1. 해당 작업에 알맞은 공구를 선정하고 사용할 수 있다. 2. 해당 동력공구를 사용목적에 맞게 조건을 설정하고 사용할 수 있다.
	2. 밀링 작업	1. 가공 조건 설정하기
	3. 작업계획 수립하기	1. 절삭조건과 작업 결과를 고려하여 작업 우선순위를 결정할 수 있다. 2. 작업공정에 알맞은 공구를 선택하여, 작업범위를 설정할 수 있다.
	4. 도면 해독하기	1. 밀링가공 부품의 전체적인 조립관계와 각 부품별 조립관계를 파악할 수 있다. 2. 도면에서 해당 부품의 주요 가공부위를 선정하고, 주요 가공치수를 결정할 수 있다.

			3. 밀링가공공차에 대한 가공정밀도를 파악하고 그에 맞는 가공설비 및 치공구를 결정할 수 있다. 4. 도면에서 해당 부품에 대한 특이사항을 정의하고 작업에 반영하여 방법을 결정할 수 있다. 5. 도면에서 해당 부품에 대한 재질특성을 파악하여 가공가능성을 결정할 수 있다. 6. 도면을 보고 개략적인 가공시간을 산정하고, 완성 시 예상되는 작업결과를 파악할 수 있다.
2. 밀링작업	1. 가공 조건 설정하기		1. 작업요구사항과 작업 표준서에 의거하여 장비를 설정할 수 있다. 2. 가공조건을 충족할 수 있도록 이송속도, 이송범위, 절삭 깊이를 조절할 수 있다. 3. 기준면 가공에 적합한 절삭 조건을 설정할 수 있다.
	2. 형상 가공하기		1. 기준면 및 육면체 가공을 할 수 있다. 2. 홈 가공을 할 수 있다. 3. 드릴 가공 작업을 할 수 있다. 4. 다양한 형상의 엔드 밀 작업을 할 수 있다. 5. 필요한 부가장치를 선택하여 사용할 수 있다. 6. 절삭 가공 조건이 부적합할 경우 수정할 수 있다.
3. 머시닝센터 작업	1. 프로그래밍		1. 작업도면 및 작업 공정에 준하여 장비 및 공구를 선택하고 공정별 절삭조건을 설정할 수 있다. 2. 도면 해독 및 작업 공정에 따라 수동 프로그램 및 CAM에 의한 자동 프로그램을 작성할 수 있다. 3. 작성된 프로그램을 입력하여 공구경로의 이상 유무를 검증하고 수정할 수 있다.
	2. CNC 밀링(머시닝센터) 조작 준비하기		1. CNC 밀링(머시닝센터) 장비의 취급설명서를 숙지하고 장비를 조작할 수 있다. 2. CNC 밀링(머시닝센터) 장비의 안전운전 준수사항을 숙지하고 안전하게 장비를 조작할 수 있다. 3. 소재를 바이스에 정확하게 고정할 수 있다. 4. 작업공정순으로 절삭공구를 설치할 수 있다. 5. CNC 밀링(머시닝센터) 장비의 유지보수 설명서를 숙지하고 장비를 유지 관리할 수 있다. 6. CNC 밀링(머시닝센터) 컨트롤러의 주요 알람 메세지에 관한 정보를 이해할 수 있다.
	3. CNC 밀링(머시닝센터) 조작하기		1. 공작물 좌표계 설정을 할 수 있다. 2. 작업공정에서 선정된 공구의 공구보정(Tool offset)을 할 수 있다.

		3. CNC 프로그램을 수동으로 입력하거나 전송매체를 이용하여 CNC 밀링(머시닝센터)에서 안전하게 시제품을 가공할 수 있다. 4. 가공부품을 확인하고 공작물 좌표계 보정량 및 공구 보정량을 수정할 수 있다. 5. 생산성을 높이기 위하여 절삭조건 수정 및 프로그램을 수정할 수 있다 6. 공구수명이 완료되었거나 손상된 공구를 확인하고 교체할 수 있다.
4. 검사 및 수정하기	1. 측정기 선정하기	1. 제품의 형상과 측정범위, 허용공차, 치수정도에 알맞은 측정기를 선정할 수 있다. 2. 측정에 필요한 보조기구를 선정할 수 있다.
	2. 검사 및 수정하기	1. 기계 가공된 부품들을 도면의 요구사항에 맞게 형상, 표면상태, 흠집 등 이상부위를 육안으로 검사할 수 있다. 2. 측정하고자 하는 부분을 결정하고 측정 방법을 결정할 수 있다. 3. 측정에 적합하도록 제품을 설치할 수 있다. 4. 측정기의 영점 세팅을 하고 가공물을 측정할 수 있다. 5. 검사 후 가공치수를 확인하여 수정여부를 결정하고 수정할 수 있다. 6. 측정기의 변형을 방지하고 최적상태로 보관, 관리할 수 있다.
5. 정리 및 작업안전	1. 작업 정리하기	1. 작업 후 사용 공구 및 완성품과 소재를 정해진 위치에 정리할 수 있다. 2. 장비를 청소하고, 이상 유무를 판단할 수 있다. 3. 장비 주변을 청결하게 할 수 있다. 4. 작업장의 표준화된 기준서에 의하여 장비 점검을 수행할 수 있다.
	2. 작업 안전	1. 작업장에서 인적 및 물적 손실을 예방하기 위한 기준을 설정할 수 있다. 2. 정기 또는 수시로 안전을 확인하여 보완할 수 있다. 3. 작업장에서 안전기준에 따라 안전 보호 장구를 착용할 수 있다. 4. 안전사고 발생을 사전에 예방할 수 있도록 보전 및 사전 대책을 수립할 수 있다.

② 컴퓨터응용밀링기능사 실기 수험자 요구사항

1. 시험시간 : 3시간

(1) 머시닝센터가공 : 2시간(프로그래밍 1시간, 머시닝센터가공 1시간)
(2) 범용밀링가공 : 1시간

2. 요구사항(일부 요구사항은 변경될 수 있음)

※ 지급된 재료 및 시설을 사용하여 아래 작업을 완성하시오.

1) 지급된 재료로 도면에 제시한 부품을 범용밀링과 머시닝센터를 사용하여 가공 후 제출하시오.

2) 지급된 도면과 같이 가공할 수 있도록 CNC 프로그램 입력장치에서 수동으로 프로그램작업 하거나 CAM 소프트웨어를 사용하여 자동으로 프로그램 작업을 한 다음 저장장치에 저장하여 제출하고, 차례로 범용밀링가공 후 머시닝센터가공 작업을 하시오.

※ 치수가 명시되지 않는 개소는 도면크기에 유사하게 완성하시오.

3) 범용밀링가공

지급된 재료로 범용 밀링을 사용하여 도면과 같이 가공하시오.

(단, 머시닝센터에서 가공할 한 면을 제외하고 나머지 5개 면을 가공하시오)

4) 머시닝센터가공

ㅁ 공구 및 공작물을 장착하고 좌표계 설정을 수행하시오.

※ 공구 장착, 공작물 장착 순서는 관계없음

(1) 공구 장착

① 가공에 사용될 공구를 홀더에 장착 후, 작성한 NC 프로그램에 맞도록 기계에 장착하시오.

② 작성한 NC 프로그램에 맞도록 사용할 공구의 공작물 좌표계를 설정하시오.

※ 공구장착과정은 감독위원 입회하에 진행이 되어야 하고, 완료 후 확인을 받으시오.

(2) 공작물 장착

① 공작물을 기계에 장착하시오.

② 장착된 공작물의 좌표계를 설정하시오.

※ 공작물 장착과정은 감독위원 입회하에 진행이 되어야 하고, 완료 후 확인을 받으시오.

5) 본 가공

(1) 범용밀링에서 가공된 제품의 반대면은 머시닝센터를 사용하여 가공하시오.

(2) 저장장치에 저장된 프로그램을 머시닝센터에 입력시켜 제품을 가공하시오.

(3) 소재 윗면을 커터로 가공한 후 제품을 가공하시오(단, 수동, 자동 모두 가능).

(4) 공구장착 및 좌표계 설정을 제외하고는 프로그램에 의한 자동 운전으로 가공하시오.

3. 수험자 유의사항

※ 다음 유의사항을 고려하여 요구사항을 완성하시오.

1) 범용밀링가공

시험시간을 초과할 수 없고, 남는 시간을 머시닝센터가공 시간에 사용할 수 없다.

2) 머시닝센터가공

(1) 주어진 프로그램 시간은 초과할 수 없고, 남는 시간을 기계가공 시간에 사용할 수 없다.

(2) 프로그램을 기계에 입력 후 수험자 본인이 직접 공작물을 장착하고 공작물 좌표계 설정, 공구보정 등을 한다.

(단, 감독위원에게 확인을 받아야 다음 단계로 넘어갈 수 있다)

(3) 작업 완료 시 제품은 기계에서 분리하여 제출하고, 프로그램 및 공구보정을 삭제한 후, 다음 수험자가 가공하도록 한다.

(4) 프로그래밍

시험시간 안에 문제도면을 가공하기 위한 CNC 프로그램을 작성하고 지급된 저장장치에 저장 후 도면과 같이 제출한다.

(5) 기계 가공

① 감독위원으로부터 수험자 본인의 저장장치(또는 프로그램)를 받는다.

② 가공 경로를 통해 프로그램의 이상 유무를 감독위원으로부터 확인을 받은 후 가공을 시작한다.

(단, 감독위원의 공구경로 확인 과정은 시험시간에서 제외)

③ 가공 시 프로그램 수정은 수험자 본인이 직접 할 수 있으며, 좌표계 설정 및 절삭조건으로 제한한다.

(단, 프로그램 수정 시 감독위원 확인 후 진행한다)

④ 프로그램이 저장된 저장장치는 작업이 완료된 후, 작품과 동시에 제출한다.

⑤ 가공은 감독위원 입회하에 자동운전으로 한다.

⑥ 가공이 끝난 후 작품을 기계에서 분리하여 제출하고, 수험자 본인의 프로그램 및 공구 보정값은 반드시 삭제하고 감독위원에게 확인을 받는다.

3) 공통사항

(1) 본인이 지참한 공구와 지정된 시설을 사용하여 안전에 유의하며 작업한다.

(2) 지급된 재료는 교환할 수 없다.

(단, 지급된 재료에 이상이 있다고 감독위원이 판단할 경우 교환 가능)

(3) 가공작업 중 안전과 관련된 복장상태, 안전보호구(안전화, 보안경 등) 착용 여부 및 사용법, 안전수칙 준수 여부는 점검하여 채점에 반영한다.

(4) 수험자가 직접 공작물 장착 및 공구교환을 하여야 한다.

(5) 지급된 절삭공구(센터 드릴 등)를 반드시 사용해야 한다.

(6) 고가의 장비이므로 파손의 위험이 없도록 각별히 유의해야 하며, 파손 시 수험자가 책임을 져야 한다.

(7) 문제지를 포함한 모든 제출 자료는 반드시 비번호를 작성한 후 제출한다.

(8) 다음 사항에 대해서는 채점대상에서 제외하니 특히 유의하기 바란다.

　① 기권
　　㉠ 수험자 본인이 수험 도중 시험에 대한 포기의사를 표하는 경우
　　㉡ 실기시험 과정 중 1개 과정이라도 불참한 경우

　② 실격
　　㉠ 기계조작이 미숙하여 가공이 불가능한 경우나 기계파손 위험 등으로 위해를 일으킬 것으로 감독위원 전원이 합의하여 판단한 경우
　　㉡ 감독위원의 정당한 지시에 불응한 경우
　　㉢ 지급된 재료 이외의 재료를 사용한 경우
　　㉣ 공단에서 지급한 날인이 누락된 작품을 제출한 경우
　　㉤ 공구 및 공작물장착을 수행하지 못한 경우

　③ 미완성
　　㉠ 시험시간 내에 요구사항을 완성하지 못한 경우
　　㉡ 범용밀링을 이용하여 1시간 안에 작품을 제출하지 못한 경우
　　㉢ 프로그램 입력장치를 이용하여 1시간 안에 프로그램을 제출하지 못한 경우
　　㉣ 머시닝센터를 이용하여 1시간 안에 작품을 제출하지 못한 경우
　　㉤ 제출된 가공 프로그램이 미완성 프로그램으로 가공이 불가능한 경우

　④ 오작
　　㉠ 주어진 도면의 치수와 ±1mm 이상 벗어난 부분이 1개소 이상 있는 경우
　　㉡ 과다한 절삭 깊이로 인하여 작품의 일부분이 파손된 경우
　　㉢ 홈 가공, 단(段)가공, 라운드 또는 모떼기 가공 등 주어진 도면과 형상이 상이하게 가공된 부분이 한 곳이라도 있는 경우
　　㉣ 상, 하면의 방향이 반대로 되는 등 가공이 잘못된 경우
　　㉤ 시험장에 설치되어 있는 장비에 사용할 수 없는 기능으로 프로그램을 한 경우

4. 범용밀링가공 실기 유형(수험자 유의사항 참조)

다음 도면을 페이스 커터로 외곽치수 가공 및 엔드 밀로 홈 가공 형상을 지정시간 1시간 내에 완료하여야 한다.

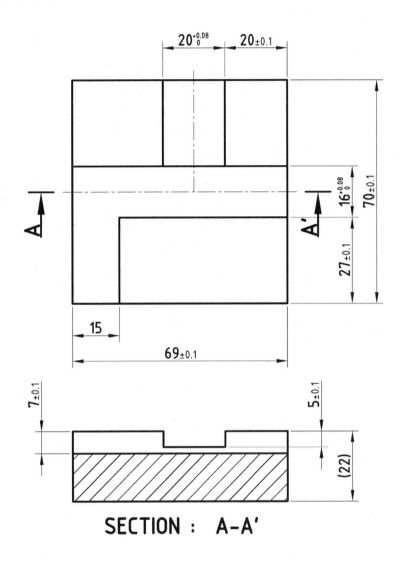

SECTION : A-A'

5. 머시닝센터가공 실기 유형(수험자 유의사항 참조)

다음 도면을 센터 드릴, 드릴, 엔드 밀 공구를 이용하여 도형을 스케치 및 모델링하고 NC 데이터를 지정시간 1시간 내에 완료하여, 머시닝센터에서 가공을 지정시간 1시간 내에 완료하여야 한다.

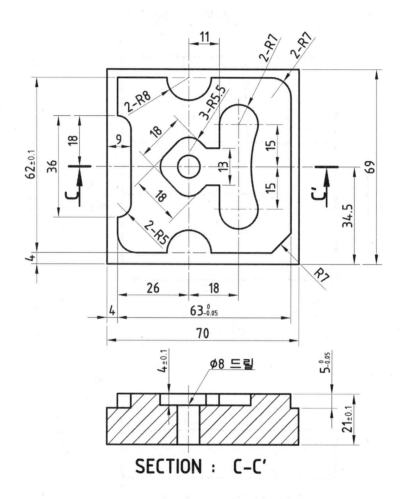

SECTION : C-C'

❸ 컴퓨터응용밀링기능사 실전도면

실전도면 01	컴퓨터응용밀링기능사 머시닝센터 실기 다음 도면을 CAM 소프트웨어를 사용하여 절삭조건을 주고 NC 프로그 램하여 저장하시오.

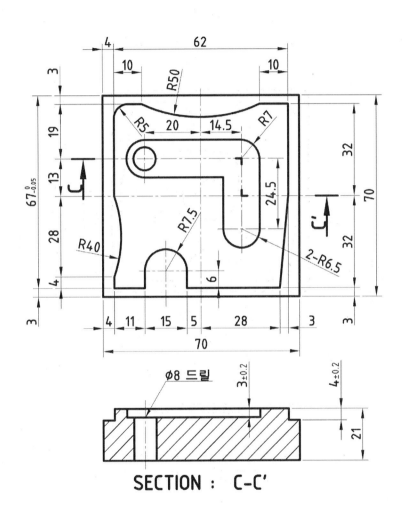

SECTION : C-C′

절삭조건						
공구명	공구번호	주축 회전수 (rpm)	이송속도 (mm/min)	길이 보정번호	공구경 보정번호	비고
Ø10 엔드 밀	T01	2000	F80	H01	D01	기준공구
Ø8 드릴	T02	2500	F100	H02	–	
Ø3 센터 드릴	T03	2800	F100	H03		

실전도면 02

컴퓨터응용밀링기능사 머시닝센터 실기
다음 도면을 CAM 소프트웨어를 사용하여 절삭조건을 주고 NC 프로그
램하여 저장하시오.

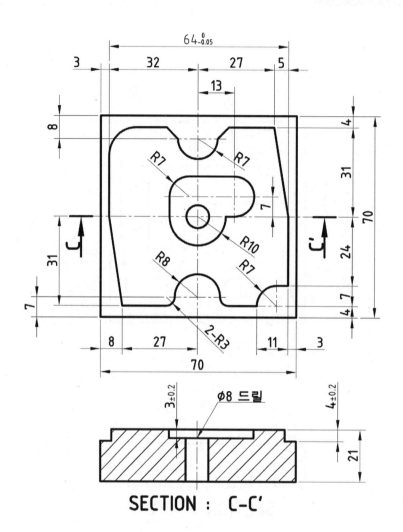

SECTION : C-C'

절삭조건						
공구명	공구번호	주축 회전수 (rpm)	이송속도 (mm/min)	길이 보정번호	공구경 보정번호	비고
Ø10 엔드 밀	T01	2000	F80	H01	D01	기준공구
Ø8 드릴	T02	2500	F100	H02	–	
Ø3 센터 드릴	T03	2800	F100	H03		

실전도면 03

컴퓨터응용밀링기능사 머시닝센터 실기
다음 도면을 CAM 소프트웨어를 사용하여 절삭조건을 주고 NC 프로그램하여 저장하시오.

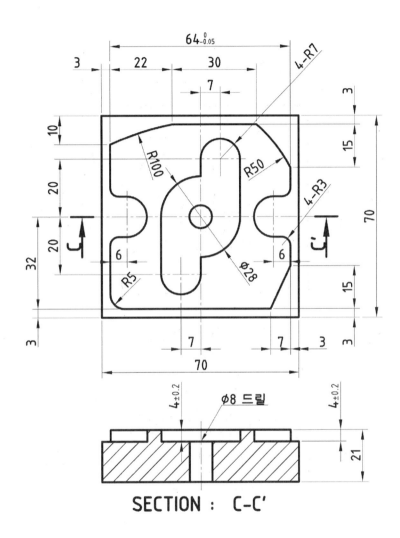

SECTION : C-C'

절삭조건					
공구명	공구번호	주축 회전수 (rpm)	이송속도 (mm/min)	길이 보정번호	공구경 보정번호	비고
Ø10 엔드 밀	T01	2000	F80	H01	D01	기준공구
Ø8 드릴	T02	2500	F100	H02	–	
Ø3 센터 드릴	T03	2800	F100	H03		

컴퓨터응용밀링기능사 머시닝센터 실기

다음 도면을 CAM 소프트웨어를 사용하여 절삭조건을 주고 NC 프로그램하여 저장하시오.

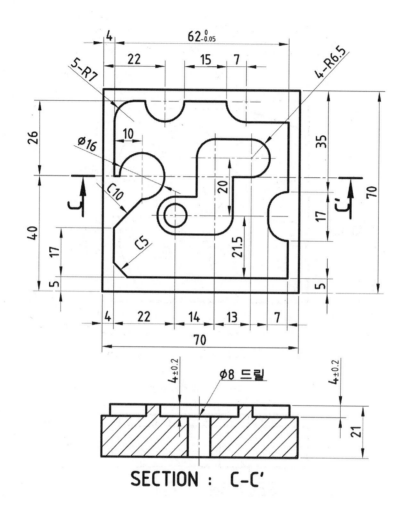

SECTION : C-C'

절삭조건						
공구명	공구번호	주축 회전수 (rpm)	이송속도 (mm/min)	길이 보정번호	공구경 보정번호	비고
Ø10 엔드 밀	T01	2000	F80	H01	D01	기준공구
Ø8 드릴	T02	2500	F100	H02	–	
Ø3 센터 드릴	T03	2800	F100	H03		

실전도면 05

컴퓨터응용밀링기능사 머시닝센터 실기
다음 도면을 CAM 소프트웨어를 사용하여 절삭조건을 주고 NC 프로그
램하여 저장하시오.

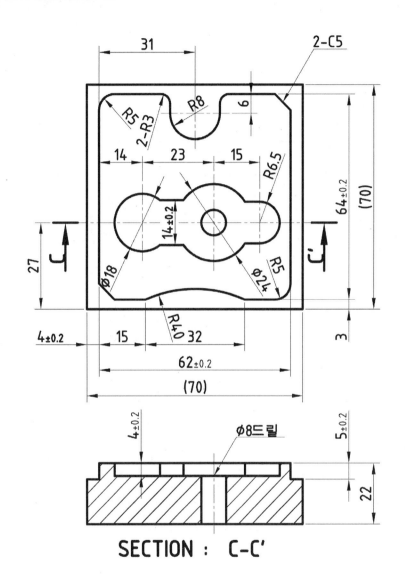

절삭조건

공구명	공구번호	주축 회전수 (rpm)	이송속도 (mm/min)	길이 보정번호	공구경 보정번호	비고
Ø10 엔드 밀	T01	2000	F80	H01	D01	기준공구
Ø8 드릴	T02	2500	F100	H02	–	
Ø3 센터 드릴	T03	2800	F100	H03		

실전도면 06

컴퓨터응용밀링기능사 머시닝센터 실기
다음 도면을 CAM 소프트웨어를 사용하여 절삭조건을 주고 NC 프로그
램하여 저장하시오.

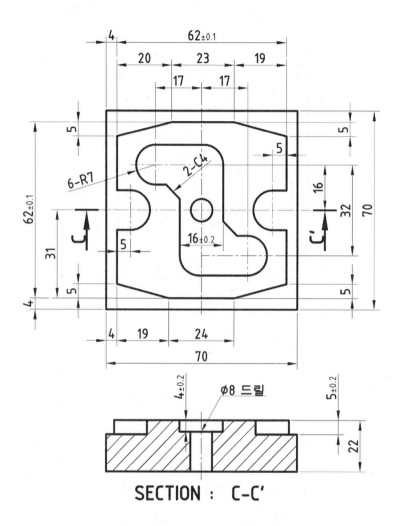

SECTION : C-C'

절삭조건						
공구명	공구번호	주축 회전수 (rpm)	이송속도 (mm/min)	길이 보정번호	공구경 보정번호	비고
Ø10 엔드 밀	T01	2000	F80	H01	D01	기준공구
Ø8 드릴	T02	2500	F100	H02	–	
Ø3 센터 드릴	T03	2800	F100	H03		

실전도면 07

컴퓨터응용밀링기능사 머시닝센터 실기
다음 도면을 CAM 소프트웨어를 사용하여 절삭조건을 주고 NC 프로그램하여 저장하시오.

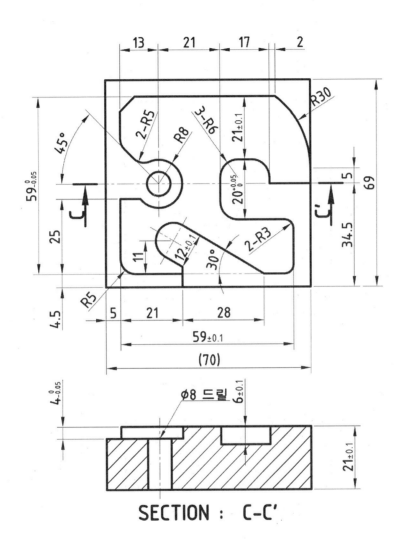

SECTION : C-C'

절삭조건					
공구명	공구번호	주축 회전수 (rpm)	이송속도 (mm/min)	길이 보정번호	공구경 보정번호	비고
Ø10 엔드 밀	T01	2000	F80	H01	D01	기준공구
Ø8 드릴	T02	2500	F100	H02	–	
Ø3 센터 드릴	T03	2800	F100	H03		

실전도면 08

컴퓨터응용밀링기능사 머시닝센터 실기
다음 도면을 CAM 소프트웨어를 사용하여 절삭조건을 주고 NC 프로그
램하여 저장하시오.

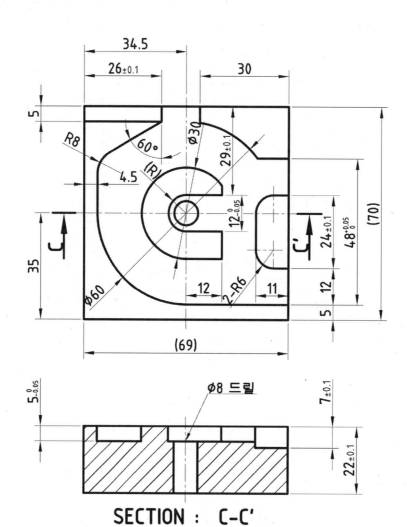

SECTION : C-C'

절삭조건						
공구명	공구번호	주축 회전수 (rpm)	이송속도 (mm/min)	길이 보정번호	공구경 보정번호	비고
Ø10 엔드 밀	T01	2000	F80	H01	D01	기준공구
Ø8 드릴	T02	2500	F100	H02	–	
Ø3 센터 드릴	T03	2800	F100	H03		

실전도면 09

컴퓨터응용밀링기능사 머시닝센터 실기
다음 도면을 CAM 소프트웨어를 사용하여 절삭조건을 주고 NC 프로그램하여 저장하시오.

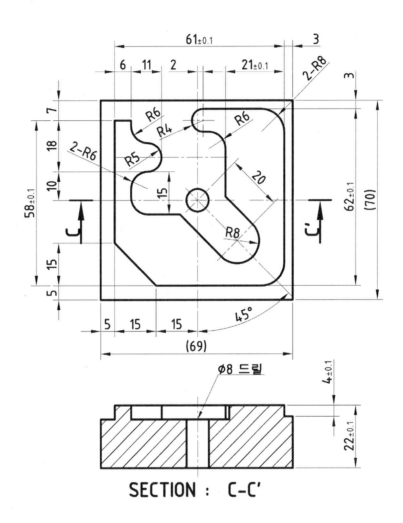

SECTION : C-C'

절삭조건						
공구명	공구번호	주축 회전수 (rpm)	이송속도 (mm/min)	길이 보정번호	공구경 보정번호	비고
Ø10 엔드 밀	T01	2000	F80	H01	D01	기준공구
Ø8 드릴	T02	2500	F100	H02	–	
Ø3 센터 드릴	T03	2800	F100	H03		

실전도면 10

컴퓨터응용밀링기능사 머시닝센터 실기
다음 도면을 CAM 소프트웨어를 사용하여 절삭조건을 주고 NC 프로그
램하여 저장하시오.

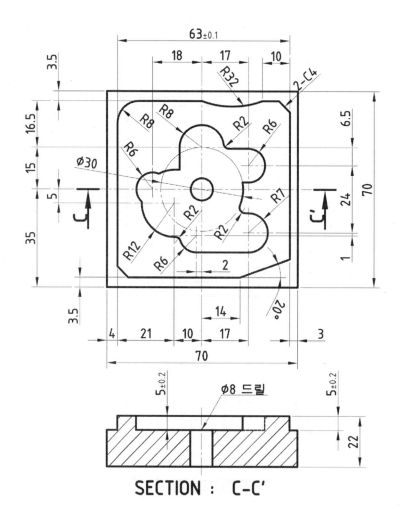

SECTION : C-C'

절삭조건						
공구명	공구번호	주축 회전수 (rpm)	이송속도 (mm/min)	길이 보정번호	공구경 보정번호	비고
Ø10 엔드 밀	T01	2000	F80	H01	D01	기준공구
Ø8 드릴	T02	2500	F100	H02	–	
Ø3 센터 드릴	T03	2800	F100	H03		

실전도면 11

컴퓨터응용밀링기능사 머시닝센터 실기
다음 도면을 CAM 소프트웨어를 사용하여 절삭조건을 주고 NC 프로그
램하여 저장하시오.

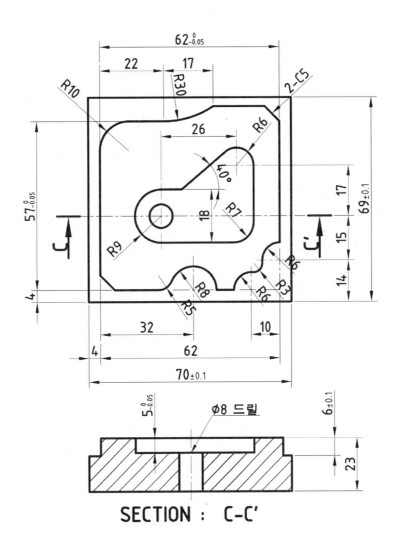

SECTION : C-C'

절삭조건						
공구명	공구번호	주축 회전수 (rpm)	이송속도 (mm/min)	길이 보정번호	공구경 보정번호	비고
Ø10 엔드 밀	T01	2000	F80	H01	D01	기준공구
Ø8 드릴	T02	2500	F100	H02	–	
Ø3 센터 드릴	T03	2800	F100	H03		

실전도면 12

컴퓨터응용밀링기능사 머시닝센터 실기
다음 도면을 CAM 소프트웨어를 사용하여 절삭조건을 주고 NC 프로그
램하여 저장하시오.

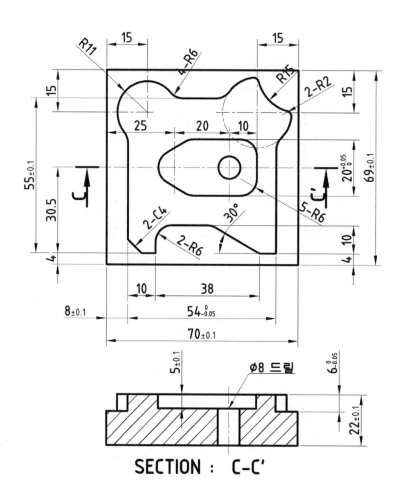

SECTION : C-C'

절삭조건						
공구명	공구번호	주축 회전수 (rpm)	이송속도 (mm/min)	길이 보정번호	공구경 보정번호	비고
Ø10 엔드 밀	T01	2000	F80	H01	D01	기준공구
Ø8 드릴	T02	2500	F100	H02	–	
Ø3 센터 드릴	T03	2800	F100	H03		

실전도면 13

컴퓨터응용밀링기능사 머시닝센터 실기
다음 도면을 CAM 소프트웨어를 사용하여 절삭조건을 주고 NC 프로그램하여 저장하시오.

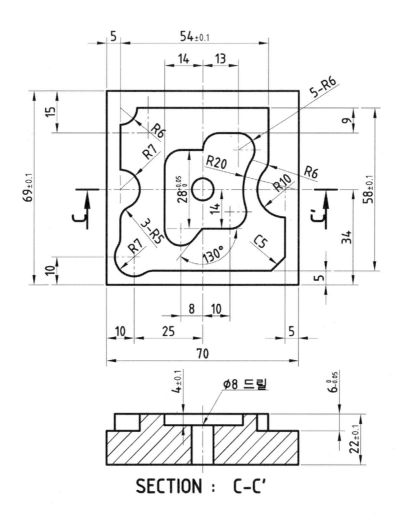

SECTION : C-C'

절삭조건						
공구명	공구번호	주축 회전수 (rpm)	이송속도 (mm/min)	길이 보정번호	공구경 보정번호	비고
Ø10 엔드 밀	T01	2000	F80	H01	D01	기준공구
Ø8 드릴	T02	2500	F100	H02	–	
Ø3 센터 드릴	T03	2800	F100	H03		

실전도면 14

컴퓨터응용밀링기능사 머시닝센터 실기
다음 도면을 CAM 소프트웨어를 사용하여 절삭조건을 주고 NC 프로그
램하여 저장하시오.

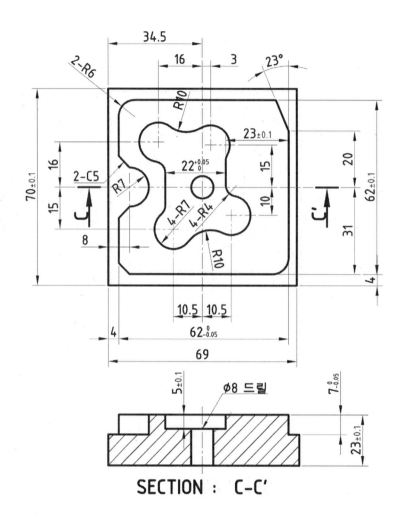

SECTION : C-C'

절삭조건						
공구명	공구번호	주축 회전수 (rpm)	이송속도 (mm/min)	길이 보정번호	공구경 보정번호	비고
Ø10 엔드 밀	T01	2000	F80	H01	D01	기준공구
Ø8 드릴	T02	2500	F100	H02	–	
Ø3 센터 드릴	T03	2800	F100	H03		

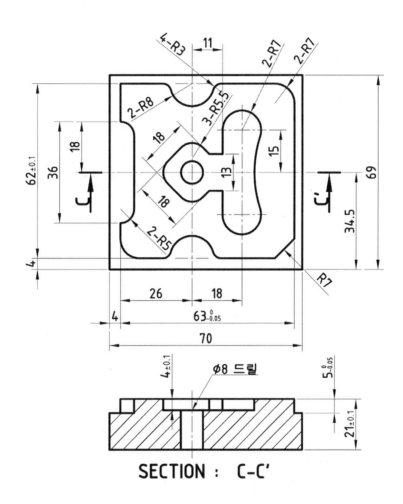

SECTION : C-C'

절삭조건						
공구명	공구번호	주축 회전수 (rpm)	이송속도 (mm/min)	길이 보정번호	공구경 보정번호	비고
Ø10 엔드 밀	T01	2000	F80	H01	D01	기준공구
Ø8 드릴	T02	2500	F100	H02	–	
Ø3 센터 드릴	T03	2800	F100	H03		

실전도면 16	컴퓨터응용밀링기능사 범용밀링가공 실기 다음 도면과 같이 지급된 재료로 범용 밀링을 사용하여 가공하시오.

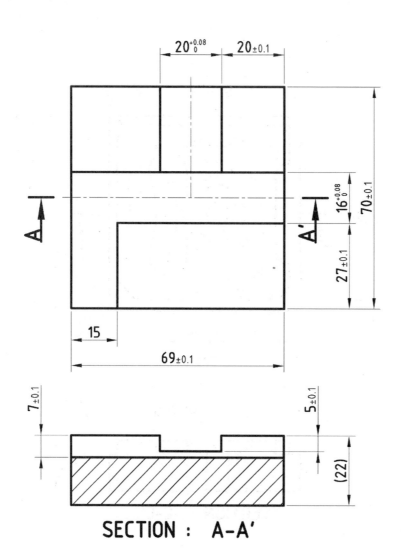

SECTION : A-A'

절삭조건을 설정하시오.					
공구명		주축 회전수 (rpm)	이송속도 (mm/min)		
Ø14 엔드 밀		2000	F80		
				—	

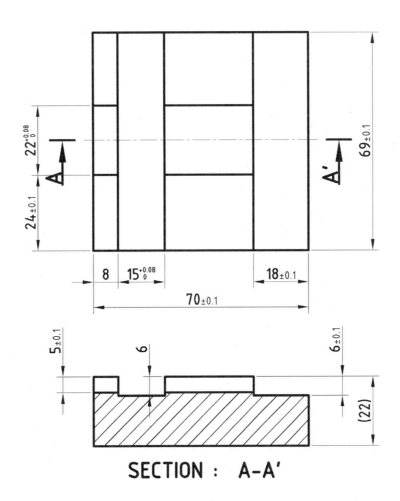

SECTION : A-A'

절삭조건을 설정하시오.						
공구명		주축 회전수 (rpm)	이송속도 (mm/min)			
Ø12 엔드 밀		2000	F80			

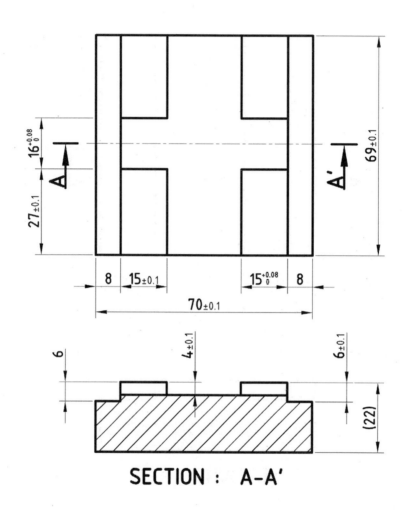

SECTION : A-A'

절삭조건을 설정하시오.						
공구명		주축 회전수 (rpm)	이송속도 (mm/min)			
∅14 엔드 밀		2000	F80			

컴퓨터응용밀링기능사 범용밀링가공 실기
다음 도면과 같이 지급된 재료로 범용 밀링을 사용하여 가공하시오.

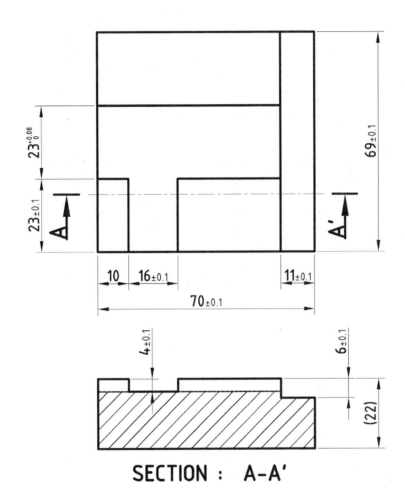

SECTION : A-A'

절삭조건을 설정하시오.						
공구명		주축 회전수 (rpm)	이송속도 (mm/min)			
Ø14 엔드 밀		2000	F80			

컴퓨터응용밀링기능사 범용밀링가공 실기
다음 도면과 같이 지급된 재료로 범용 밀링을 사용하여 가공하시오.

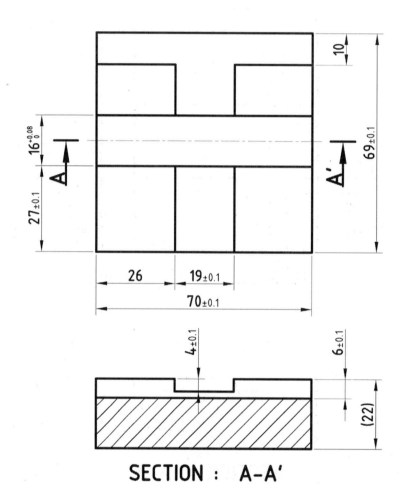

SECTION : A-A'

절삭조건을 설정하시오.						
공구명		주축 회전수 (rpm)	이송속도 (mm/min)			
Ø14 엔드 밀		2000	F80			

1 컴퓨터응용가공산업기사 실기 출제기준

직무분야	기계	중직무분야	기계제작	자격종목	컴퓨터응용가공산업기사

○ 직무내용 : 작업과제에 적합한 3D 모델링을 수행하여 CNC 공작기계의 운용을 위한 각 공정별 절삭가공에 알맞은 공구 및 절삭조건을 설정할 수 있으며 치수 및 표면 거칠기를 고려한 N C프로그램을 생성하고 수정한 후 CNC 공작기계를 직접 조작하거나 유지 · 보수 · 관리하는 업무 등의 직무 수행

○ 수행준거
  1. 부품도면을 분석하고 가공공정계획을 수립하여 작업지시서를 작성할 수 있다.
  2. CAD/CAM 시스템을 활용하여 2차원 및 3차원 도면을 작성하고 가공데이터를 생성할 수 있다.
  3. CNC 선반 및 머시닝센터를 사용하여 절삭조건에 따라 부품을 가공할 수 있다.
  4. 측정기구를 사용하여 부품도면에 따라 완성된 제품을 측정할 수 있다
  5. 장비지침서에 의하여 장비를 점검하고 이상유무를 판단한 후 조치할 수 있다.

실기검정방법	작업형	시험시간	4시간 30분 정도

주요항목	세부항목	세세항목
1. CNC 공작기계 가공준비	1. 기본공구 사용하기	1. 해당 작업에 알맞은 기본공구를 선정하고 안전규칙에 따라 사용할 수 있다.
	2. 치공구관리하기	1. 적절한 치공구를 선정 · 제작하고 사용할 수 있다.
	3. 작업계획 수립하기	1. 작업조건과 작업의 결과를 고려하여 작업 우선순위를 결정할 수 있다. 2. 작업공정에서 우선순위를 고려하여 작업의 단계를 계획할 수 있다.
	4. 도면 결정하기	1. 작업요구사항에 적합한 도면을 공정별로 분류할 수 있다. 2. 해당 도면을 해독하기 위해 필요한 자료를 결정하고 수집할 수 있다. 3. 해당 도면의 개정(version), 설계변경사항을 확인할 수 있다.
	5. 도면 해독하기	1. 부품의 전체적인 조립관계와 각 부품별 조립관계를 파악할 수 있다. 2. 도면에서 해당 부품의 주요가공 부위를 선정하고, 주요가공 치수를 결정할 수 있다. 3. 가공공차에 대한 가공정밀도를 파악하고 그에

		맞는 가공설비 · 치공구를 결정하고 공정별로 설비를 분류 결정할 수 있다. 4. 도면에서 해당 부품에 대한 특이사항을 정의하고 작업에 반영하여 방법을 결정할 수 있다. 5. 도면에서 해당 부품에 대한 재질특성을 파악하여 가공가능성을 결정할 수 있다. 6. 도면을 보고 가공시간을 산정하고, 완성 시 예상되는 작업결과를 파악할 수 있다.
2. CNC 선반 작업	1. 프로그래밍	1. 작업도면 및 작업 공정에 준하여 장비 및 공구를 선택하고 공정별 절삭조건을 설정할 수 있다. 2. 도면 해독 및 작업 공정에 따라 수동 프로그램 및 CAM에 의한 자동 프로그램을 작성할 수 있다. 3. 작성된 프로그램을 입력하여 공구경로의 이상 유무를 검증하고 수정할 수 있다.
	2. CNC 선반 조작 준비하기	1. CNC 선반 장비의 취급설명서를 숙지하고 장비를 조작할 수 있다. 2. CNC 선반 장비의 안전운전 준수사항을 숙지하고 안전하게 장비를 조작할 수 있다. 3. 소재를 적절한 압력으로 척에 고정할 수 있다. 4. 소프트조(Soft jaw)를 장착할 수 있다. 5. 작업공정순으로 절삭공구를 공구대(Turret)에 설치할 수 있다. 6. CNC 선반 장비의 유지보수 설명서를 숙지하고 장비를 유지 관리할 수 있다. 7. CNC 선반 컨트롤러의 주요 알람메시지에 관한 정보를 이해할 수 있다.
	3. CNC 선반 조작하기	1. 공작물 좌표계 설정을 할 수 있다. 2. 작업공정에서 선정된 각 공구의 공구보정(Tool offset)을 할 수 있다. 3. CNC프로그램을 전송 매체를 활용하거나 수동 입력을 통해 CNC 선반 컨트롤러에 가공 프로그램을 등록할 수 있다. 4. 자동운전모드에서 안전하게 시제품을 가공할 수 있다. 5. 가공부품을 확인하고 공작물 좌표계 보정량 및 공구 보정량을 수정할 수 있다. 6. 생산성을 높이기 위하여 절삭조건 수정 및 프로그램을 수정할 수 있다.

		7. 공구수명이 완료되었거나 손상된 공구를 확인하고 교체할 수 있다.
3. 머시닝센터 작업	1. 프로그래밍	1. 작업도면 및 작업 공정에 준하여 장비 및 공구를 선택하고 공정별 절삭조건을 설정할 수 있다. 2. 도면 해독 및 작업 공정에 따라 수동 프로그램 및 CAM에 의한 자동 프로그램을 작성할 수 있다. 3. 작성된 프로그램을 입력하여 공구경로의 이상 유무를 검증하고 수정할 수 있다.
	2. CNC 밀링(머시닝센터) 조작 준비하기	1. CNC 밀링(머시닝센터) 장비의 취급설명서를 숙지하고 장비를 조작할 수 있다. 2. CNC 밀링(머시닝센터) 장비의 안전운전 준수사항을 숙지하고 안전하게 장비를 조작할 수 있다. 3. 소재를 바이스에 정확하게 고정할 수 있다. 4. 작업공정순으로 절삭공구를 설치할 수 있다. 5. CNC 밀링(머시닝센터) 장비의 유지보수 설명서를 숙지하고 장비를 유지 관리할 수 있다. 6. CNC 밀링(머시닝센터) 컨트롤러의 주요 알람 메시지에 관한 정보를 이해할 수 있다.
	3. CNC 밀링(머시닝센터) 조작하기	1. 공작물 좌표계 설정을 할 수 있다. 2. 작업공정에서 선정된 공구의 공구보정(Tool offset)을 할 수 있다. 3. CNC 프로그램을 수동으로 입력하거나 전송매체를 이용하여 CNC 밀링(머시닝센터)에서 안전하게 시제품을 가공할 수 있다. 4. 가공부품을 확인하고 공작물 좌표계 보정량 및 공구 보정량을 수정할 수 있다. 5. 생산성을 높이기 위하여 절삭조건 수정 및 프로그램을 수정할 수 있다. 6. 공구수명이 완료되었거나 손상된 공구를 확인하고 교체할 수 있다.
4. CAM 작업	1. 모델링	1. 제품 형상을 확인하기 위해 2D 및 3D 데이터의 오류여부를 확인하고, 데이터의 수정 및 재작업을 할 수 있다. 2. 모델링의 수정 및 편집이 용이하도록 요구되는 형상을 완벽하게 구현할 수 있다. 3. 작업표준서에 의하여 요구되는 2D 데이터 및 3D 데이터 형식의 파일로 저장하거나 출력할 수 있다.

	2. CNC 데이터 생성하기	1. CAM 프로그램을 사용하여 CNC 데이터를 생성할 수 있다.
		2. CNC 데이터의 시뮬레이션을 수행하여 공작물과 절삭공구의 충돌 및 간섭여부를 확인하고, 과미삭 검사를 할 수 있다.
		3. CNC 프로그램을 수정 및 보완할 수 있다.
5. 검사 및 측정	1. 측정기 선정하기	1. 제품의 형상과 측정범위, 허용공차, 치수정도에 알맞은 측정기를 선정할 수 있다.
		2. 측정에 필요한 보조기구를 선정할 수 있다.
	2. 검사 및 측정하기	1. 기계 가공된 부품들을 도면의 요구사항에 맞게 형상, 표면상태, 흠집 등 이상부위를 육안으로 검사할 수 있다.
		2. 기계가공 후 부품을 각도, 진원도, 틈새, 평면도, 진직도, 테이퍼 등 일반적인 측정을 할 수 있다.
		3. 기계 가공된 부품을 그 사용 목적에 따른 치수, 형상 및 면 등을 정밀하게 측정 및 검사할 수 있다.
		4. 표준치수 게이지와 제품을 비교 측정할 수 있다.
		5. 측정기의 변형을 방지하고 최적상태로 보관, 관리할 수 있다.
6. 정리 및 작업안전	1. 작업정리하기	1. 작업 후 사용 공구 · 장비를 정리하고 장비 주변을 청결하게 할 수 있다.
		2. 장비운영 체크리스트에 의하여 일상점검을 할 수 있다.
	2. 작업안전	1. 작업장에 적용되는 안전기준을 확인하고, 준수할 수 있다.
		2. 안전사고 발생을 예방할 수 있도록 보전 및 사전대책을 수립할 수 있다.

② 컴퓨터응용가공산업기사 머시닝센터 작업 실기 수험자 요구사항

시험시간 : 표준시간 : 2시간(프로그래밍 1시간, 기계가공 1시간)

1. 요구사항

지급된 재료 및 시설을 사용하여 아래 작업을 완성하시오.

① 지급된 도면과 같이 가공할 수 있도록 프로그램 입력장치에서 수동 프로그램하여 NC 데이터를 저장매체(USB 등)에 저장 후 제출한다.

② 저장매체(USB 등)에 저장된 NC 데이터를 머시닝센터에 입력시켜 제품을 가공한다.

③ 공구 세팅 및 좌표계 설정을 제외하고는 CNC 프로그램에 의한 자동운전으로 가공해야 한다.

④ 지급된 재료는 교환할 수 없다.

⑤ 치수가 명시되지 않은 개소는 도면크기에 유사하게 완성한다.

2. 수험자 유의사항

다음 유의사항을 고려하여 요구사항을 완성하시오.

(1) 본인이 지참한 공구와 지정된 시설을 사용하여 안전수칙을 준수하여야 한다.

(2) 시험시간은 프로그래밍 시간, 기계가공 시간을 합하여 2시간이며, 프로그램 시간은 1시간을 초과할 수 없고 남는 시간을 기계가공 시간에 사용할 수 없다.

(3) 작업 완료 시 작품은 기계에서 분리하여 제출하고, 프로그램 및 공구보정을 삭제한 후, 다음 수험자가 가공하도록 한다.

(4) 프로그래밍

① 시험시간(1시간) 안에 문제도면을 가공하기 위한 프로그램을 작성하고 지급된 저장매체(USB 등)에 저장 후 도면(process sheet 포함)과 같이 제출한다.

② Process sheet는 프로그램을 위한 도구로 사용여부는 수험자가 결정하며 채점대상에서 제외한다.

(5) 기계가공

① 감독위원으로부터 수험자 본인의 저장매체(USB 등) 또는 프로그램을 전송받도록 한다.

② 프로그램을 머시닝센터에 입력 후 수험자 본인이 직업 공작물을 장착하고 공작물 좌표계설정 등을 한다.

③ 가공경로를 통해 프로그램의 이상 유무를 감독위원으로부터 확인을 받은 후 가공을 시작한다(시험위원 확인 과정은 시험시간에서 제외).

④ 가공 시 프로그램 수정은 좌표계 설정 및 절삭조건으로 제한한다.

⑤ 고가의 장비이므로 파손의 위험이 없도록 각별히 유의해야 하며, 파손 시 수험자가 책임을 진다.

⑥ 프로그램이 저장된 저장매체(USB 등)은 작업이 완료된 후 작품과 동시에 제출한다.

⑦ 안정상 가공은 감독위원 입회하에 자동 운전한다.

⑧ 가공이 끝난 후 수험자 본인의 프로그램 및 공구 보정값은 반드시 삭제한다.

⑨ 가공작업 중 안정과 관련된 복장상태, 안전보호구(안전화) 착용여부 및 사용법, 안전수칙 준수 여부에 대하여 각 2회 이상 점검하여 채점한다.

(6) 다음 사항에 해당되는 작품은 채점대상에서 제외한다.

① 미완성
  • 프로그램 입력장치를 이용하여 1시간 안에 프로그램을 제출하지 못한 경우
  • 기계가공 시험시간 안에 작품을 제출하지 못한 경우
  • 주어진 문제내용 중 1개소라도 미가공된 작품

② 오작품
  • 주어진 도면과 상이하게 가공되어 치수가 ±1.5mm 이상 초과한 부분이 1개소라도 있는 경우
  • 과다한 절삭 깊이로 인하여 작품의 일부분이 파손된 경우

③ 기타
  • 제출된 가공 프로그램이 미완성 프로그램으로 가공이 불가능한 경우
  • 기계조작이 미숙하여 가공이 불가능한 경우나 기계에 파손의 위험이 있는 경우
  • 검정장에 설치되어 있는 장비에 사용할 수 없는 기능으로 프로그램한 경우
  • 공구 및 일반 세팅 시 조작 미숙으로 감독위원에게 3회 이상 지적을 받거나 정당한 지시에 불응한 경우

(7) 요구사항이나 수험자 유의사항을 준수하지 않은 경우

① 공단에서 지정한 각인을 반드시 날인받아야 하며 날인이 누락된 작품을 제출할 경우는 채점대상에서 제외한다.

② 문제지를 포함한 모든 제출 자료는 반드시 비번호를 기재한 후 제출한다.

❸ 컴퓨터응용가공산업기사 실전도면

<table>
<tr>
<td>실전도면 1
컴퓨터응용가공산업기사</td>
<td>다음 도면을 프로그램하시오.</td>
</tr>
</table>

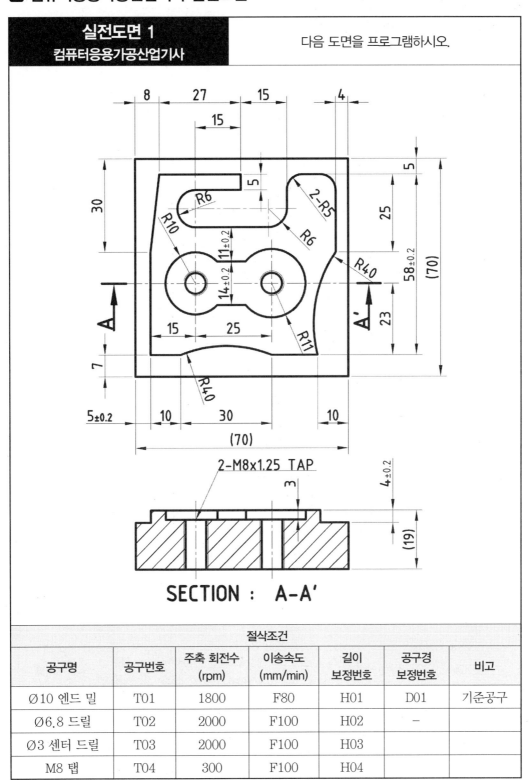

SECTION : A-A'

<table>
<tr>
<th colspan="7">절삭조건</th>
</tr>
<tr>
<th>공구명</th>
<th>공구번호</th>
<th>주축 회전수
(rpm)</th>
<th>이송속도
(mm/min)</th>
<th>길이
보정번호</th>
<th>공구경
보정번호</th>
<th>비고</th>
</tr>
<tr>
<td>Ø10 엔드 밀</td>
<td>T01</td>
<td>1800</td>
<td>F80</td>
<td>H01</td>
<td>D01</td>
<td>기준공구</td>
</tr>
<tr>
<td>Ø6.8 드릴</td>
<td>T02</td>
<td>2000</td>
<td>F100</td>
<td>H02</td>
<td>–</td>
<td></td>
</tr>
<tr>
<td>Ø3 센터 드릴</td>
<td>T03</td>
<td>2000</td>
<td>F100</td>
<td>H03</td>
<td></td>
<td></td>
</tr>
<tr>
<td>M8 탭</td>
<td>T04</td>
<td>300</td>
<td>F100</td>
<td>H04</td>
<td></td>
<td></td>
</tr>
</table>

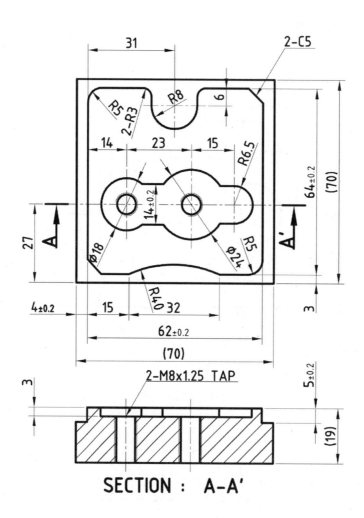

SECTION : A-A'

공구명	공구번호	주축 회전수 (rpm)	이송속도 (mm/min)	길이 보정번호	공구경 보정번호	비고
Ø10 엔드 밀	T01	1800	F80	H01	D01	기준공구
Ø6.8 드릴	T02	2000	F100	H02	–	
Ø3 센터 드릴	T03	2000	F100	H03		
M8 탭	T04	300	F100	H04		

절삭조건

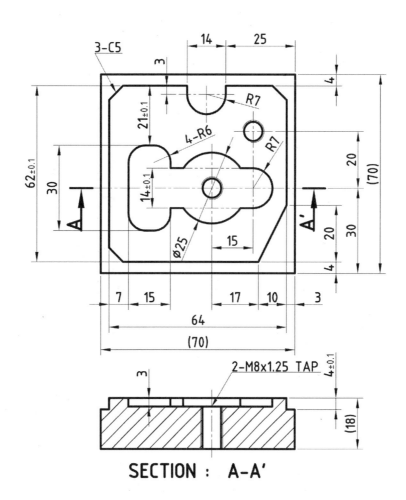

SECTION : A-A'

절삭조건						
공구명	공구번호	주축 회전수 (rpm)	이송속도 (mm/min)	길이 보정번호	공구경 보정번호	비고
Ø10 엔드 밀	T01	1800	F80	H01	D01	기준공구
Ø6.8 드릴	T02	2000	F100	H02	–	
Ø3 센터 드릴	T03	2000	F100	H03		
M8 탭	T04	300	F100	H04		

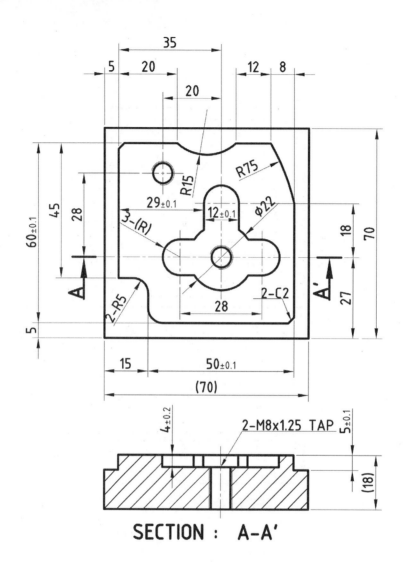

SECTION : A-A'

		절삭조건				
공구명	공구번호	주축 회전수 (rpm)	이송속도 (mm/min)	길이 보정번호	공구경 보정번호	비고
Ø10 엔드 밀	T01	1800	F80	H01	D01	기준공구
Ø6.8 드릴	T02	2000	F100	H02	–	
Ø3 센터 드릴	T03	2000	F100	H03		
M8 탭	T04	300	F100	H04		

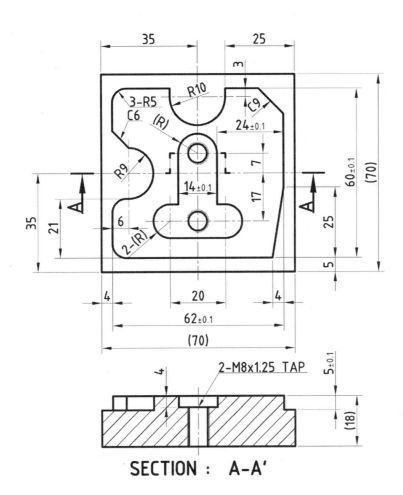

SECTION : A-A'

절삭조건						
공구명	공구번호	주축 회전수 (rpm)	이송속도 (mm/min)	길이 보정번호	공구경 보정번호	비고
Ø10 엔드 밀	T01	1800	F80	H01	D01	기준공구
Ø6.8 드릴	T02	2000	F100	H02	−	
Ø3 센터 드릴	T03	2000	F100	H03		
M8 탭	T04	300	F100	H04		

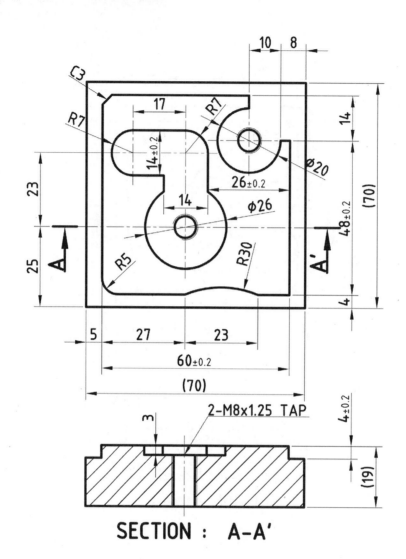

SECTION : A-A'

절삭조건						
공구명	공구번호	주축 회전수 (rpm)	이송속도 (mm/min)	길이 보정번호	공구경 보정번호	비고
Ø10 엔드 밀	T01	1800	F80	H01	D01	기준공구
Ø6.8 드릴	T02	2000	F100	H02	–	
Ø3 센터 드릴	T03	2000	F100	H03		
M8 탭	T04	300	F100	H04		

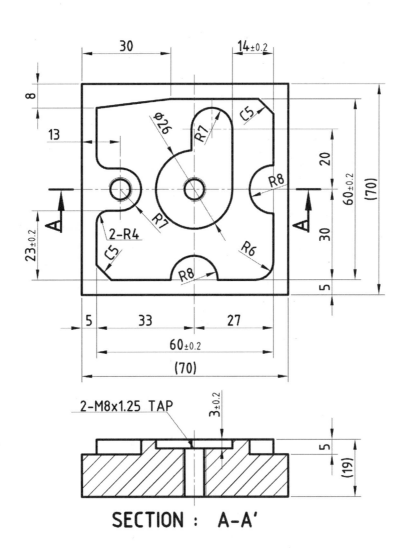

SECTION : A-A'

공구명	공구번호	주축 회전수 (rpm)	이송속도 (mm/min)	길이 보정번호	공구경 보정번호	비고
Ø10 엔드 밀	T01	1800	F80	H01	D01	기준공구
Ø6.8 드릴	T02	2000	F100	H02	−	
Ø3 센터 드릴	T03	2000	F100	H03		
M8 탭	T04	300	F100	H04		

절삭조건

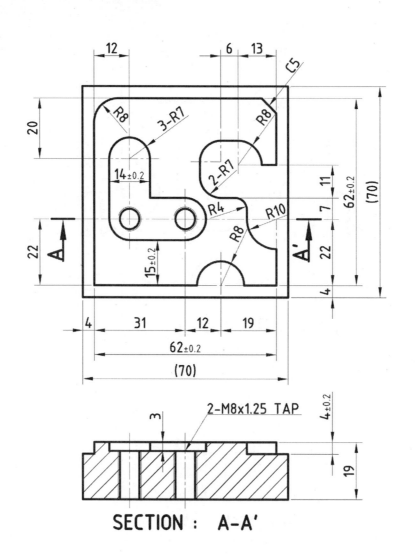

SECTION : A-A'

절삭조건						
공구명	공구번호	주축 회전수 (rpm)	이송속도 (mm/min)	길이 보정번호	공구경 보정번호	비고
Ø10 엔드 밀	T01	1800	F80	H01	D01	기준공구
Ø6.8 드릴	T02	2000	F100	H02	–	
Ø3 센터 드릴	T03	2000	F100	H03		
M8 탭	T04	300	F100	H04		

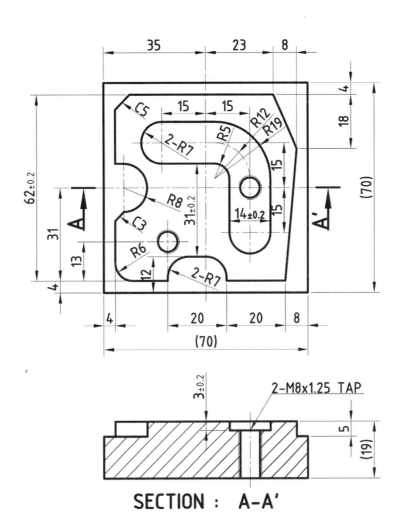

SECTION : A-A'

		절삭조건				
공구명	공구번호	주축 회전수 (rpm)	이송속도 (mm/min)	길이 보정번호	공구경 보정번호	비고
Ø10 엔드 밀	T01	1800	F80	H01	D01	기준공구
Ø6.8 드릴	T02	2000	F100	H02	–	
Ø3 센터 드릴	T03	2000	F100	H03		
M8 탭	T04	300	F100	H04		

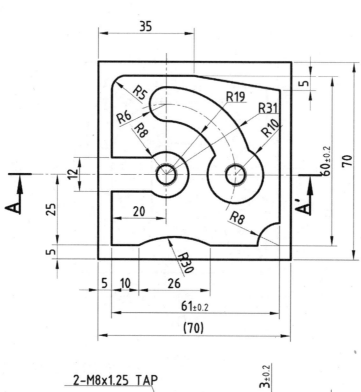

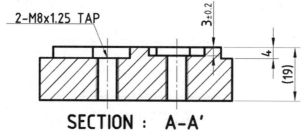

SECTION : A-A'

절삭조건

공구명	공구번호	주축 회전수 (rpm)	이송속도 (mm/min)	길이 보정번호	공구경 보정번호	비고
Ø10 엔드 밀	T01	1800	F80	H01	D01	기준공구
Ø6.8 드릴	T02	2000	F100	H02	–	
Ø3 센터 드릴	T03	2000	F100	H03		
M8 탭	T04	300	F100	H04		

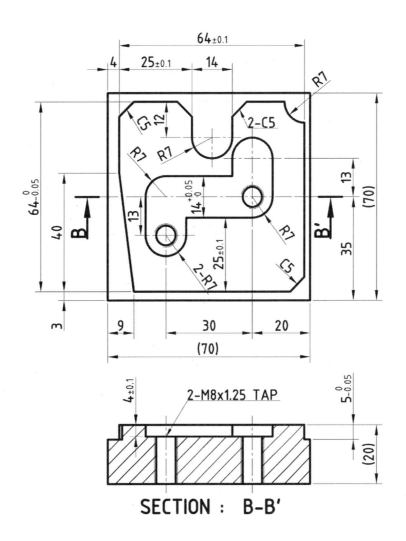

SECTION : B-B'

절삭조건						
공구명	공구번호	주축 회전수 (rpm)	이송속도 (mm/min)	길이 보정번호	공구경 보정번호	비고
Ø10 엔드 밀	T01	1800	F80	H01	D01	기준공구
Ø6.8 드릴	T02	2000	F100	H02	–	
Ø3 센터 드릴	T03	2000	F100	H03		
M8 탭	T04	300	F100	H04		

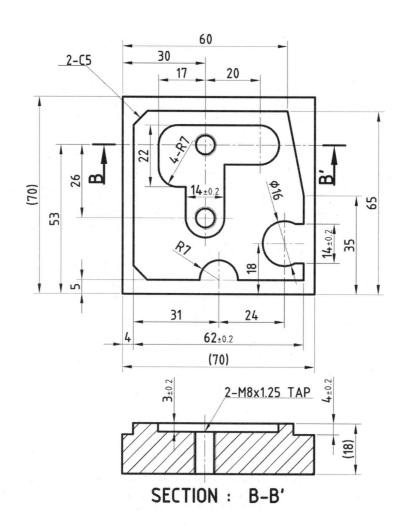

SECTION : B-B'

절삭조건						
공구명	공구번호	주축 회전수 (rpm)	이송속도 (mm/min)	길이 보정번호	공구경 보정번호	비고
Ø10 엔드 밀	T01	1800	F80	H01	D01	기준공구
Ø6.8 드릴	T02	2000	F100	H02	–	
Ø3 센터 드릴	T03	2000	F100	H03		
M8 탭	T04	300	F100	H04		

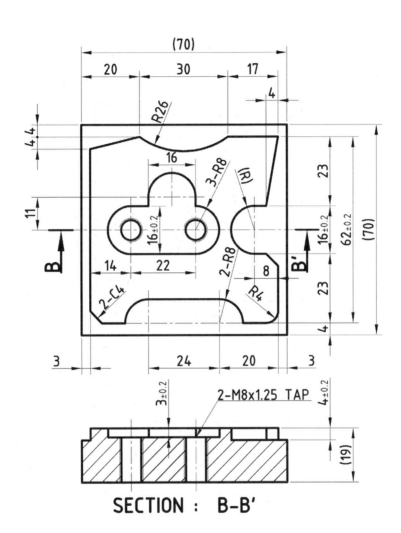

SECTION : B-B'

절삭조건						
공구명	공구번호	주축 회전수 (rpm)	이송속도 (mm/min)	길이 보정번호	공구경 보정번호	비고
Ø10 엔드 밀	T01	1800	F80	H01	D01	기준공구
Ø6.8 드릴	T02	2000	F100	H02	–	
Ø3 센터 드릴	T03	2000	F100	H03		
M8 탭	T04	300	F100	H04		

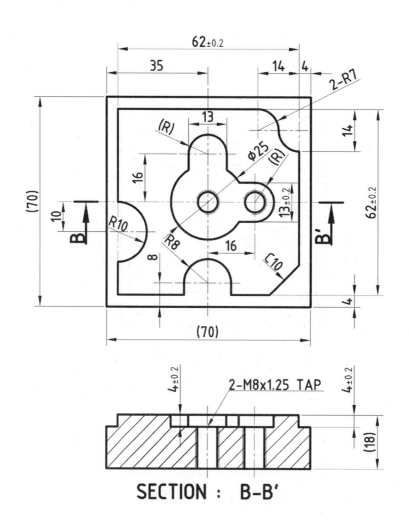

SECTION : B-B'

절삭조건						
공구명	공구번호	주축 회전수 (rpm)	이송속도 (mm/min)	길이 보정번호	공구경 보정번호	비고
Ø10 엔드 밀	T01	1800	F80	H01	D01	기준공구
Ø6.8 드릴	T02	2000	F100	H02	–	
Ø3 센터 드릴	T03	2000	F100	H03		
M8 탭	T04	300	F100	H04		

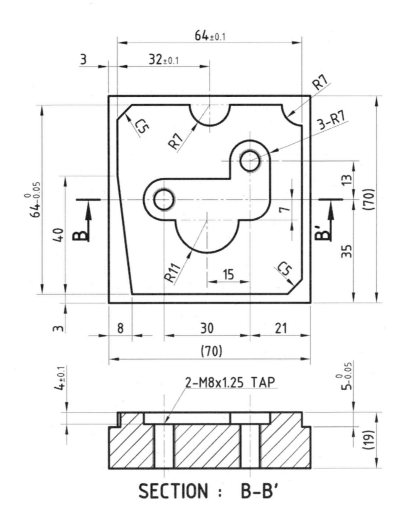

SECTION : B-B'

절삭조건						
공구명	공구번호	주축 회전수 (rpm)	이송속도 (mm/min)	길이 보정번호	공구경 보정번호	비고
Ø10 엔드 밀	T01	1800	F80	H01	D01	기준공구
Ø6.8 드릴	T02	2000	F100	H02	–	
Ø3 센터 드릴	T03	2000	F100	H03		
M8 탭	T04	300	F100	H04		

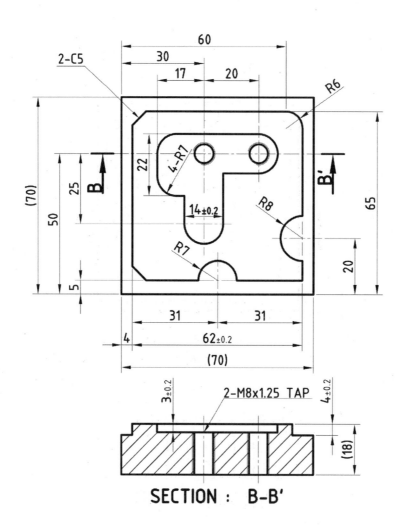

SECTION : B-B'

절삭조건						
공구명	공구번호	주축 회전수 (rpm)	이송속도 (mm/min)	길이 보정번호	공구경 보정번호	비고
Ø10 엔드 밀	T01	1800	F80	H01	D01	기준공구
Ø6.8 드릴	T02	2000	F100	H02	−	
Ø3 센터 드릴	T03	2000	F100	H03		
M8 탭	T04	300	F100	H04		

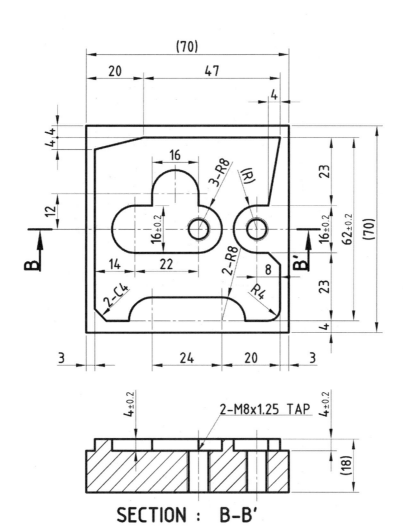

SECTION : B-B'

절삭조건						
공구명	공구번호	주축 회전수 (rpm)	이송속도 (mm/min)	길이 보정번호	공구경 보정번호	비고
Ø10 엔드 밀	T01	1800	F80	H01	D01	기준공구
Ø6.8 드릴	T02	2000	F100	H02	–	
Ø3 센터 드릴	T03	2000	F100	H03		
M8 탭	T04	300	F100	H04		

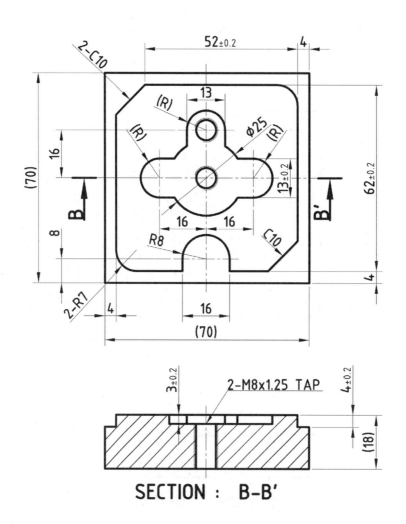

SECTION : B-B'

절삭조건						
공구명	공구번호	주축 회전수 (rpm)	이송속도 (mm/min)	길이 보정번호	공구경 보정번호	비고
Ø10 엔드 밀	T01	1800	F80	H01	D01	기준공구
Ø6.8 드릴	T02	2000	F100	H02	–	
Ø3 센터 드릴	T03	2000	F100	H03		
M8 탭	T04	300	F100	H04		

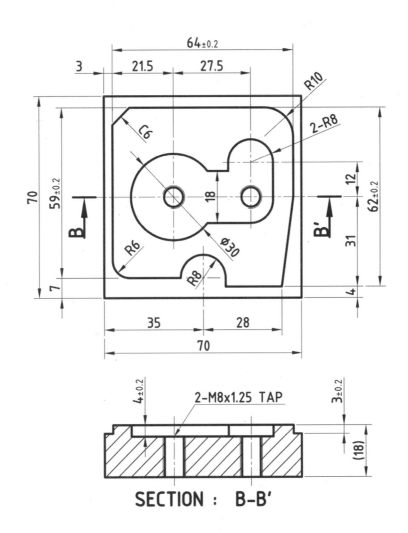

SECTION : B-B'

절삭조건						
공구명	공구번호	주축 회전수 (rpm)	이송속도 (mm/min)	길이 보정번호	공구경 보정번호	비고
Ø10 엔드 밀	T01	1800	F80	H01	D01	기준공구
Ø6.8 드릴	T02	2000	F100	H02	–	
Ø3 센터 드릴	T03	2000	F100	H03		
M8 탭	T04	300	F100	H04		

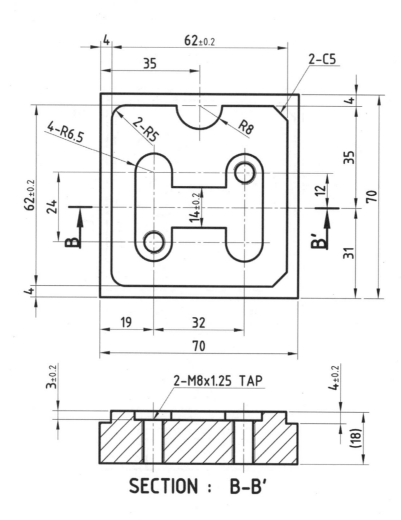

SECTION : B-B'

절삭조건						
공구명	공구번호	주축 회전수 (rpm)	이송속도 (mm/min)	길이 보정번호	공구경 보정번호	비고
Ø10 엔드 밀	T01	1800	F80	H01	D01	기준공구
Ø6.8 드릴	T02	2000	F100	H02	–	
Ø3 센터 드릴	T03	2000	F100	H03		
M8 탭	T04	300	F100	H04		

참·고·문·헌

- 컴퓨터응용가공 CNC 선반 실무, 김화정, 예문사, 2014
- 프로그래밍 설명서 머시닝센터(FANUC), DOOSAN
- CNC 프로그램 매뉴얼, S&T중공업㈜
- GV-CNC를 활용한 컴퓨터응용 밀링가공 기술, ㈜큐빅테크, 2019
- NX 가공 시뮬레이션과 NC Data 생성, ㈜경희정보테크 기술지원팀, 2012
- 자격증 대비를 위한 SolidCAM2013, ㈜큐빅테크
- Edgecam을 활용한 NC Data 생성 매뉴얼, ㈜프로테크코리아
- 머시닝센터기초실기, 이영식, 한국산업인력공단, 2002
- 프로그래밍 설명서 머시닝센터(FANUC), WIA

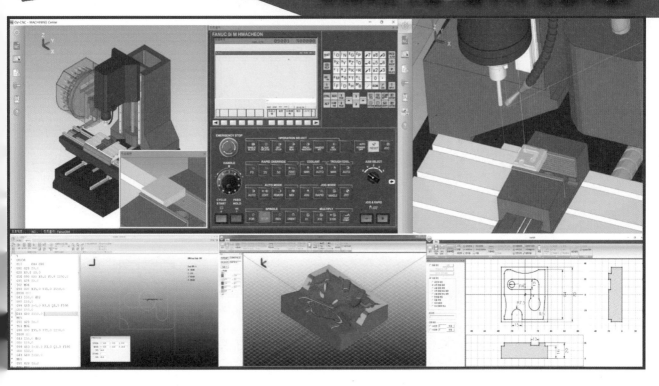

[저자] 김화정 | 한국폴리텍대학

컴퓨터응용가공
CNC 밀링 실무

발행일 | 2020. 3. 20   초판 발행

저　자 | 김화정
발행인 | 정용수
발행처 | 예문사

주　소 | 경기도 파주시 직지길 460(출판도시) 도서출판 예문사
T E L | 031) 955 – 0550
F A X | 031) 955 – 0660
등록번호 | 11 – 76호

정가 : 20,000원

ISBN 978-89-274-3551-8 13550

이 도서의 국립중앙도서관 출판예정도서목록(CIP)은 서지정보유통지원
시스템 홈페이지(http://seoji.nl.go.kr)와 국가자료종합목록 구축시스템
(http://kolis-net.nl.go.kr)에서 이용하실 수 있습니다.
(CIP제어번호 : CIP2020009801)